教育部－浪潮集团产学合作协同育人项目成果　　　普通高等学校计算机教育"十三五"规划教材

inspur 浪潮

Web
前端开发技术
（HTML+CSS+JavaScript）

慕课版

浪潮优派◎策划

刘何秀 王林 王建◎主编

U0277459

人 民 邮 电 出 版 社

北 京

图书在版编目（CIP）数据

Web前端开发技术 ：HTML+CSS+JavaScript ：慕课版/
刘何秀，王林，王建主编. -- 北京 ：人民邮电出版社，
2019.9（2023.8重印）
普通高等学校计算机教育"十三五"规划教材
ISBN 978-7-115-51400-4

Ⅰ．①W… Ⅱ．①刘… ②王… ③王… Ⅲ．①网页制
作工具－高等学校－教材②超文本标记语言－程序设计－
高等学校－教材③JAVA语言－程序设计－高等学校－教材
Ⅳ．①TP393.092.2②TP312.8

中国版本图书馆CIP数据核字(2019)第111434号

内 容 提 要

　　Web 前端开发技术是 Web 产品开发中最基本的组成部分之一。本书主要讲解了基本的 Web 前端开发技术 HTML、CSS 和 JavaScript。全书共 11 章，第 1 章是 Web 前端开发基础知识，第 2～4 章是 HTML 相关知识，第 5～7 章是 CSS 相关知识，第 8～10 章是 JavaScript 相关知识，第 11 章是综合实例。

　　本书结合大量的入门级案例介绍各知识点，既可作为高等院校计算机相关专业 Web 开发课程的教材和参考书，也可作为 Web 前端开发技术初学者的入门读物。

◆ 主　编　刘何秀　王　林　王　建
　　责任编辑　张　斌
　　责任印制　陈　犇

◆ 人民邮电出版社出版发行　　北京市丰台区成寿寺路 11 号
　　邮编　100164　电子邮件　315@ptpress.com.cn
　　网址　http://www.ptpress.com.cn
　　固安县铭成印刷有限公司印刷

◆ 开本：787×1092　1/16
　　印张：18.75　　　　　　　　2019 年 9 月第 1 版
　　字数：482 千字　　　　　　 2023 年 8 月河北第 6 次印刷

定价：59.80 元

读者服务热线：(010)81055256　印装质量热线：(010)81055316
反盗版热线：(010)81055315
广告经营许可证：京东市监广登字20170147号

Web 前端开发涵盖的知识面非常广，既包含具体的技术，又包含抽象的理念。简单地说，它的主要职能就是把网站的界面更好地呈现给用户。随着互联网技术的发展，浏览器性能逐渐增强，Web 前端开发的工作范围也越来越广。从 Web 1.0 到 Web 2.0，再到现在的 Web 3.0，Web 前端开发工程师开发出的不仅仅是 Demo，还有基于浏览器端的 WebApp 应用程序，以浏览器为载体，实现类似桌面软件的用户体验。

不同的互联网发展阶段，有不同的 Web 前端开发技术，本书主要讲解基本的静态网页开发技术——HTML、CSS 和 JavaScript。

党的二十大报告中提到，坚持面向世界科技前沿、面向经济主战场、面向国家重大需求、面向人民生命健康，加快实现高水平科技自立自强。浪潮集团是我国综合实力强大的大型 IT 企业之一，是国内领先的云计算、大数据服务商，是先进的信息科技产品与解决方案服务商，也是"云+数"新型互联网企业。

浪潮优派科技教育有限公司（以下简称浪潮优派）是浪潮集团下属子公司，结合浪潮集团的技术优势和丰富的项目案例，致力于 IT 人才的培养。本书由浪潮优派具有多年开发经验和实训经验的 IT 培训讲师撰写，通过通俗易懂的语言和实用生动的案例，系统介绍了 HTML、CSS 和 JavaScript 的概念和应用，最后通过一个综合案例使读者灵活掌握 Web 前端的开发过程。全书各章知识点讲解条理清晰、循序渐进，每个知识点配有丰富的案例演示。本书还提供了丰富的配套案例和微课视频，读者可扫描二维码直接观看。全书每章都有配套习题和上机指导，并配有案例源代码和电子课件，读者可登录人邮教育社区（www.ryjiaoyu.com）下载。

本书作为教材使用时，各章主要内容和学时建议分配如下，教师可以根据实际情况进行调整。

序号	标题	主要内容	建议学时
1	第 1 章 Web 前端开发技术概述	Web 前端开发技术（HTML/CSS/JavaScript）概念和作用，三种技术的区别和联系。学习下载、安装和使用 Web 前端开发工具（Adobe Dreamweaver CC 2017），以及灵活运用 Web 前端开发工具进行网页开发和设计	2
2	第 2 章 HTML 基础知识	HTML 的概念和作用，HTML 文档结构，HTML 文档类型，HTML 编写规范，HTML 常用标签的定义和功能，HTML 常用标签的使用规则和常用属性，并结合浪潮集团某项目中的编码规范详细讲解 HTML 的编写规范	6
3	第 3 章 HTML 表格和框架	表格和框架的作用，相关标签（<table>、<tr>、<td>、<th>、<caption>、<frameset>、<frame>、<noframes>、<iframe>等）的用法、属性、属性取值，并利用案例演示标签的用法和作用	4
4	第 4 章 HTML 表单	表单的概念和作用，表单的组成，表单元素的用法、属性和属性取值，表单控件的用法、属性和属性取值，并利用案例演示各个表单元素和表单控件的用法和作用	6
5	第 5 章 CSS 基础知识	CSS 的概念，CSS 的基本语法，CSS 选择器，CSS 创建方法，CSS 常用属性（包括文字样式、文本样式、颜色、背景、列表、CSS 表格、CSS 轮廓等）	6
6	第 6 章 CSS 样式高级应用	CSS 盒模型，定位的基本概念（包括静态定位，相对定位，绝对定位及固定定位等），浮动的相关知识，以及 DIV+CSS 布局	6

续表

序号	标题	主要内容	建议学时
7	第7章 CSS3 入门	CSS 的发展史、CSS3 的模块化结构及 CSS3 新增的特性， CSS3 新增加的选择器、文本属性、颜色模式和边框属性	4
8	第8章 JavaScript 基础知识	JavaScript 的起源和特征，JavaScript 程序的开发工具、运行环境、运行机制等，JavaScript 语言规范（变量、常量、变量类型、流程处理语句、函数定义声明、对象的创建等），JavaScript 常用的 API（JavaScript 函数、JavaScript 对象等）	10
9	第9章 JavaScript 事件处理	事件相关的概念和作用、常用的事件类型、事件处理机制和原理以及三种注册事件处理程序的方式	6
10	第10章 DOM 和 BOM	DOM 对象的含义，使用 DOM 对象改变 HTML 文档结构的方法和 API，浏览器对象模型的组成，window 对象的常用方法和属性，history 对象、location 对象、screen 对象和 navigator 对象等的使用	8
11	第11章 静态网页开发综合实例	类似淘宝的多卖家、多店铺的商城系统开发	6
	合计		64

　　本书由刘何秀、王林、王建担任主编，并进行了全书审核和统稿。参与本书编写的还有浪潮优派的刘丛丛、刘安娜。此外，为了使本书更适合高校使用，与浪潮集团有合作关系的部分高校老师也参与了本书的编写工作，包括山东财经大学的林培光、张燕，山东管理学院的梁科、张婷婷。在此感谢他们在本书编写过程中提供的帮助和支持。

　　由于时间仓促和编者水平有限，本书难免存在不足之处，欢迎读者朋友批评指正。

目 录 CONTENTS

第1章　Web 前端开发技术概述

学习目标

- 了解 Web 相关基础知识
- 了解 Web 前端开发技术
- 了解浏览器工具
- 熟悉 Web 前端开发工具

1.1　Web 概述

Web 前端开发技术是 Web 产品开发中最基本的组成部分之一，那么什么是 Web？什么是 Web 项目？什么是 Web 前端？目前 Web 前端开发一般使用哪些技术？需要什么样的开发环境和开发工具？让我们带着这些问题，进入本章的学习。本章重点讲解 Web、Web 前端、Web 前端开发技术以及 Web 前端开发工具等相关知识点。

1.1.1　Web 概念

Web 即全球广域网（World Wide Web），也称为万维网，它是一种基于超文本和 HTTP 的、全球性的、动态交互的、跨平台的分布式图形信息系统。它是建立在 Internet 上的一种网络服务，为浏览者在 Internet 上查找和浏览信息提供了图形化的、易于访问的直观界面，其中的文档及超链接将 Internet 上的信息节点组织成一个互为关联的网状结构。Web 的本意是蜘蛛网和网，在网页设计中称为网页。

Web 概念

一句话概括：Web 是一个分布式图形信息系统，它将大量的信息分布在万维网上，为我们提供更多的多媒体网络信息服务。

1.1.2　Web 项目

了解了 Web 的概念，那么什么是 Web 项目呢？Web 项目也可以称为 Web 工程或者 Web 应用程序。它是一种可以通过 Web 访问的应用程序。Web 项目最大的一个好处就是用户很容易访问，用户只要安装了浏览器即可，不需要再安装其他软件。例如现在经常使用的门户网站（新浪、搜狐等）、电商网站

Web 项目

（淘宝、京东等）、网上银行等都属于 Web 项目，用户通过浏览器就可以访问和使用它们。Web 项目开发与建设是目前软件开发领域的三大方向之一。

　　Web 项目由两大部分组成（见图 1-1），分别是 Web 客户端和 Web 服务器端。Web 客户端的作用是组织和显示来自 Web 服务器端的信息，以及接收用户从界面上输入的信息并传递到 Web 服务器端；Web 服务器端的作用是进行业务逻辑的处理和数据存储，并把处理后的结果反馈到 Web 客户端，供用户使用。

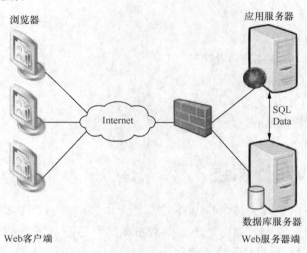

图 1-1　Web 项目组成

　　下面以淘宝用户登录为例进行说明：登录界面在浏览器显示，这属于 Web 客户端，它用来收集用户输入的用户名和密码信息，并通过万维网传递到 Web 服务器端。用户名和密码传递到 Web 服务器端后，在 Web 服务器端上运行的程序会根据用户名和密码校验其合法性，并把校验结果反馈到 Web 客户端，其中用户名和密码的校验程序就属于业务逻辑处理部分。Web 客户端程序在浏览器运行，而 Web 服务器端程序在阿里的后台服务器机房部署运行，对用户来说是透明的。

1.2　Web 前端概述

1.2.1　Web 前端概念

　　前面讲到的 Web 客户端，一般常称为 Web 前端，是指基于 Web（现在一般指动态页面技术）的客户端软件，也就是通常说的在浏览器端运行的网页程序。Web 前端降低了应用软件部署的难度，减少了更新操作，只需对服务器一端的软件更新即可完成所有用户需要的更新，且现在的动态页面技术基本可以实现所有的传统 C/S 客户端的功能。其缺点是交互性和响应速度不如传统 C/S 客户端那么友好。

Web 前端
概念

　　Web 前端这个词在 2005 年之后才逐渐出现并得到广大开发人员的认可，2005 年之前，人们一般称之为网页设计。Web 前端开发是从网页设计与制作演变而来的，在名称上有明显的时代特征。

　　在互联网的演化进程中，网页设计与制作是 Web 1.0 时代的产物，早期网站的主要内容都是静态的，以图片和文字为主，用户使用网站的行为也以浏览为主。随着互联网技术的发展，网页更加美观、交互效果更显著、功能也更加强大，2005 年以后，互联网进入 Web 2.0 时代，各种类似桌面软件的 Web 应用大量涌现，网站的前端由此发生了翻天覆地的变化。网页不再只是承载单一的文字和图片，各种富媒体让网页的内容更加生动，网页上软件化的交互形式为用户提供了更好的使用体验，这些都是基于前端技术实现的。以前开发人员学会 Photoshop 和 Dreamweaver 就可以制作网页，现在只掌握这些已经远远不够了。无论是开发难度上，还是开发方式上，现在的网页制作都更接近传统的网站后台开发，所以现在不再称之为网页制作，而是称为 Web 前端开发或者 Web 客户端编程。Web 前端开发在产品开发环节中的作用变得越来越重要，而且需要专业的 Web 前端开发工程师才能做好，这方面的专业人才近年来备受青睐。

1.2.2　Web 前端开发技术

Web 前端开发需要哪些技术呢？不同的互联网发展阶段，有不同的开发技术，基本的静态网页开发技术为 HTML/CSS/JavaScript，图 1-2 所示为 Web 前端基础开发技术的基本情况。其中 HTML 的英文全称是 Hyper Text Markup Language，中文全称是超文本标记语言，作用是在浏览器端组织和显示网页信息（文本、图片、视频等），属于网页的内容层。CSS 英文全称是 Cascading Style Sheets，中文全称是层叠样式表，作用是格式化网页的样式，如文本的字体、图片显示位置等，CSS 不仅可以静态地修饰网页，还可以配合各种脚本语言动态地对网页各元素进行格式化，属于网页的样式层。JavaScript 是客户端脚本语言，它使网页与用户之间产生动态交互效果，属于网页的行为层。这三种基本的 Web 前端开发技术是本书讲解的主要内容，后面的内容均围绕这三种技术进行讲解说明。

Web 前端开发技术

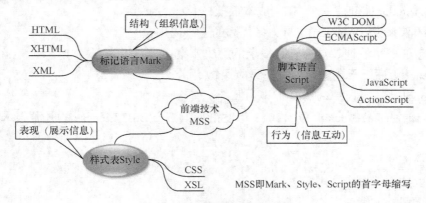

图 1-2　Web 前端基础开发技术

为了实现类似桌面软件的用户体验效果，市面上出现了很多 Web 前端框架技术，那么什么是框架？"框架"是从常用任务中抽象出可以复用的通用模块，是整个或部分系统的可重用设计，是半成品的软件系统。简单来讲，软件框架可以理解为建设楼房时，用梁+柱子+承重墙做起来的钢筋混凝土结构框架（这些是通用模块，半成品的软件系统）。而实现的软件功能，也就像在这个框架结构中所要实现的不同类型、功能的房子（成品软件系统），如停车场、商场、酒店、住宅等。使用框架的目标是使开发人员把重点放在任务项目所特有的

3

方面，避免重复开发。框架都会封装一些功能。在项目中使用 Web 前端框架，可以带来如下的好处。

① 效率：降低开发成本和周期。

② 社区：各大框架都有一个很大的社区，便于解决开发人员遇到的问题。

③ 标准：只要遵循框架的标准，就能让团队合作更加容易。

④ 体验：可以更好地开发出与原生应用程序一样的应用。

⑤ 工程化：可维护性和工程性有更大提升。

Web 前端框架库是开源项目中最庞大的类目，目前在 GitHub（全球最大的面向开源和私有软件项目的托管平台之一）上这一类的项目是最多的，并且几乎每隔一段时间就会出现一个新的项目席卷网络社区，这虽然推动了创新的发展，但也给前端开发者带来选择的难题。因此本书列举了一些优秀的 Web 前端框架库及其特点，为各位读者提供一些参考。

（1）jQuery.js 是一个快速、简洁的 JavaScript 框架，是继 Prototype 之后又一个优秀的 JavaScript 代码库，由约翰·莱西格（John Resig）开发，2006 年 1 月正式发布。jQuery 的特点如下：

- 快速获取文档元素；
- 提供漂亮的页面动态效果；
- 创建 Ajax 无刷新网页；
- 提供对 JavaScript 语言的增强；
- 增强的事件处理；
- 可以更改网页内容。

（2）Angular.js 由 Google 开发，2009 年首次发布。Angular.js 的特点如下：

- 流行的前端框架；
- 使用 Angular.js 创建一个 UI 的成本很低；
- 对于团队来说，Angular.js 有许多优秀的工具可用；
- 适合创建一个快速、混合型、复杂的解决方案；
- 比 React 更适合于创建小型企业级应用；
- 由 Google 负责维护基础包。

（3）React.js 由 Facebook 开发，2013 年发布了第一个 BSD License 的开源版本。React.js 的特点如下：

- 很容易扩展；
- 状态可预测（更小的规模）；
- 适合大型的前端项目；
- 相对较小的 API（基本概念见 8.4 节）；
- 持续重复渲染的组件为日益增加的复杂性提供了有效的支撑。

（4）Ember.js 是一个 JavaScript 框架，由耶华达·卡茨（Yehuada katz）开发，2011 年发布。Ember.js 的特点如下：

- 有很活跃的社区；
- 持续开发特性；
- 简单，易于学习；

- 稳定的性能；
- 具有自主配置能力；
- 两种数据绑定方式；
- 加载和运行都很快。

（5）Aurelia.js 由罗布·艾森伯格（Rob Eisenberg）开发，2015 年 1 月发布。Aurelia.js 的特点如下：

- 整洁的文档；
- 结构合理（组成 Aurelia.js 的模块既可以用于构建完整的框架，也可单独使用）；
- 具有两种能够和用户界面自动同步模块的数据绑定方式；
- 高度易测的代码；
- 有各种各样额外的工具；
- 可以得到开发者的商业支持。

（6）Meteor.js 由 Meteor 团队开发，2012 年发布。Meteor.js 的特点如下：

- 很快速；
- 适合小型响应式应用；
- 是一个全栈框架；
- 能够在浏览器上根据数据的刷新进行实时渲染；
- 能够与 Apache Coredova 集成；
- 能得到很好的支持。

（7）Polymer.js 由 Google 开发，2013 年发布。Polymer.js 的特点如下：

- 很快速；
- 可以创建自定义元素；
- 提供了模板和双向数据绑定；
- 减小了开发者和设计者之间的跨度；
- 适合特性丰富的应用。

（8）Vue.js 由尤雨溪（Evav you）开发，2014 年发布。Vue.js 的特点如下：

- 具有非常简单的 API；
- 有可选择性添加的模块；
- 容易被开发者接纳；
- 容易与其他库和工程集成；
- 可以通过两种数据绑定方式更新模型和视图；
- 适合大型的应用。

以上 8 种 Web 前端框架技术，都有各自的特点，可以根据其特点在项目中选择一种或者两种进行使用。其中，jQuery 框架在大中型项目中应用最广泛。浪潮优派组织编写的 Java 系列教材中，也有相应的慕课版教材介绍 jQuery 相关知识点和实践案例。

在开发 Web 前端页面时，可以采用原生的 HTML/CSS/JavaScript，也可以采用 CSS 框架和 JavaScript 库，无论采用什么方法，HTML/CSS/JavaScript 是需要掌握的最基本的技术，否则将会很难学习后续技术。建议读者学习 Web 前端技术的路线图如图 1-3 所示。

5

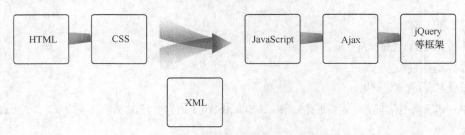

图 1-3　Web 前端开发技术学习路线图

1.3　浏览器

　　浏览器是指可以显示网页服务器或者文件系统的 HTML 文件（标准通用标记语言的一个应用）内容，并让用户与这些文件交互的一种软件，它是最常使用的客户端程序。换句话说，浏览器是 HTML 文件（HTML 网页）运行的环境。

浏览器

　　一个网页中可以包括多个文档，每个文档都是从服务器获取的。大部分的浏览器支持的格式非常广泛，除了支持 HTML 之外，还支持如 JPEG、PNG、GIF 等图像格式，并且能够扩展支持众多的插件（Plug-ins）。另外，许多浏览器还支持其他的 URL 类型及其相应的协议，如 FTP、Gopher、HTTPS（HTTP 协议的加密版本）等。HTTP 内容类型和 URL 协议规范允许网页设计者在网页中嵌入图像、动画、视频、声音、流媒体等。

　　常见的网页浏览器有：Internet Explorer、Mozilla Firefox、Google Chrome、Safari、百度浏览器、搜狗浏览器、360 浏览器、UC 浏览器等。我们在学习 Web 前端开发技术过程中，要关注不同浏览器对相关技术的支持特性，否则可能会导致开发的网页在特定的浏览器中显示不够友好，用户体验度不高，影响网页的显示效果。

1.4　Web 前端开发工具

　　学习编程技术的第一步是需要知道编程的运行环境和编程所用的开发工具，上一节讲的浏览器就是 Web 前端网页的运行环境，那么 Web 前端开发工具是什么呢？Web 前端开发工具有很多，普通的文本编辑工具即可使用，比如 Windows 系统的记事本，但是类似记事本的文本编辑工具没有任何代码提示，除非用户非常熟悉

Web 前端开发工具

HTML/CSS/JavaScript 的所有命令，否则不宜采用。一般开发人员使用集成开发环境（Integrated Development Environment，IDE）。IDE 一般包括代码编辑器、编译器、调试器和图形用户界面等工具，是集成了代码编写功能、分析功能、编译功能、调试功能等的开发软件服务套件。所有具备这一特性的软件或者软件套件（组）都可以称为集成开发环境，如微软公司的 Visual Studio 系列、IBM 公司的 Eclipse 系列、Adobe 公司的 Dreamweaver 等，这些程序可以独立运行，也可以和其他程序并用。本书所有案例使用的开发工具均为 Adobe Dreamweaver。

　　Adobe Dreamweaver 简称 DW，中文名称为"梦想编织者"，最初为美国 Macromedia 公司开发，2005 年该公司被 Adobe 公司收购。DW 集网页制作和管理网站于一身，是"所见即所得"的网页代码编辑器。利用其对 HTML、CSS、JavaScript 等内容的支持，设计人员几乎可以在任

何地方快速制作网页和进行网站建设。

Adobe Dreamweaver 可以实现"所见即所得"的功能，也可以编辑 HTML，借助经过简化的智能编码引擎，用户可以轻松地创建、编码和管理动态网站。用户访问其代码提示，即可快速了解 HTML、CSS 和其他 Web 标准。Adobe Dreamweaver 还可以使用视觉辅助功能减少错误，并提高网站开发速度。

用户可以从 Adobe Dreamweaver 的官方网站注册登录后下载免费试用版本，免费版试用期为 7 天，也可以购买经过授权的正版软件。由于软件的安装步骤很简单，采用默认方式安装即可，本书不再赘述。

打开已经安装好的 Adobe Dreamweaver 即可使用，用户可以通过该工具开发 HTML 文件、CSS 文件和 JavaScript 文件等。下面以开发 HTML 文件为例来讲解 Adobe Dreamweaver 工具的使用方法，软件版本为 Adobe Dreamweaver CC 2017，操作步骤如下。

（1）新建 HTML 文件，如图 1-4 所示。

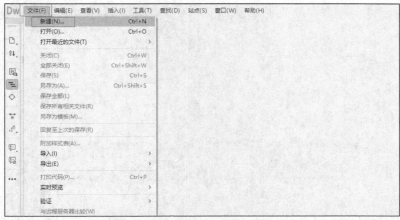

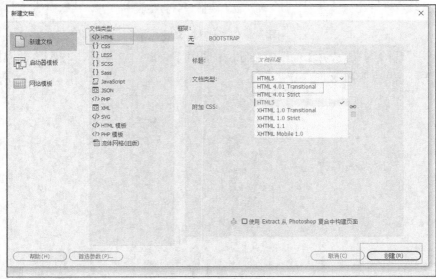

图 1-4　新建 HTML 文件

（2）编写网页显示内容，如图 1-5 所示。

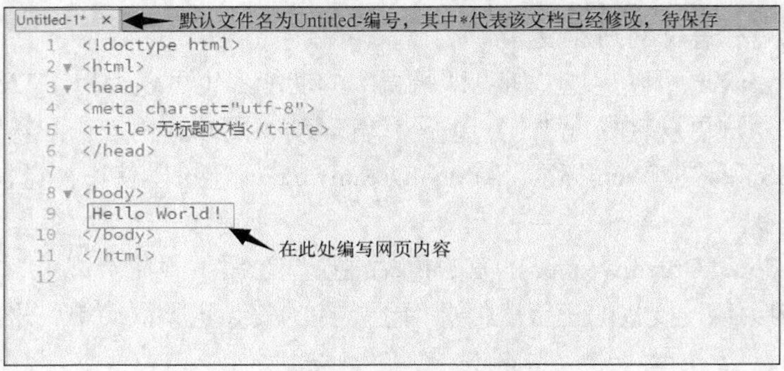

图 1-5　编写网页内容

（3）保存编写好的 HTML 文档，如图 1-6 所示。

图 1-6　保存 HTML 文档

（4）选择浏览器，一般选择 Internet Explorer 即可，如图 1-7 所示。在浏览器中运行编写好的 HTML 文档，结果如图 1-8 所示。

图 1-7　选择浏览器

图 1-8　程序在浏览器中的运行结果

1.5　本章小结

本章讲解了在正式学习 HTML、CSS 和 JavaScript 三种技术之前需要掌握的相关概念，包括 Web、Web 前端、Web 前端开发技术、浏览器、Web 前端开发工具。通过了解这些概念，读者可以更快地掌握 Web 前端开发技术，为后面的学习打下基础。本章的重点是 Web 前端开发技术和 Web 前端开发工具。

习　　题

1. 什么是 Web 技术？
2. 什么是 Web 前端？
3. 什么是 Web 项目？Web 项目包含哪些内容？Web 前端开发技术有哪些？

上 机 指 导

使用 Adobe Dreamweaver CC 2017 创建一个 HTML 文档，文档名为 inspur.html，网页中显示文本信息"浪潮优派欢迎你"。

02 第 2 章 HTML 基础知识

学习目标
- 了解 HTML 概念、文档结构、文档类型等相关知识点
- 掌握 HTML 编写规范
- 掌握 HTML 常用标签的用法，会灵活运用这些标签完成网页开发和设计

2.1 HTML 综述

第 1 章介绍了 Web 前端和 Web 前端开发的概念、Web 前端开发技术学习路线、Web 前端开发工具的安装和使用。本章介绍网页开发的第一种技术 HTML。什么是 HTML？HTML 文档由哪些内容组成？HTML 的基本语法有哪些规则？让我们带着这些问题，一起进入本章的学习。

2.1.1 HTML 的概念

超文本标记语言（Hyper Text Markup Language，HTML）是表示网页的一种规范（或者是一种标准），它通过标记符定义了网页内容的显示格式。其在文本文件的基础上，增加了一系列描述文本格式、颜色等的标记，再加上声音、动画甚至视频等，形成精彩的画面。HTML 不同于 C、Java 或 C#等编程语言，它不

HTML 的概念

是编程语言，而是一种标记语言（Markup Language）。它是目前网络上应用最广泛的语言，也是构成网页文档的主要语言，由一套标记标签（Markup Tag）（如<html></html>、<head></head>、<title></title>、<body></body>等）组成。HTML 使用这些标记标签来描述网页。

HTML 的操作不是很复杂，且功能强大，支持不同数据格式的文件嵌入，其主要特点如下。

（1）简易性。HTML 版本升级采用超集方式，从而更加灵活方便。

（2）可扩展性。HTML 采取子类元素的方式，为系统扩展带来保证。

（3）平台无关性。HTML 可以应用在各种平台上，这也是其盛行的另一个原因。

现在的 HTML 正处于从 HTML4 向 HTML5 过渡的一个阶段。HTML4 得到了业内的广泛认同。虽然 HTML4 中有一些固定的格式特性，但是有些布局和格式仍然需要 CSS 来解决。HTML5 意在解决这个问题，为了在未来巩固

自己的霸主地位，HTML 不断发展自身迎接挑战。

HTML 发展至今，经历了 6 个版本，发展过程中 HTML 新增了许多标记，同时也淘汰了一些标记。HTML 发展历程如图 2-1 所示。

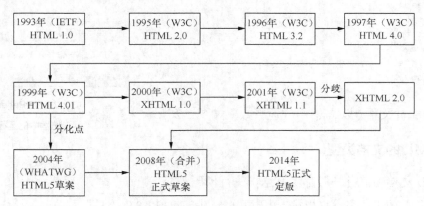

图 2-1　HTML 发展历程

2.1.2　HTML 的文档结构

前面对 HTML 的概念、作用和发展情况做了介绍，那么如何进行 HTML 文档的编写？HTML 文档由哪些内容组成？文档名的命名规范是怎样的呢？本节将进行详细讲解。

HTML 的文档结构

HTML 文档名的扩展名为.htm 或.html，不能包含空格和特殊符号（例如&），但是可以包含下画线 "_"，可以包含英文、数字等字符，要区分大小写。首页文件名默认为 index.htm 或 index.html。

HTML 文档有自己固定的结构，主要由三部分组成，如下所示。

```
<html>
  <head>...</head>
  <body>...</body>
</html>
```

代码说明如下。

（1）<html></html>称为根标签，所有的网页标签都在<html></html>中。

（2）<head>标签用于定义文档的头部，它是所有头部元素的容器。<head>与</head>之间的内容不会在浏览器的文档窗口显示，其间的元素主要用来说明文件的相关信息，如文件标题、作者、编写时间、搜索引擎可用的关键词等。头部元素有<title>、<script>、<style>、<link>、<meta>等标签。

（3）在<body>和</body>标签之间的内容是网页的主要内容，通常都会有很多其他元素。这些元素和元素属性构成 HTML 文档的主体部分，如<h1>、<p>、<a>、<img>等元素，在这个标签中的内容会在浏览器中显示出来。

（4）标签是 HTML 的基本部分。标签总是成对出现，每一对标签一般都有一个开始的标记（如<body>），也有一个结束的标记（如</body>）。元素的标记要用一对尖括号括起来，并且结束的标记总是在开始的标记前加一个斜杠（/）。

【案例 2-1】 编写第一个网页，通过该案例来体会 HTML 文档结构中各个部分的含义。打开记事本，编写如下代码，进行保存，保存的文件名为 firstPage.html。

```
<html>
    <head>
     <title>my first page</title>
    </head>
    <body>
      This is my first homepage!
    </body>
</html>
```

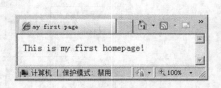

图 2-2　firstPage.html 在
浏览器中的运行效果

firstPage.html 文件在浏览器中的运行效果如图 2-2 所示。

2.1.3　HTML 的文档类型

在 HTML 文档的首行一般都会有这样一行代码：

```
<!DOCTYPE HTML PUBLIC "-//W3C//DTD HTML 4.01 Transitional//EN"
"http://www.w3.org/TR/html4/loose.dtd">
```

其中，<!DOCTYPE>不是 HTML 标签，它只是为浏览器提供一项声明，因此它没有闭合/结束标签。

在理解<!DOCTYPE>之前，我们先介绍文档类型的概念和作用。文档类型的英文为 Document Type，缩写为 DOCTYPE。

文档类型有何作用呢？在计算机中存在许多不同的文件类型，或称为文件扩展名，如".txt"".log"".doc"".wps"".xml"等。计算机根据不同的文档类型选择相应的软件对文件进行打开、修改等操作。同样，Web 中也存在许多不同的文档，但是 Web 网页是使用浏览器来进行打开、渲染、显示等操作的，如何才能让浏览器正确地对文档进行操作呢？这就需要使用文档类型来进行指定，并把信息传递给浏览器。

由于历史原因，HTML 有多个版本，目前使用比较广泛的是 HTML 4.01、XHTML 1.0 和 HTML5。

HTML 4.01 规定了三种文档类型：Strict（严格版本）、Transitional（过渡版本）和 Frameset（基于框架的版本）。XHTML 1.0 同样也规定了三种文档类型：Strict（严格版本）、Transitional（过渡版本）和 Frameset（基于框架的版本）。它们名称相同，但是声明的方式略有不同。

DOCTYPE 的语法为：

```
HTML 根元素 可用性 "注册组织//类型标签//定义语言" "URL"
```

以下面的<!DOCTYPE>标签为例：

```
<!DOCTYPE HTML PUBLIC "-//W3C//DTD HTML 4.01 Transitional//EN"
"http://www.w3.org/TR/html4/loose.dtd">
```

根元素：HTML。

注册组织：W3C。

类型标签：HTML 4.01 Transitional。

定义语言：EN。

URL：http://www.w3.org/TR/html4/loose.dtd。

它在公共标识符被定义为"-//W3C//DTD XHTML 1.0 Strict//EN"的 DTD 中进行了定义。浏览器将知道如何寻找匹配此公共标识符的 DTD。如果找不到，浏览器将使用公共标识符后面的 URL 作为寻找 DTD 的位置。需要注意的是，URL 是替补，只有在找不到公共标识符的 DTD 时才使用 URL 指定的 DTD。

HTML 4.01 和 XHTML 1.0 规定了三种文档类型，其详细的声明方式如下。

（1）Strict 类型声明方式。

HTML 4.01：

```
<!DOCTYPE HTML PUBLIC "-//W3C//DTD HTML 4.01//EN "
http://www.w3.org/TR/html4/strict.dtd">
```

XHTML 1.0：

```
<!DOCTYPE html PUBLIC "-//W3C//DTD XHTML 1.0 Strict//EN"
"http://www.w3.org/TR/xhtml1/DTD/xhtml1-strict.dtd">
```

（2）Transitional 类型声明方式。

HTML 4.01：

```
<!DOCTYPE HTML PUBLIC "-//W3C//DTD HTML 4.01 Transitional//EN"
http://www.w3.org/TR/html4/loose.dtd">
```

XHTML 1.0：

```
<!DOCTYPE html PUBLIC "-//W3C//DTD XHTML 1.0 Transitional//EN"
"http://www.w3.org/TR/xhtml1/DTD/xhtml1-transitional.dtd">
```

（3）Frameset 类型声明方式。

HTML 4.01：

```
<!DOCTYPE HTML PUBLIC "-//W3C//DTD HTML 4.01 Frameset//EN "
http://www.w3.org/TR/html4/frameset.dtd">
```

XHTML 1.0：

```
<!DOCTYPE html PUBLIC "-//W3C//DTD XHTML 1.0 Frameset//EN"
"http://www.w3.org/TR/xhtml1/DTD/xhtml1-frameset.dtd">
```

XHTML 1.0 与 HTML 4.01 文档类型声明复杂并且难理解，但是在 HTML5 中，文档类型声明只有一种，代码为<!DOCTYPE html>。

注意：虽然规定了三种文档类型，但是在每一个网页中只能同时声明一种文档类型，在使用集成开发工具时，这行代码会自动添加。如果使用记事本编写 HTML 代码，开发者往往会忘记声明文档类型，这对简单网页可能不会有影响，但复杂的网页在浏览器显示时就很容易错排，建议读者在开发网页时声明文档类型。

2.1.4　HTML 的基本语法

HTML 规定了自己的语法规则，用来表示比 "文本" 更丰富的意义，如图片、表格、链接等。浏览器（IE、FireFox 等）能识别 HTML 的语法，可以查看 HTML 文档。简单来说，HTML 的语法就是给文本加上表明文本含义的标签（Tag），让用户（人或程序）能更好地理解文本。通过不同的标签，HTML 文档可以包含不同的内容，如文本、链接、图片、列表、表格、表单、框架等。

HTML 的基本语法

（1）标签。用尖括号包围的关键词称为标签。HTML 标签通常成对出现，如<html></html>。标签对中的第一个标签是开始标签，也称为开放标签，如<html>；标签对中

13

的第二个标签是结束标签，也称为闭合标签，如</html>。

（2）元素。匹配的标签对以及它们包围的内容称为元素。元素 = 开始标签 + 内容 + 结束标签，如：<title>my first page</title>。

（3）块级元素。即在浏览器默认显示时以新行开始（和结束）的元素。

（4）内联元素。即在浏览器默认显示时在同一行按从左至右的顺序显示，不单独占一行的元素，又称行内元素。

（5）属性。开始标签中那些以"名称-值"的形式出现的内容，称为属性。每一个属性可以由网页开发者赋一定的值。元素属性出现在元素的标签标记内，并且和元素名之间有一个空格分隔，属性值用" "包围（见图 2-3）。

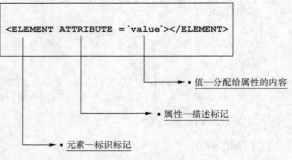

图 2-3　属性值表现方式

【案例 2-2】　某网页的页面内容中包含一个 p 元素（表示段落，后面有详细的讲解），给 p 元素设置 align 属性，其属性值为 center。代码如下所示：

```
<html>
    <head>
      <title>my first page</title>
    </head>
    <body>
       <p align="center">This is my first homepage!</p>
    </body>
</html>
```

2.2　HTML 文档编写规范

无规矩不成方圆，在任何一个项目或者系统开发之前都需要制订一个开发约定和规则，这一点尤为重要，有利于项目的整体风格统一、代码易维护和扩展。

不同的项目中，对 HTML 文档的编写规范和要求是不一样的，本书以浪潮集团某项目中的主要通用规范进行讲解，如果读者感觉本节知识点阅读起来有难度，可以略过，等学完本书所有内容后再来阅读和学习。

1. 代码风格

（1）缩进与换行

① 要求使用 4 个空格作为一个缩进层级，不允许使用 2 个空格或 tab 字符。

示例：

```
<ul>
    <li>first</li>
    <li>second</li>
</ul>
```

② 建议每行不超过 120 个字符。

说明：过长的代码不容易阅读与维护。但是考虑到 HTML 的特殊性，不做硬性要求。

（2）命名

① class 必须单词全字母小写，单词间以-分隔。

② class 必须代表相应模块或部件的内容或功能，不得以样式信息进行命名。

示例：

```
<!--符合规范 -->
<div class="sidebar"></div>
<!--不符合规范 -->
<div class="left"></div>
```

③ 元素 id 必须保证页面唯一。

说明：同一个页面中，不同的元素包含相同的 id，不符合 id 的属性含义。且使用 document. getElementById 时可能导致难以追查的问题。

（3）标签

① 标签名必须使用小写字母。

② 对于无须自闭合的标签，不允许自闭合。

说明：常见无须自闭合的标签有\<input\>、\<br\>、\<img\>、\<hr\>等。

示例：

```
<!--符合规范 -->
<input type="text" name="title">
<!--不符合规范 -->
<input type="text" name="title" />
```

③ 标签的使用必须符合标签嵌套规则。

说明：例如\<div\>不得置于\<p\>中，\<tbody\>必须置于\<table\>中。详细的标签嵌套规则参见 HTML DTD（Document Type Definition，文档类型定义）中的 Elements 定义部分。

④ HTML 标签的使用应该遵循标签的语义。

⑤ 在 CSS 可以实现相同需求的情况下不得使用表格进行布局。

说明：在兼容性允许的情况下应尽量保持语义的正确性。对网格对齐和拉伸性有严格要求的场景允许例外，如多列复杂表单。

⑥ 标签的使用应尽量简洁，减少不必要的标签。

（4）属性

① 属性名必须使用小写字母。

② 属性值必须用双引号包围。对于布尔类型的属性，建议不添加属性值。

示例：

```
<input type="text" disabled>
<input type="checkbox" value="1" checked>
```

③ 自定义属性建议以 xxx-为前缀，推荐使用 data-。

2. 通用

（1）DOCTYPE

① 使用 HTML5 的 doctype 来启用标准模式，建议使用大写的 DOCTYPE。

示例：

```
<!DOCTYPE html>
```

② 建议启用 IE Edge 模式。

示例：

```
<meta http-equiv="X-UA-Compatible" content="IE=Edge">
```

（2）编码

① 页面必须使用精简形式，明确指定字符编码。指定字符编码的 meta 必须是 head 的第一个直接子元素。

② HTML 文件使用无 BOM 的 UTF-8 编码。

（3）CSS 和 JavaScript 引入。

① 引入 CSS 时必须指明 rel="stylesheet"。

示例：

```
<link rel="stylesheet" href="page.css">
```

② 建议引入 CSS 和 JavaScript 时无须指明 type 属性。

说明：text/css 和 text/javascript 是 type 的默认值。

③ 建议在 head 中引入页面需要的所有 CSS 资源。

④ 建议 JavaScript 放在页面末尾，或采用异步加载。

说明：将 JavaScript 放在页面中间将阻断页面的渲染。出于性能方面的考虑，如非必要，请遵守此条建议。

3. head

（1）页面必须包含 title 标签声明标题。

（2）title 必须作为 head 的直接子元素，并紧随 charset 声明之后。

说明：title 中如果包含 ASCII 之外的字符，浏览器需要知道字符编码类型才能进行解码，否则可能导致乱码。

示例：

```
<head>
    <meta charset="UTF-8">
    <title>页面标题</title>
</head>
```

4. 图片

（1）禁止 img 的 src 取值为空。延迟加载的图片也要增加默认的 src。

说明：src 取值为空，会导致部分浏览器重新加载一次当前页面。

（2）避免为 img 添加不必要的 title 属性。

说明：多余的 title 影响看图体验，并且增加了页面尺寸。

（3）建议为重要图片添加 alt 属性。

说明：可以提高图片加载失败时的用户体验。

（4）建议添加 width 和 height 属性，以避免页面抖动。

（5）建议有下载需求的图片采用 img 标签实现，无下载需求的图片采用 CSS 背景图实现。

说明：产品 logo、用户头像、用户产生的图片等有潜在下载需求的图片，以 img 形式实现，能方便用户下载。无下载需求的图片，如 icon、背景、代码使用的图片等，尽可能采用 CSS 背景图实现。

5. 表单

（1）控件标题

有文本标题的控件必须使用 label 标签与其标题关联。

说明：关联有两种方式，一种是将控件置于 label 内，另一种是 label 的 for 属性指向控件的 id。推荐使用第一种，以减少不必要的 id。如果 DOM 结构不允许直接嵌套，则应使用第二种。

示例：

```
<label><input type="checkbox" name="confirm" value="on"> 我已确认上述条款</label>
<label for="username">用户名: </label> <input type="textbox" name="username" id="username">
```

（2）按钮

① 使用 button 元素时必须指明 type 属性值。

说明：button 元素的默认 type 为 submit，如果其被置于 form 元素中，单击后将导致表单提交。为显示区分其作用并方便理解，必须给出 type 属性。

示例：

```
<button type="submit">提交</button>
<button type="button">取消</button>
```

② 建议尽量不要使用按钮类元素的 name 属性。

说明：由于浏览器兼容性问题，使用按钮的 name 属性会带来许多难以发现的问题，故不建议使用。

③ 建议在针对移动设备开发页面时，根据内容类型指定输入框的 type 属性。

说明：根据内容类型指定输入框类型，能获得友好的输入体验。

示例：

```
<input type="date">
```

2.3　HTML 常用标签

HTML 常用标签

学习 HTML 的核心其实就是学习它所定义的标签和元素，通过不同的标签和元素，HTML 文档可以包含不同的内容，例如文本、链接、图片、列表、表格、表单、框架等。标签主要包含三部分内容：标签关键字、标签所表示的语义、标签常用的属性及属性值。学习每一个标签都需要掌握这三部分内容。

1. 头部元素

<head>内的元素可包含脚本，指示浏览器在何处可以找到样式表，提供元数据等。以下标签都可以添加到 head 部分，如表 2-1 所示。

头部元素

表 2-1　head 元素包含的标签以及作用

标签	作用
<head>	定义关于文档的信息
<title>	定义文档标题
<base>	定义页面上所有链接的默认地址或默认目标

续表

标签	作用
<link>	定义文档与外部资源之间的关系
<meta>	定义关于 HTML 文档的元数据
<script>	定义客户端脚本
<style>	定义文档的样式信息

（1）title 元素。title 元素在所有 HTML/XHTML 文档中都是必需的。<title>标签定义文档的标题。title 元素的作用为：定义浏览器工具栏中的标题，提供页面被添加到收藏夹时显示的标题，显示在搜索引擎结果中的页面标题。以新浪网首页为例，如图 2-4 所示，新浪网首页的部分头部元素代码中，使用 title 定义了标题，标题为"WWW.SINA.COM"。该元素定义了浏览器工具栏中的标题（如图 2-5 所示，用矩形框进行了标注），提供页面被添加到收藏夹时显示的标题（如图 2-4 所示，用矩形框进行了标注）。

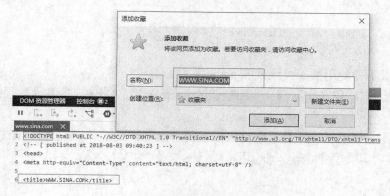

图 2-4 新浪网首页标题

图 2-5 浏览器工具栏中的标题

（2）link 元素。link 元素定义文档与外部资源之间的关系。<link>标签最常用于链接样式表，如下所示。该标签会在讲解 CSS 时详细说明。

```
<head>
<link rel="stylesheet" type="text/css" href="mystyle.css" />
</head>
```

（3）style 元素。style 元素用于为 HTML 文档定义样式信息。可以在 style 元素内规定 HTML 元素在浏览器中呈现的样式，如下所示。该标签会在讲解 CSS 时详细说明。

```
<head>
<style type="text/css">
body {background-color:yellow}
p {color:blue}
</style>
</head>
```

（4）meta 元素。元数据（metadata）是关于数据的信息。meta 元素提供关于 HTML 文档的元数据。元数据不会显示在页面上，但其对于浏览器是可读的，它告诉浏览器该如何解析这个页面。meta 元素被用于规定页面的描述、关键词、文档的作者、最后修改时间以及其他元数据。<meta>标签始终位于 head 元素中。元数据可用于浏览器（如何显示内容或重新加载页面）、搜索引擎（关键词）或其他 Web 服务。该标签包含的属性及属性值见表 2-2。

表 2-2　<meta>标签包含的属性及属性值

属性	值	描述
content	some_text	定义与 http-equiv 或 name 属性相关的元数据 始终要和 name 属性或 http-equiv 属性一起使用
http-equiv	content-type expires refresh set-cookie	把 content 属性关联到 http 头部
name	author description keywords generator revised others	把 content 属性关联到一个名称
scheme	some_text	定义用于翻译 content 属性值的格式

【案例 2-3】　以新浪首页为例进行说明（代码如下所示）。head 元素中有 3 个 meta 元素。第一个 meta 元素设定页面使用的字符集和 MIME 类型。使用了 http-equiv 属性和 content 属性，http-equiv 相当于 http 的文件头的作用，它可以向浏览器返回一些有用的信息，使网页内容正确且精确的显示，与之对应的属性值为 content，content 中的内容其实就是各个参数的变量值。<meta>标签的 http-equiv 属性语法格式是：<meta http-equiv="参数" content="参数变量值">。第二个 meta 元素用来描述网页的关键词，网页可以通过关键词被搜索引擎搜索到，如果在百度中输入"sina"或者"新浪"，都可以搜索到新浪首页页面。第三个 meta 元素用来规定网页的描述。

```
<head>
<meta http-equiv="Content-Type" content="text/html; charset=utf-8" />
<title>WWW.SINA.COM</title>
<meta name="keywords" content="sina, 新浪" />
<meta name="description" content="新浪首页" />
</head>
```

（5）script 元素。script 元素用于定义客户端脚本，如 JavaScript。script 元素既可以像 style 元素一样，包含脚本语句（JavaScript 代码），也可以通过 src 属性指向外部脚本文件（xxx.js）。该标签会在讲解 JavaScript 时详细说明。

```
<script type="text/javascript">
  alert("hello world! ");
</script>
```

2．body 元素

body 元素定义文档的主体，包含文档的所有内容，如文本、超链接、图像、表格和列表等。body 元素的可选属性见表 2-3。

body 元素

表 2-3　body 元素可选属性

属性	描述
link	设定页面默认的链接颜色
alink	设定鼠标正在单击时的链接颜色
vlink	设定访问后链接文字的颜色
background	设定页面背景图像
bgcolor	设定页面背景颜色
leftmargin	设定页面的左边距
topmargin	设定页面的上边距
bgproperties	设定页面背景图像为固定，不随页面的滚动而滚动
text	设定页面文字的颜色

注意：在 HTML 4.01 中，所有 body 元素的"呈现属性"均不建议使用。在 XHTML 1.0 Strict DTD 中，所有 body 元素的"呈现属性"均不被支持使用。

通过下面的案例，了解 body 元素的作用和 body 元素的可选属性。该案例的网页中显示一个标题，一行文本，以及一个段落，其中段落中有三个超链接。

【案例 2-4】　利用 body 元素的 bgcolor 属性设定网页的背景颜色，text 属性设定文本颜色为红色，link、alink 和 vlink 属性设定超链接在不同状态下的颜色信息。详细代码参见文件：\案例\ch2\ htmlBodyDemo01.html。

```
<!DOCTYPE HTML PUBLIC "-//W3C//DTD HTML 4.01 Transitional//EN"
"http://www.w3.org/TR/html4/loose.dtd">
<html>
<head>
<meta http-equiv="Content-Type" content="text/html; charset=utf-8">
<title>body 元素案例</title>
</head>
<body bgcolor="#FFFFE7" text="#FF0000" link="#3300FF" alink="#FF00FF" vlink="#9900FF">
    <h2>设定不同的超链接颜色</h2>
    测试 body 标签
    <p>
      <a href="http://www.baidu.com/">默认的超链接颜色</a>
      <a href="http://www.sina.com.cn">正在按下的超链接颜色</a>
      <a href="http://www.sohu.com/">访问过后的超链接颜色</a>
    </p>
</body>
</html>
```

网页在浏览器中的显示效果如图 2-6 所示。

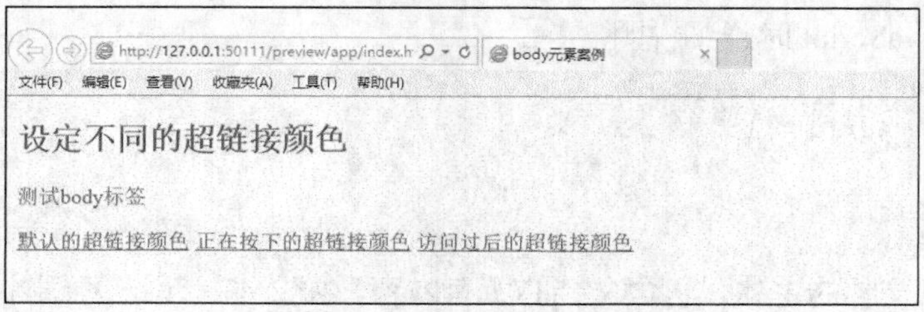

图 2-6　body 元素案例的运行结果

3. HTML 的颜色设定规则

案例 2-4 中，在给 body 元素的属性赋值时，使用了颜色信息，那么 HTML 的颜色有哪些取值呢？HTML 颜色的相关设定是什么样的？下面讲解 HTML 的颜色设定规则，网页的颜色值是一个关键字或一个 RGB 格式的数字。HTML 4.0 标准仅支持 16 种颜色名，即关键字，它们是：aqua、black、blue、fuchsia、gray、green、lime、maroon、navy、olive、purple、red、silver、teal、white、yellow。如果使用其他颜色，就需要使用十六进制的颜色值，颜色是由"red""green""blue"三原色组合而成的。对于三原色，HTML 分别给予两个十六进制数去定义，也就是每个原色可有 256 种彩度，故此三原色可混合成 16777216 种颜色。

例如：

白色的组成是 red=ff, green=ff, blue=ff, RGB 值即为 ffffff；

红色的组成是 red=ff, green=00, blue=00, RGB 值即为 ff0000。

应用时常在每个 RGB 值之前加上"#"，如：bgcolor="#336699"，也可以简写为"#369"。颜色名和颜色值的对应关系如表 2-4 所示。

表 2-4　颜色名和颜色值对应关系

关键字	十六进制的 RGB 值	说明
aqua	#00FFFF	水绿色
black	#000000	黑色
blue	#0000FF	蓝色
fuchsia	#FF00FF	紫红色
gray	#808080	灰色
green	#008000	绿色
lime	#00FF00	酸橙色
maroon	#800000	栗色
navy	#000080	海军蓝
olive	#808000	橄榄色
purple	#800080	紫色
red	#FF0000	红色
silver	#C0C0C0	银色
teal	#008080	水鸭色
white	#FFFFFF	白色
yellow	#FFFF00	黄色

4. p 元素

p 元素定义段落。p 元素不但能使后面的文字换到下一行，还可以使两段之间多一空行。浏览器会自动在段落的前后添加空行（p 是块级元素）。如果网页中需要插入一个空行，使用空的段落标记<p></p>是无法实现的，应该使用
标签。p 元素的可选属性如表 2-5 所示。

p 元素

表 2-5　p 元素的可选属性

属性	值	描述
align	left right center justify	规定段落中文本的对齐方式，不建议使用，可使用样式取代它

【案例 2-5】 在网页中，显示 5 个段落，每个段落元素里面都包含文本信息，其中 3 个段落使用了 align 属性，属性值分别是 right、center、left，最后一个段落包含多行文本信息，但是在浏览器显示中，多行文本信息显示在一行，这是因为显示页面时，浏览器会移除源代码中多余的空格和空行，所有连续的空格或空行都会被算作一个空格。需要注意的是，HTML 代码中的所有连续的空行（换行）也被显示为一个空格。详细代码参见文件：\案例\ch2\ htmlPDemo01.html。

```
<!DOCTYPE HTML PUBLIC "-//W3C//DTD HTML 4.01//EN"
"http://www.w3.org/TR/html4/strict.dtd">
<html>
<head>
<meta http-equiv="Content-Type" content="text/html; charset=utf-8">
<title>p 元素案例演示</title>
</head>
<body>
<p>春眠不觉晓</p>
<p align="right">处处闻啼鸟</p>
<p align="center">夜来风雨声</p>
<p align="left">花落知多少</p>
<p>白日依山尽
        黄河入海流
            欲穷千里目
                更上一层楼</p>
</body>
</html>
```

网页在浏览器中的显示效果如图 2-7 所示。

图 2-7 p 元素案例的运行结果

5. br 元素

br 可插入一个简单的换行符。br 元素是空标签，这意味着它没有结束标签，因此\
\</br>是错误的。在 XHTML 中，把结束标签放在此标签中，也就是\
。注意，\
标签只是简单地开始新的一行，而当浏览器遇到\<p>标签时，通常会在相邻的段落之间插入一些垂直的间距。如果希望在不产生一个新段落的情况下换行（新行），就可以使用\
标签。

【案例 2-6】 在网页中，定义了一个段落，段落中显示一首古诗，其中使用 br 标签插入换行符。详细代码参见文件：\案例\ch2\ htmlBrDemo01.html。

```
<!DOCTYPE HTML PUBLIC "-//W3C//DTD HTML 4.01//EN"
"http://www.w3.org/TR/html4/strict.dtd">
<html>
<head>
<meta http-equiv="Content-Type" content="text/html; charset=utf-8">
<title>br 标签案例演示</title>
```

```
</head>
<body>
<p>白日依山尽<br/>
        黄河入海流<br/>
            欲穷千里目<br/>
                更上一层楼</p>
</body>
</html>
```

网页在浏览器中的显示效果如图 2-8 所示。

图 2-8　br 元素案例的运行结果

6.　pre 元素

pre 元素可定义预格式化的文本。被包围在 pre 元素中的文本通常会保留空格和换行符，而文本也会呈现为等宽字体。<pre>标签的一个常见应用就是显示计算机的源代码。需要注意的是可以导致段落断开的标签（例如标题、<p>和<address>标签）绝不能包含在 pre 元素所定义的块里，尽管有些浏览器会把段落结束标签解释为简单地换行，但是这种行为在所有浏览器上并不都是一样的。

pre 元素

【案例 2-7】　在网页中包含了 3 个 pre 元素，第一个 pre 元素包含的文本信息中有换行，有空格，第二个 pre 元素中包含一段程序代码，第三个 pre 元素中包含具有一定格式的商品描述文本信息。在运行效果中，均保留了预定义的格式信息。详细代码参见文件：\案例\ch2\htmlPreDemo01.html。

```
<!DOCTYPE HTML PUBLIC "-//W3C//DTD HTML 4.01//EN"
"http://www.w3.org/TR/html4/strict.dtd">
<html>
<head>
<meta http-equiv="Content-Type" content="text/html; charset=utf-8">
<title>pre 标签案例演示</title>
</head>
<body>
<pre>
这是
预格式文本。
它保留了        空格
和换行。
</pre>
<p>pre 标签很适合显示计算机代码：</p>
<pre>
for i = 1 to 10
        print i
next i
```

```
</pre>
<pre>
腾讯-QQ币/QQ幻想-30元卡


一 口 价：26.45元
运   费：卖家承担运费
剩余时间：5 天
宝贝类型： 全新


卖主声明：货到付款，可试用 10 天!
</pre>
</body>
</html>
```

网页在浏览器中的显示效果如图 2-9 所示。

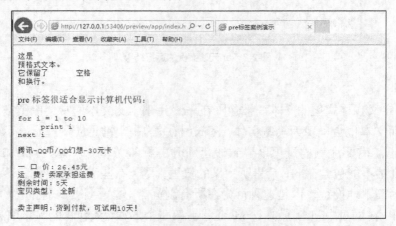

图 2-9　pre 元素案例的运行结果

7. hr 元素

<hr>标签在 HTML 页面中创建一条水平线。水平分隔线（horizontal rule）可以在视觉上分隔文档。其可选属性如表 2-6 所示。

hr 元素

表 2-6　hr 元素的可选属性

属性	值	描述
align	center left right	规定 hr 元素的对齐方式，不建议使用，可使用样式取代它
width	pixels %	规定 hr 元素的宽度，不建议使用，可使用样式取代它
size	pixels %	规定 hr 元素的高度（厚度），不建议使用，可使用样式取代它
noshade	noshade	规定 hr 元素的颜色呈现为纯色，不建议使用，可使用样式取代它

【案例 2-8】　在网页上包含 2 条水平线，第一条水平线是红色，宽 320px，高 2px，第二条水平线是蓝色，充满整个网页。详细代码参见文件：\案例\ch2\ htmlHrDemo01.html。

```
<!DOCTYPE HTML PUBLIC "-//W3C//DTD HTML 4.01 Transitional//EN"
"http://www.w3.org/TR/html4/loose.dtd">
<html>
<head>
```

```
<meta http-equiv="Content-Type" content="text/html; charset=utf-8">
<title>hr 案例演示</title>
</head>
<body>
  <hr width="320px" color="#FF0000" size="2px"/>
  <hr noshade="noshade" color="#0000FF"/>
</body>
</html>
```

网页在浏览器中的显示效果如图 2-10 所示。

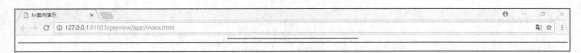

图 2-10　hr 元素案例的运行结果

8. HTML 字符实体

HTML 中某些字符是预留的，如在 HTML 中不能使用小于号（＜）和大于号（＞），这是因为浏览器会误认为它们是标签。如果希望正确地显示预留字符，则必须在 HTML 源代码中使用字符实体（character entities）。使用字符实体的语法格式为：&entity_name（实体名称）或者&#entity_number（实体编号）。例如，需要在网页中显示小于号，必须定义为&lt 或&#60。使用实体名称而非实体编号的好处是名称易于记忆；坏处是浏览器也许并不支持所有实体名称（均支持实体数字）。HTML 中常用的字符实体如表 2-7 所示。注意：实体名称对大小写敏感！如需完整的实体符号参考，请访问 W3School 中的 HTML 实体符号参考手册。

表 2-7　常用字符实体信息

显示结果	描述	实体名称	实体编号
	空格		
<	小于号	&lt;	&#60;
>	大于号	&gt;	&#62;
&	和	&amp;	&#38;
"	引号	&quot;	&#34;
'	撇号	'（IE 不支持）	&#39;
¢	分（cent）	&cent;	&#162;
£	镑（pound）	&pound;	&#163;
¥	元（yen）	&yen;	&#165;
€	欧元（euro）	&euro;	&#8364;
§	小节	&sect;	&#167;
©	版权（copyright）	&copy;	&#169;
®	注册商标	&reg;	&#174;
™	商标	&trade;	&#8482;
×	乘	&times;	&#215;
÷	除	&divide;	&#247;

【案例 2-9】　在网页中显示一个 HTML 文档的源代码，在源代码中有"＜""＞"等特殊符号，为了使其能够在浏览器中正确显示，均使用 HTML 字符实体名称。详细代码参见文件：\案例\ch2\htmlPre.html。

25

```
<!DOCTYPE HTML PUBLIC "-//W3C//DTD HTML 4.01 Transitional//EN"
"http://www.w3.org/TR/html4/loose.dtd">
<html>
<head>
<meta http-equiv="Content-Type" content="text/html; charset=utf-8">
<title>html 字符实体案例演示</title>
</head>
<body>
<pre>
&lt;html&gt;

&lt;head&gt;
  &lt;script type=&quot;text/javascript&quot;
src=&quot;loadxmldoc.js&quot;&gt;
&lt;/script&gt;
&lt;/head&gt;

&lt;body&gt;

  &lt;script type=&quot;text/javascript&quot;&gt;
    xmlDoc=<a
href="dom_loadxmldoc.asp">loadXMLDoc</a>(&quot;books.xml&quot;);
    document.write(&quot;xmlDoc is loaded, ready for use&quot;);
  &lt;/script&gt;

&lt;/body&gt;

&lt;/html&gt;
</pre>
</body>
</html>
```

网页在浏览器中的显示效果如图 2-11 所示。

9. hn 元素

hn 元素用于设置网页中的标题文字，被设置的文字将以黑体或粗体的方式显示在网页中。n 用来指定标题文字的大小，n 的取值范围为 1~6 的整数值，取 1 时文字最

hn 元素

大，取 6 时文字最小。<hn>标签是成对出现的。<hn>标签共分为 6 级，<h1>和 </h1>之间的文字是第一级标题，是最大最粗的标题，<h6>和</h6>之间的文字是最后一级，是最小最细的标题文字。<hn>标签本身具有换行的作用，标题总是从新的一行开始。该标签的可选属性如表 2-8 所示。

图 2-11　HTML 字符实体案例的运行结果

表 2-8　hn 元素的可选属性

属性	值	描述
align	left center right justify	规定标题中文本的排列，不推荐使用，请使用样式替代它

【**案例 2-10**】　在网页中显示 6 级标题，分别使用 h1、h2、h3、h4、h5、h6 标签，并使用 align 属性设定文本的排列方式。详细代码参见文件：\案例\ch2\htmlHnDemo01.html。

```
<!DOCTYPE HTML PUBLIC "-//W3C//DTD HTML 4.01 Transitional//EN"
"http://www.w3.org/TR/html4/loose.dtd">
<html>
<head>
<meta http-equiv="Content-Type" content="text/html; charset=utf-8">
<title>hn 元素案例演示</title>
</head>
<body>
    <h1>第 1 级标题（H1）</h1>
    <h2>第 2 级标题（H2）</h2>
    <h3>第 3 级标题（H3）</h3>
    <h4 align=left>第 4 级标题（H4）（居左）</h4>
    <h5 align=center>第 5 级标题（H5）（居中）</h5>
    <h6 align=right>第 6 级标题（H6）（居右）</h6>
</body>
</html>
```

网页在浏览器中的显示效果如图 2-12 所示。

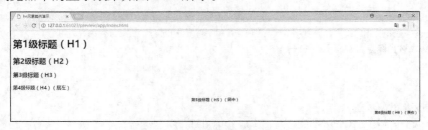

图 2-12　hn 元素案例的运行结果

10．文本格式化元素

很多标签都可以用来改变文本的外观，并关联文本隐藏的含义。总的来说，这些标签可以分成两类：基于内容的样式（content-based style）和物理样式（physical style）。开发者在应用中应该避免使用物理样式标签，应当尽可能地向浏览器提供上下文信息，并使用基于内容的样式。

那么什么是物理样式？什么是基于内容的样式？物理样式强调的是一种物理行为，例如把一段文字用<b>标签加粗，意思是告诉浏览器应该加粗显示这段文字，从单词的语义也可以分析得出，b 是 bold（加粗）的简写，所以<b>标签所传达的意思只是加粗，没有任何其他的作用。而 strong 从字面理解就可以知道它是强调的意思，这个元素向浏览器传达了一个强调某段文字的消息，strong 就是常说的逻辑元素，即基于内容的样式，它是强调文档逻辑的，并不是通知浏览器应该如何显示的。所以说基于内容的样式标签会告诉浏览器它所包含的文本具有特定的含义、上下文或者用法。然后浏览器就会把与该含义、上下文或者用法一致的格式应用在文本上。请注意这里的区别，基于内容的标签赋予含义，而不是格式化。因此，它们对于自动处理来说非常重要，计算机并不关心文档的外观如何。

当前的 HTML/XHTML 标准一共提供了 9 种物理样式，包括粗体（bold）、斜体（italic）、等宽（monospaced）、下画线（underlined）、删除线（strikethrough）、放大（larger）、缩小（smaller）、上标（superscripted）和下标（subscripted）文本，这些标签如表 2-9 所示。

表 2-9　基于物理样式的文本格式化元素信息

标签	描述
<b>	定义粗体文本
<big>	定义大号字，HTML5 不再支持
<i>	定义斜体字
<small>	定义小号字
<sub>	定义下标字
<sup>	定义上标字
<tt>	定义呈现类似打字机或者等宽的文本效果，HTML5 不再支持
<s>	<strike>标签的缩写版本，不建议使用，使用<del>代替
<strike>	不建议使用，HTML5 不再支持，HTML 4.01 中已废弃，使用<del>代替

【**案例 2-11**】　在网页中使用物理样式和基于内容的样式，来格式化文本信息，查看在浏览器中的显示效果，体会基于物理样式和基于内容样式的文本格式化的区别。详细代码参见文件：\案例\ch2\htmlTextStyleDemo01.html。

```
<!DOCTYPE HTML PUBLIC "-//W3C//DTD HTML 4.01 Transitional//EN"
"http://www.w3.org/TR/html4/loose.dtd">
<html>
<head>
<meta http-equiv="Content-Type" content="text/html; charset=utf-8">
<title>文本格式标签案例演示</title>
</head>

<body>
 <!--常用文本格式标签-->
 <!--<center>标签 HTML5 不再支持。 HTML 4.01 已废弃。-->
<center>浪潮优派</center>居中显示
<b>Hello, World! </b>粗体，推荐使用<strong>标签。
<i>斜了吧</i>斜体。
<u>我是一个下画线标签</u>带下画线。
<em>强调，斜体</em>
<sub>2</sub>下标，如: H<sub>2</sub>O
<sup>2</sup>上标，如: 10<sup>2</sup>
<!--<font>标签 HTML5 不再支持。HTML 4.01 已废弃。设置字体大小可分为绝对字体大小和相对字体大小，绝
对字体大小通过<font>标签的 size 属性来设置，而相对字体大小为默认字体的相对值-->
<!--绝对字体大小为 size 的值是 1~7 的某个数-->
<!--color（设置颜色）  size（1~7）。-->
<!--face 属性用于设置字体-->
<font>字体标签</font><font color="red" size="7" face="隶书">红色</font>
</body>
</html>
```

网页在浏览器中的显示效果如图 2-13 所示。

图 2-13　文本格式标签案例的运行结果

11. 列表元素

列表即将具有相似特征或先后顺序的内容按照从上到下的顺序排列起来。列表是由列表类型和列表项组成的，列表类型分为有序列表、无序列表和自定义列表，列表项表示具体的列表中的内容。HTML 的列表标签如表 2-10 所示。

列表元素

表 2-10　列表相关标签详细说明

标签	描述
\<ol\>	order list 缩写，定义有序列表
\<ul\>	unorder list 缩写，定义无序列表
\<li\>	list item 缩写，定义列表项
\<dl\>	definition list 缩写，定义自定义列表
\<dt\>	definition term 缩写，自定义列表项目
\<dd\>	definition description 缩写，定义自定义的描述

（1）无序列表，\<ul\>\</ul\>标签。\<ul\>标签有表 2-11 所示的可选属性，已经不建议使用。

表 2-11　\<ul\>标签可选属性信息

属性	值	描述
compact	compact	规定列表呈现的效果比正常情况更小巧，不建议成使用，可使用样式取代它
type	disc square circle	规定列表的项目符号的类型，不建议使用，可使用样式取代它

【案例 2-12】　在网页中，显示 2 个无序列表信息，第二个\<ul\>标签使用 type 属性，其属性值为"circle"，项目符号的类型为空心圆，如果不设定 type 属性，其默认值为 disc，项目符号的类型为实心圆。源代码如下所示，详细代码参见文件：\案例\ch2\ htmlUlDemo01.html。

```
<!DOCTYPE HTML PUBLIC "-//W3C//DTD HTML 4.01
Transitional//EN" "http://www.w3.org/TR/html4/loose.dtd">
<html>
<head>
<meta http-equiv="Content-Type" content="text/html; charset=utf-8">
<title>无序列表案例演示</title>
</head>
<body>
<h4>一个无序列表: </h4>
<ul>
  <li>咖啡</li>
  <li>茶</li>
  <li>牛奶</li>
</ul>
  新人上路指南
<ul type="circle">
    <li>如何激活会员名？ </li>
    <li>如何注册淘宝会员？ </li>
    <li>注册时密码设置有什么要求? </li>
    <li>支付宝认证</li>
```

```
        </ul>
        </body>
</html>
```

网页在浏览器中的显示效果如图 2-14 所示。

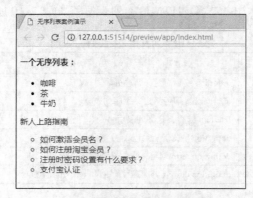

图 2-14　无序列表案例的运行结果

（2）有序列表，<ol></ol>标签。ol 标签有表 2-12 所示的可选属性，部分属性已经不建议使用。

表 2-12　ol 标签可选属性信息

属性	值	描述
compact	compact	规定列表呈现的效果比正常情况更小巧，HTML5 中不支持，HTML 4.01 中不建议使用
reversed	reversed	规定列表顺序为降序（9，8，7…）
start	number	规定有序列表的起始值
type	1 A a I i	规定在列表中使用的标记类型

【案例 2-13】　在网页中显示 2 个有序列表信息，第一个列表没有定义 type 属性，默认值为 1，第二个列表也没有定义 type 属性，但是定义了 start 属性，属性值为 50，表示列表编号从 50 开始。源代码如下所示，详细代码参见文件：\案例\ch2\htmlOlDemo01.html。

```
<!DOCTYPE HTML PUBLIC "-//W3C//DTD HTML 4.01 Transitional//EN"
"http://www.w3.org/TR/html4/loose.dtd">
<html>
    <head>
    <meta http-equiv="Content-Type" content="text/html; charset=utf-8">
    <title>html 有序列表案例演示</title>
    </head>
    <body>
    <ol>
      <li>咖啡</li>
      <li>牛奶</li>
      <li>茶</li>
    </ol>
    <ol start="50">
```

```
    <li>咖啡</li>
    <li>牛奶</li>
    <li>茶</li>
    </ol>
    </body>
</html>
```

网页在浏览器中的显示效果如图 2-15 所示。

（3）自定义列表。<dl></dl>用来标记已经定义的列表项，包括定义标题（dt）以及定义本身（dd），可以进行列表嵌套。

【案例 2-14】　在网页中最外层通过 dl 定义一个列表，该列表包含两个标题（dt），分别是中国城市和美国

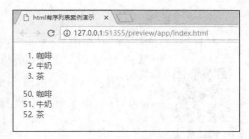

图 2-15　有序列表案例的运行结果

城市，其中的中国城市在网页中存在列表嵌套的情况，这种写法是合法的。第一个标题后面定义了一个 dd，而 dd 中通过 dl 定义了嵌套列表，第二个标题后面定义了三个 dd。源代码如下所示，详细代码参见文件：\案例\ch2\ htmlDlDemo01.html。

```
<!DOCTYPE HTML PUBLIC "-//W3C//DTD HTML 4.01 Transitional//EN"
"http://www.w3.org/TR/html4/loose.dtd">
<html>
<head>
<meta http-equiv="Content-Type" content="text/html; charset=utf-8">
<title>无标题文档</title>
</head>
<body>
<dl>
    <dt>中国城市</dt>
    <dd>
        <dl>
            <dt>北京市</dt>
            <dd>海淀区</dd>
            <dd>东城区</dd>
            <dd>西城区</dd>
        </dl>
        <dl>
            <dt>上海市</dt>
            <dd>浦东新区</dd>
            <dd>普陀区 </dd>
        </dl>
        <dl>
            <dt>广东省</dt>
            <dd>广州市</dd>
            <dd>惠州市</dd>
            <dd>深圳市 </dd>
        </dl>
    </dd>
    <dt>美国城市</dt>
    <dd>华盛顿 </dd>
    <dd>芝加哥 </dd>
    <dd>纽约 </dd>
```

```
</dl>
</body>
</html>
```

网页在浏览器中的显示效果如图 2-16 所示。

12. 超链接元素

HTML 文档中最重要的应用之一就是超链接，

超链接元素

Web 上的网页是互相链接的，单击被称为超链接的文本或图形就可以链接到其他页面。超文本具有的链接能力，可层层链接相关文件，这种具有链接能力的操作，即称为超级链接（超链接）。超链接除了可链接文本外，也可链接各种媒体，

图 2-16　自定义列表案例的运行结果

如声音、图像、动画等，我们能通过它们享受丰富多彩的多媒体世界。超链接可以看作是一个"热点"，它可以从当前 Web 页定义的位置跳转到其他位置，包括当前页的某个位置、Internet 或本地硬盘或局域网上的其他文件，甚至跳转到声音、图片等多媒体文件。浏览 Web 页是超链接最普遍的一种应用，通过超链接还可以获得不同形态的服务，如文件传输、资料查询、电子函件、远程访问等。以腾讯网为例看超链接的应用场景，如图 2-17 所示。

图 2-17　超链接应用场景

超链接（hyperlink），或者按照标准叫法称为锚（anchor），是使用<a>标签定义的，用于从一个页面链接到另一个页面。a 元素最重要的属性是 href 属性，它指示链接的目标。在所有浏览器中，链接的默认外观如下。

① 未被访问的链接带有下画线而且是蓝色的。

② 已被访问的链接带有下画线而且是紫色的。

③ 活动链接带有下画线而且是红色的。

被链接页面通常显示在当前浏览器窗口中，除非规定了另一个目标（target）属性。<a>标签属性如表 2-13 所示。

表 2-13　<a>标签属性信息

属性	值	描述
charset	char_encoding	规定被链接文档的字符集，HTML5 中不支持
coords	coordinates	规定链接的坐标，HTML5 中不支持
download	filename	规定被下载的超链接目标，HTML5 中的新属性

续表

属性	值	描述
href	URL	规定链接指向的页面的 URL
hreflang	language_code	规定被链接文档的语言
media	media_query	规定被链接文档是为何种媒介/设备优化的，HTML5 中的新属性
name	section_name	规定锚的名称，HTML5 中不支持
rel	text	规定当前文档与被链接文档之间的关系
rev	text	规定被链接文档与当前文档之间的关系，HTML5 中不支持
shape	default rect circle poly	规定链接的形状，HTML5 中不支持
target	_blank _parent _self _top framename	规定在何处打开链接文档
type	MIME type	规定被链接文档的 MIME 类型，HTML5 中的新属性

其中最常用的两个属性是 href 和 target。href 属性值为一个 URL，是目标资源的有效地址。在书写 URL 时要注意，如果资源在自己的服务器上，可以写相对路径；否则，应写绝对路径。href 不能与 name 属性同时使用。name 指定当前文档内的一个字符串作为链接时可以有效使用的目标资源的地址。target 属性是设定链接被单击后所要显示的窗口，可选值为：_blank、_parent、_self、_top 和框架名称。target 属性的详细说明见表 2-14。

表 2-14　target 属性详细说明

取值	说明
target="_blank"或 target="new"	将链接的画面内容，开在新的浏览器窗口中
target="_parent"	将链接的画面内容，显示在直接父框架窗口中
target="_self"	将链接的画面内容，显示在当前窗口中（默认值）
target="_top"	将框架中链接的画面内容，显示在没有框架的窗口中（即跳出框架显示）
target="框架名称"	只运用于框架中，若被设定则链接结果将显示于该"框架名称"指定的框架窗口中，框架名称是事先由框架标记所命名的。该取值具体用法会在后面的内容进行案例演示

【案例 2-15】　网页中显示两个超链接，分别链接到新浪网和百度首页，第一个目标资源在新窗口打开，第二个目标资源在自身窗口打开，由于这两个目标资源不是在自身服务器中，所以 href 属性值使用绝对路径。详细代码参见文件：\案例\ch2\htmlADemo01.html。

```
<!DOCTYPE HTML PUBLIC "-//W3C//DTD HTML 4.01 Transitional//EN"
"http://www.w3.org/TR/html4/loose.dtd">
<html>
<head>
<meta http-equiv="Content-Type" content="text/html; charset=utf-8">
<title>超链接案例演示</title>
</head>
<body>
  <a href="https://www.sina.com.cn" target="_blank">在新窗口打开新浪</a><br/>
  <a href="https://www.baidu.com" target="_self">在自身窗口打开百度</a>
</body>
</html>
```

网页在浏览器中的显示效果如图 2-18 所示。

图 2-18 <a>标签案例的运行结果

【案例 2-16】　本案例仅展示超链接的用法，具体使用参见图 2-19 中的备注说明。

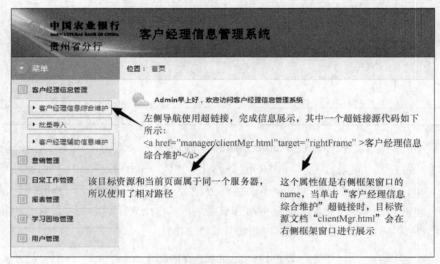

图 2-19　超链接用法案例说明

下面详细讲解 href 属性值的语法规则。根据链接资源存放的位置不同，链接可分为外部链接和内部链接。如果资源文件存放在服务器自己的目录中，称为内部链接（站内链接）；与本服务器以外文件的链接称为外部链接。在外部链接中，HTTP 写入的 URL 称为绝对路径。例如，<a href="http://www.example.com">热点文本</a>。

内部链接（站内链接）一般用相对路径，如
<a href="news.html">站内新闻</a>。

所谓内部链接，指的是在同一个网站内部，不同的 HTML 页面之间的链接关系，在建立网站内部链接时，要明确哪个是主链接文件（即当前页），哪个是被链接文件。内部链接一般采用相对路径链接。例如，假设项目文件的目录结构如图 2-20 所示。那么在站点内各个页面之间建立超链接时，href属性值的设置规则可以参照表 2-15 所示。

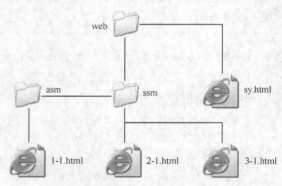

图 2-20　项目文件的目录结构

表 2-15　在站点内部建立链接

当前页面	被链接页面	超链接代码
2-1.html	3-1.html	<a href="3-1.html">超链接元素</a>
3-1.html	1-1.html	<a href="asm/1-1.html">超链接元素</a>

当前页面	被链接页面	超链接代码
sy.html	1-1.html	\<a href="ssm/asm/1-1.html">超链接元素\</a>
2-1.html	sy.html	\<a href="../sy.html">超链接元素\</a>
1-1.html	sy.html	\<a href="../../sy.html">超链接元素\</a>
sy.html	2-1.html	\<a href="ssm/2-1.html">超链接元素\</a>

根据目标文件与当前文件的目录关系，代码有 4 种写法。

① 链接到与当前文件同一目录内的网页文件，其格式为：

```
<a  href="目标文件名.html"> 热点 </a>
```

其中目标文件名是链接所指向的文件。

② 链接到当前文件所处目录的下一级目录中的网页文件，其格式为：

```
<a href="子目录名/目标文件名.htm">热点 </a>
```

③ 链接到当前文件所处目录的上一级目录中的网页文件，其格式为：

```
<a href="../目标文件名.html"> 热点 </a>
```

其中 "../" 表示退到上一级目录中。

④ 链接到当前文件所处同级目录中的网页文件，其格式为：

```
<a href="../子目录名/目标文件名.html">热点 </a>
```

表示先退到当前文件所处目录的上一级目录中，然后再进入目标文件所在的目录。

所谓外部链接，指的是跳转到当前网站外部、与其他网站中页面或其他元素之间的链接关系。这种链接的 URL 地址一般要用绝对路径，要有完整的 URL 地址，包括协议名、主机名、文件所在主机上位置的路径以及文件名。

外部链接格式：

```
<a href="http://网址">
```

其他的格式如表 2-16 所示。

表 2-16　URL 外部链接格式

服务	URL 格式	描述
WWW	http://"地址"	进入万维网站点
ftp	ftp://""	进入文件传输协议
telnet	telnet://""	启动 Telnet 方式
gopher	gopher://""	访问一个 gopher 服务器
news	news://""	启动新闻讨论组
email	email://""	启动邮件

在 HTML 页面中，可以建立 E-mail 链接。当浏览者单击链接后，系统会启动默认的本地邮件服务系统发送邮件。

基本语法：

```
<a href="mailto:E-mail 地址? subject=邮件主题">描述文字</a>
```

在实际应用中，用户还可以加入另外两个参数 "cc=E-mail 地址" 和 "body=邮件内容"，这分别表示在发送邮件的同时把邮件抄送给第三者和设定邮件内容。如果希望同时写下多个参数，则参数之间使用"&"分隔符。

【案例 2-17】 建立 E-mail 链接的案例演示，定义一个超链接文本"给站长发邮件"，当单击该超链接文本时，系统会启动默认的本地邮件服务系统，向 liuhx@inspur.com 邮箱地址发邮件，该邮件主题为 meeting notice。详细代码参见文件：\案例\ch2\ htmlADemo02.html。

```
<!DOCTYPE HTML PUBLIC "-//W3C//DTD HTML 4.01 Transitional//EN"
"http://www.w3.org/TR/html4/loose.dtd">
<html>
<head>
<meta http-equiv="Content-Type" content="text/html; charset=utf-8">
<title>建立 E-mail 链接的案例演示</title>
</head>
<body>
 <a href="mailto:liuhx@inspur.com?subject=meeting notice">给站长发邮件</a>
</body>
</html>
```

网页在浏览器中的显示效果如图 2-21 所示。

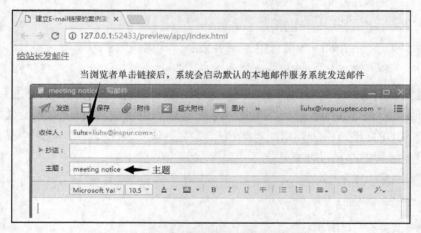

图 2-21　建立 E-mail 链接的案例显示效果

除了在不同的页面之间建立超链接关系之外，还可以在当前页面内实现超链接，实现页面内的超链接需要定义两个标记：一个为超链接标记，另一个为书签标记。超链接标记的格式为：

```
<a  href="#记号名"> 热点 </a>
```

单击热点文本，将跳转到"记号名"开始的文本。书签就是用<a>标签对该文本做一个记号。如果有多个链接，不同目标文本要设置不同的书签名，书签名在<a>的 name 属性中定义。格式为：

```
<a name="记号名"> 目标文本附近的字符串</a>
```

【案例 2-18】 在当前页面实现超链接。在网页中包含多个超链接，单击"新闻"热点，会链接到新闻部分，以此类推，单击"学习园地"热点，会链接到学习园地部分。要链接的目标地点全部在当前页面。详细代码参见文件：\案例\ch2\htmlADemo03.html。

```
<!DOCTYPE HTML PUBLIC "-//W3C//DTD HTML 4.01 Transitional//EN"
"http://www.w3.org/TR/html4/loose.dtd">
<html>
```

```
<head>
<meta http-equiv="Content-Type" content="text/html; charset=utf-8">
<title>链接本页文本的案例演示</title>
</head>
<body link=red alink=blue vlink=green>
<a name="0"> </a>
<h2 align=center><b>欢迎来到"学生之家"</b></h2>
<div align="center">
<a href="#news">新闻</a>     <a href="#study">学习园地</a> 
    <a href="#health">健康信箱</a>    
</div>
<a name="news"></a>新闻<br/>
    .................<br/>
<div align=right><a href="#0">返回</a></div>
 <a name="study"></a>学习园地<br/>
    .................<br/>
<div align=right><a href="#0">返回</a></div>
<a name="health"></a>健康信箱<br/>
    .................<br>
<div align=right><a href="#0">返回</a></div>
</body>
</html>
```

网页在浏览器中的显示效果如图 2-22 所示。

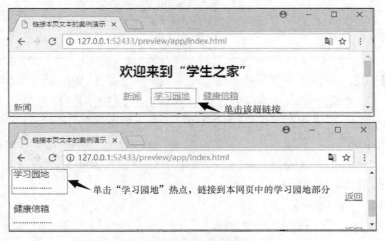

图 2-22　在当前页面实现超链接的案例显示效果

13. 图像元素

在 HTML 中，图像由<img>标签定义。<img>是空标签，这意味着它只包含属性，并且没有闭合标签。<img>标签向网页中嵌入一幅图像并显示出来，从技术上讲，<img>标签并不会在网页中插入图像，而是在网页上链接图像。<img>标签创建的是被引用图像的占位空间，需要使用源属性（src），src 指 source，源属性的值是图像的 URL 地址。定义图像的语法是：<img src="URL" />，其中 URL 指存储图像的位置。如果名为 boat.gif 的图像位于 www.w3school.com.cn 的 images 目录中，那么其 URL 为 http://www.w3school.com.cn/images/boat.gif。浏览器将图像显示在文档中图像标签出现的地方，

图像元素

如将图像标签置于两个段落之间，那么浏览器会首先显示第一个段落，然后显示图片，最后显示第二个段落。其必需的属性见表 2-17，可选的属性见表 2-18。

表 2-17　<img>标签必需的属性

属性	值	描述
alt	text	规定图像的替代文本
src	URL	规定显示图像的 URL

表 2-18　<img>标签可选的属性

属性	值	描述
align	top bottom middle left right	规定如何根据周围的文本来排列图像，不推荐使用
border	pixels	定义图像周围的边框，不推荐使用
height	pixels %	定义图像的高度
hspace	pixels	定义图像左侧和右侧的空白，不推荐使用
ismap	URL	将图像定义为服务器端图像映射
longdesc	URL	指向包含长的图像描述文档的 URL
usemap	URL	将图像定义为客户端图像映射
vspace	pixels	定义图像顶部和底部的空白，不推荐使用
width	pixels %	设置图像的宽度

【案例 2-19】　有三个图片信息需要显示，分别是论坛、帮助和注销三个相关标志图片，这种图片的使用方式在网页开发中非常常见。其中 src 的属性值的用法和前面所介绍的<a>标签中 href 属性值用法类似，用来规定显示图像的 URL，包含路径信息和图片的文档名信息。height 和 width 默认的单位是 px，即像素，本例中 i07.png 和 i10.png 在网页中显示的高度和宽度均是 16px，如果不设定宽度和高度的值，将默认按照图片实际高度和宽度进行显示。详细代码参见文件：\案例\ch2\ htmlImgDemo01.html。

```
<!DOCTYPE HTML PUBLIC "-//W3C//DTD HTML 4.01 Transitional//EN"
"http://www.w3.org/TR/html4/loose.dtd">
<html>
<head>
<meta http-equiv="Content-Type" content="text/html; charset=utf-8">
<title>图片元素案例文档</title>
</head>
<body>
    <img src="images/i07.png" title=" 论坛 " height="16" width="16"/><a href="#"> 论 坛
</a>|
    <img src="images/help.png" title="帮助"/><a href="#">帮助</a>|
    <img src="images/i10.png" title="注销"  height="16" width="16"/><a href="login.html"
target="_parent">注销</a>
</body>
</html>
```

网页在浏览器中的显示效果如图 2-23 所示。

14. div 和 span 元素

div 元素是块级元素，它是组合其他 HTML 元素的容器。div 元素没有特定的含义，除此之外，由于它属于块级元素，因此浏览器会在其前

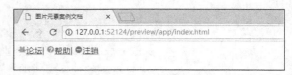

图 2-23　图片元素案例显示效果

后显示折行。如果与 CSS 一同使用，div 元素可用于对大的内容块设置样式属性。div 元素的另一个常见的用途是文档布局，它取代了使用表格定义布局的老式方法，使用 table 元素进行文档布局不是表格的正确用法。table 元素的作用是显示表格化的数据，有关 table 元素的内容会在后面进行详细讲解。span 元素是内联元素，可用作文本的容器。span 元素也没有特定的含义，当与 CSS 一同使用时，span 元素可用于为部分文本设置样式属性。

（1）div 元素的定义和用法。div 可定义文档中的分区或节（division/section）。<div>标签可以把文档分割为独立的、不同的部分，它可以用作严格的组织工具，并且不使用任何格式与其关联。如果用 id 或 class 来标记<div>，那么该标签的作用会变得更加有效。

【案例 2-20】 将文档分割为 2 个不同的部分，分别用 2 个 div 进行网页的划分和布局，并结合 CSS 样式表设定每类 div 的样式。CSS 样式表的使用会在后面的内容详细讲解，看不明白这部分代码的读者，可以先学习 CSS 样式，然后再学习本案例。在第二个 div 中，div 作为容器，包含了一个标题和一个表单元素，其中表单元素中有 2 个输入框和 1 个按钮，表单和输入框等元素的样式也是通过 CSS 样式进行设定的。具体表单元素和输入框等元素的用法，在后面的内容中也会进行详细讲解。详细代码参见文件：\案例\ch2\ htmlDivDemo01.html。

```
<!DOCTYPE HTML PUBLIC "-//W3C//DTD HTML 4.01 Transitional//EN"
"http://www.w3.org/TR/html4/loose.dtd">
<html>
<head>
<meta http-equiv="Content-Type" content="text/html; charset=utf-8">
<title>div案例演示</title>
<style type="text/css">
            *{margin:0;padding:0;}/*去掉页面样式*/
            body{color:white;}
            .content{
                background-color:pink;
                position:absolute;/*绝对定位*/
                top:50%;
                left:0;
                width:100%;
                height:400px;
                margin-top:-200px;
                overflow:hidden;/*隐藏滚动条*/
            }
            .main{
                text-align:center;/*文本居中*/
                max-width:600px;
                height:400px;
                padding:100px 0px;/*上下100px,左右为0*/
                /*background:yellow;*//*验证div的位置*/
                margin:0 auto;/*设置上右下左,居中显示*/
```

```
            }
            .main h3{
                font-family:"楷体";/*设置字体*/
                font-size:40px;/*设置字体大小*/
                font-weight:2px;/*调整字体粗细*/
            }
            form{
                padding:20px 0;
            }
            form input{
                border:1px solid white;
                display:block;
                margin:0px auto 10px auto;/*上 右  下 左*/
                padding:10px;
                width:220px;
                border-radius:30px;/*H5 设置圆角边框*/
                font-size:18px;
                font-weight:300;
                text-align:center;
            }
            form input:hover{
                background-color:pink;
            }
            form button{
                background-color:yellow;
                border-radius:10px;
                border:0;
                height:30px;
                width:50px;
                padding:5px 10px;
            }
            form button:hover{
                background-color:red;
            }
        </style>
    </head>
    <body>
    <div class="content">
        <div class="main">
            <h3>浪潮优派科技教育有限公司</h3>
            <form>
                <input type="text" name="useid" placeholder="请输入账号"/>
                <input type="password" name="pw" placeholder="请输入密码">
                <button type="submit">登  录</button>
            </form>
        </div>
    </div>
    </body>
    </html>
```

网页在浏览器中的显示效果如图 2-24 所示。

（2）span 元素的定义和用法。span 元素被用来组合文档中的行内元素。span 没有固定的格式表现，当对它应用样式时，它会产生视觉上的变化。<span>在行内定义一个区域，也就是一行内可以被<span>划分成好几个区域，从而实现某种特定效果。其中<span>本身没有任何属性。

图 2-24　div 元素案例显示效果

【案例 2-21】　有一些文本的样式与其他文本是不同的，例如"注释"使用了粗体的红色。尽管实现这种效果的方法非常多，但是现在的做法是，文本"注释"使用 span 元素，然后对这个 span 元素应用 CSS 样式，来达到特定的文本效果。详细代码参见文件：\案例\ch2\htmlSpanDemo01.html。

```
<!DOCTYPE HTML PUBLIC "-//W3C//DTD HTML 4.01 Transitional//EN"
"http://www.w3.org/TR/html4/loose.dtd">
<html>
<head>
<meta http-equiv="Content-Type" content="text/html; charset=utf-8">
<title>span 元素案例演示</title>
<style type="text/css">
    #tip{
        color: red;
        font-weight:bold;
    }
</style>
</head>
<body>
<span id="tip">注释: </span>span 没有固定的格式表现。当对它应用样式时，它才会产生视觉上的变化。
</body>
</html>
```

网页在浏览器中的显示效果如图 2-25 所示。

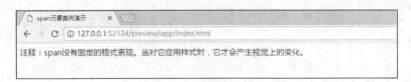

图 2-25　span 元素案例显示效果

那么 div 和 span 元素的区别和联系有哪些呢？HTML4 规范的一大突破就是引入了空元素 span 和 div。所谓空元素，就是说如果单独在页面上插入这两个元素，不会对页面产生影响。这两个元素专门为样式表定义而生，如果对 span 和 div 定义样式表，其中内容的样式就会随之变化。span 和 div 元素都能处理任意大小的片段，两个都是用来划分区间而又没有实际语义的标签，差别在于 div 是块级元素，不会与其他元素在同一行；而 span 是内联元素，可以与其他元素位于同一行。

2.4 综合实例

为了让读者能够灵活运用前面所讲的内容，本节使用 HTML 标签元素开发一个静态网页。实现的静态页面效果如图 2-26 所示。

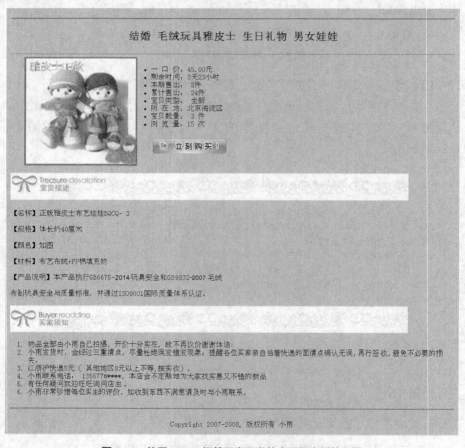

图 2-26 使用 HTML 标签元素开发静态网页案例效果图

实现源代码如下：

```
<!DOCTYPE HTML PUBLIC "-//W3C//DTD HTML 4.01 Transitional//EN"
"http://www.w3.org/TR/html4/loose.dtd">
<html>
<head>
<meta http-equiv="Content-Type" content="text/html; charset=utf-8">
<title>使用 HTML 标签元素开发静态网页</title>
</head>
<body bgcolor="#FFAEC9">
<hr color="red"/>
```

```
<h3 align="center">结婚 毛绒玩具雅皮士 生日礼物 男女娃娃</h3>
<hr color="#D3A2AF"/>
<img src="images/2-1.jpg" width="300px" height="280px" />
<div style="margin-left: 310px;margin-top: -280px">
<ul>
    <li>一  口  价: 45.00 元</li>
    <li>剩余时间: 3 天 23 小时</li>
    <li>本期售出: 8 件</li>
    <li>累计售出: 24 件</li>
    <li>宝贝类型: 全新</li>
    <li>所  在  地: 北京海淀区</li>
    <li>宝贝数量: 3 件</li>
    <li>浏  览  量: 15 次</li>
</ul>
<img src="images/2-2.jpg" />
</div>
<img src="images/2-3.JPG" style="margin-top: 50px"/>
<pre>
【名称】正版雅皮士布艺娃娃 BQCQ-3

【规格】体长约 40 厘米

【颜色】如图

【材料】布艺布绒+PP 棉填充物

【产品说明】本产品执行 GB6675-2014 玩具安全和 GB9832-2007 毛绒、

  布制玩具安全与质量标准，并通过 ISO9001 国际质量体系认证。
</pre>
<img src="images/2-4.JPG"/>
<ol>
    <li>物品全部由小雨自己拍摄，开价十分实在，故不再议价谢谢体谅! </li>
    <li>小雨发货时，会经过三重清点，尽量杜绝误发错发现象，提醒各位买家亲自当着快递的面清点确认无误，
再行签收，避免不必要的损失。</li>
    <li>江浙沪快递 5 元（其他地区 8 元以上不等，按实收）。</li>
    <li>小雨联系电话: 1356776****，本店会不定期地为大家找实惠又不错的新品。</li>
    <li>有任何疑问欢迎旺旺询问店主。</li>
    <li>小雨非常珍惜每位买主的评价，如收到东西不满意请及时与小雨联系。</li>
</ol>
<hr color="red"/>
<h4 align="center">&Copyright 2007-2008,版权所有 小雨</h4>
</body>
</html>
```

2.5　本章小结

　　本章详细讲解了 HTML 的概念和作用，HTML 文档结构，HTML 文档类型，HTML 编写规范，HTML 常用标签的定义、用途、使用规则和常用属性。其中 HTML 文档类型重点讲解

HTML4.01 和 XHTML 1.0 规定了三种文档类型的编写方式：Strict（严格版本）、Transitional（过渡版本）和 Frameset（基于框架的版本），并结合浪潮集团某项目中的编码规范详细讲解了 HTML 编写规范。使用案例和解说相结合的方式重点讲解了 HTML 常用标签的使用，其中重点讲解的标签有：<html>、<title>、<body>、<head>、<p>、
、<hr>、<hn>、<pre>、字符字体、文本格式化相关标签、HTML 列表元素相关标签、<a>、<img>等，与标签相关的常用属性和属性取值也需要重点掌握。希望读者能够灵活运用本章知识开发静态网页。

习　　题

1. 用 HTML 标记语言编写一个简单的网页，网页最基本的结构是（　　　　）。

   A. <html> <head>…</head> <frame>…</frame> </html>

   B. <html> <title>…</title> <body>…</body> </html>

   C. <html> <title>…</title> <frame>…</frame> </html>

   D. <html> <head>…</head> <body>…</body> </html>

2. 创建最小的标题文本标签是（　　　　）。

   A. <pre></pre>　　　　B. <h1></h1>　　　　C. <h6></h6>　　　　D. <b></b>

3. HTML 中，设置背景颜色的代码是（　　　　）。

   A. <body bgcolor=?>　B. <body text=?>　　C. <body link=?>　　D. <body vlink=?>

4. 在 HTML 中，下面是段落标签的是（　　　　）。

   A. <html>…</html>　　　　　　　　　　B. <head>…</head>

   C. <body>…</body>　　　　　　　　　　D. <p>…</p>

5. HTML 文件中的图片标记是（　　　　）。

   A. <a>　　　　　　B. <img>　　　　　C. <link>　　　　　D. <picture>

6. HTML 文本显示状态代码中，表示（　　　　）。

   A. 文本加注下标线　　　　　　　　　　B. 文本加注上标线

   C. 文本闪烁　　　　　　　　　　　　　D. 文本或图片居中

7. 创建一个位于文档内部位置的链接的代码是（　　　　）。

   A. <a href="#NAME"></a>　　　　　　B. <a name="NAME"></a>

   C. <a href="mailtEMAIL"></a>　　　　　D. <a href="URL"></a>

8. HTML 中，插入图像的 HTML 代码是<img src=" ">，其中 src 的含义是（　　　　）。

   A. 链接的地址　　　　　　　　　　　　B. 图像的路径

   C. 所插入图像的属性　　　　　　　　　D. 以上都正确

9. 设置围绕一个图像的边框的大小的标记是（　　　　）。

   A. <img src="name" border=?></img>　　　B. <img src="name" border=?>

   C. <img src="name" height=?>　　　　　D. <img src="name" bordersize=?>

10. 设置水平线高度的 HTML 代码是（　　　　）。

   A. <hr>　　　　　　B. <hr size=?>　　　C. <hr width=?>　　　D. <hr noshade>

11. HTML 代码<a name="NAME"></a>表示（　　　）。

    A. 创建一个超链接　　　　　　　　　　B. 创建一个自动发送电子邮件的链接

    C. 创建一个位于文档内部的链接点　　　D. 创建一个指向位于文档内部的链接点

上 机 指 导

1. 使用 Dreamweaver 创建一个 HTML 文件，文件名为 dangdangIndex.html，网页显示效果如图 2-27 所示。

图 2-27　上机指导第 1 题网页显示效果

要求如下。

（1）"首页""我的当当""37 类商品"三个按钮链接到本页即可。

（2）要求 marquee 属性从下到上，高度为 100，鼠标移动至上边后停止，离开后继续移动。使用无序列表内容包括：

衬衫全场满百返 30 元 A 券

当当网图书短信比价服务

发表评论，月月礼券等你拿

雀巢矿泉水"开盖赢大礼"

当当有奖问答，69 元抢购！

当当玩具让利狂潮抢购中

当当购物卡，送礼好选择

（3）网页中所有的图片信息，存在 ch2\images 目录中。

2. 使用 Dreamweaver 创建一个 HTML 文件，文件名为 workIndex.html，网页显示效果如图 2-28 所示。

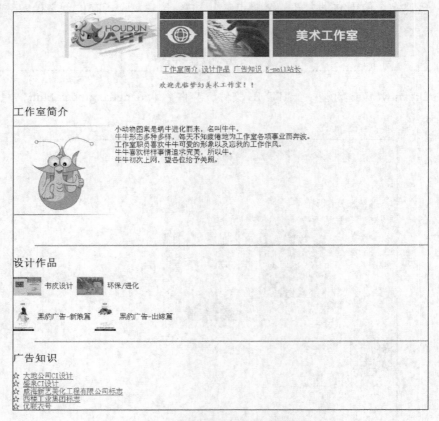

图 2-28　上机指导第 2 题网页显示效果

要求如下。

（1）单击"工作室简介"跳转到"工作室简介"位置。

（2）单击"设计作品"跳转到"设计作品"位置。

（3）单击"广告知识"跳转到"广告知识"位置。

（4）单击"E-mail 站长"可以给自己的某一个 qq 邮箱发送邮件。

（5）"欢迎光临梦幻美术工作室!!"从右向左移动，并要求来回移动，当鼠标移动上去的时候停止，鼠标移开继续移动。

（6）广告知识下的链接都链接到本页即可。

（7）网页中所有的图片信息，存在目录 ch2\images 中。

03

第3章 HTML 表格和框架

学习目标

- 了解表格和框架的定义和作用
- 掌握表格元素和框架元素的使用规则以及常用属性
- 能够灵活地运用表格元素和框架元素开发静态网页

3.1 HTML 表格元素

HTML 表格是由行和列组成的结构化数据集（表格数据），利用在行和列的标题之间进行视觉关联的方法，让信息能够很简单地被解读出来。一个成功的 HTML 表格应该做到无论什么环境/情况，都能保证用户的体验效果。

表格元素在网页布局方面已经很少被人提及和使用了，这种布局方法之前很普遍，原因是当时 CSS 在不同浏览器上的兼容性不够好。随着 CSS 在不同浏览器上的兼容性越来越好，现在的网页布局普遍采用 DIV+CSS，也有很多有关 DIV+CSS 布局的书籍和文章（有关 DIV+CSS 布局相关知识在本书后面会详细讲解）。虽然表格在网页布局方面几乎不再使用，但表格以及连带的其他表格标签依然在网页中占有重要的地位。它可以把相互关联的信息元素集中定位，特别是展示后台数据的时候，表格运用是否熟练就显得很重要，一个清爽简约的表格能够把繁杂的数据表现得很有条理。虽然 DIV+CSS 布局也可以实现该效果，但是表格使用更方便。表格常见的应用场景之一如图 3-1 所示。

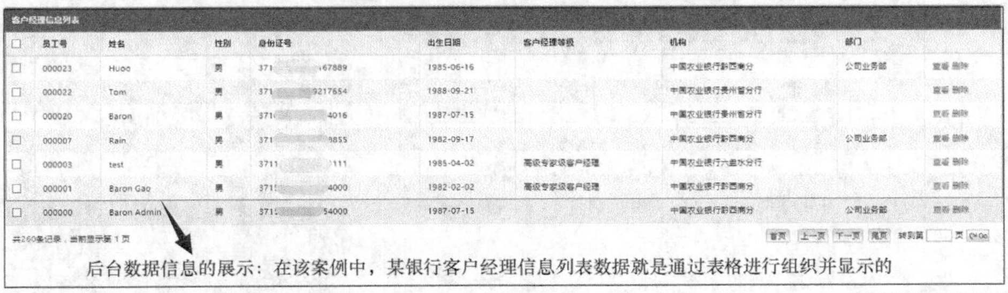

![客户经理信息列表表格截图]

后台数据信息的展示：在该案例中，某银行客户经理信息列表数据就是通过表格进行组织并显示的

图 3-1 某银行客户经理信息的组织和展示

3.1.1 HTML 表格的基本结构

每个 HTML 表格均包括若干行，每行被分为若干数据单元格。数据单元格可以包含文本、图片、列表、段落、表单、水平线、

HTML 表格的
基本结构

表格等。表格的基本结构如图 3-2 所示。

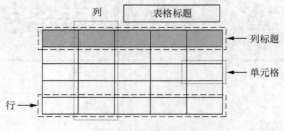

图 3-2　表格的基本结构

3.1.2　表格标签

在 HTML 文档中，表格是通过<table>、<th>、<tr>、<td>等标签来实现的，如表 3-1 所示。

表 3-1　表格相关标签说明

标签	描述
<table>…</table>	定义表格
<thead>…</thead>	定义表格的页眉
<tbody>…</tbody>	定义表格的主体
<tfoot>…</tfoot>	定义表格的页脚
<tr>…</tr>	定义表格的行
<th>…</th>	定义表格的表头
<td>…</td>	定义表格单元
<caption>…</caption>	定义表格标题
<col/>	定义用于表格列的属性
<colgroup>…</colgroup>	定义表格列的组

简单表格案例演示如图 3-3 所示。该案例中，table 元素中有 2 个 tr 元素，即该表格由 2 行组成。每一个 tr 元素又包含 3 个 td 元素，即每行由 3 个单元格组成，每个单元格中显示文本信息。最终呈现出的是 2 行 3 列的表格信息。

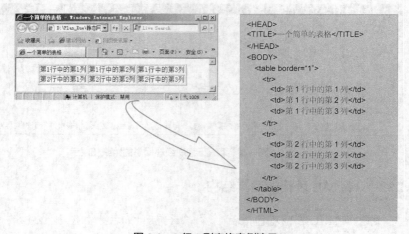

图 3-3　2 行 3 列表格案例演示

1.　\<table\>标签

\<table\>标签

\<table\>标签定义 HTML 表格。一个 HTML 表格包括 table 元素，一个或多个 tr、th 及 td 元素。tr 元素定义表格行，th 元素定义表头，td 元素定义表格单元格。更复杂的 HTML 表格也可能包括 caption、col、colgroup、thead、tfoot 及 tbody 元素。\<table\>标签的可选属性如表 3-2 所示。

表 3-2　\<table\>标签的可选属性

属性	值	描述
align	left center right	规定表格相对周围元素的对齐方式，HTML5 不支持，HTML 4.01 已废弃
bgcolor	rgb(x,x,x) #xxxxxx colorname	规定表格的背景颜色，HTML5 不支持，HTML 4.01 已废弃
border	pixels	规定表格单元格是否拥有边框
cellpadding	pixels	规定单元边沿与其内容之间的空白，HTML5 不支持
cellspacing	pixels	规定单元格之间的空白，HTML5 不支持
frame	void above below hsides lhs rhs vsides box border	规定外侧边框的哪个部分是可见的，HTML5 不支持
rules	none groups rows cols all	规定内侧边框的哪个部分是可见的，HTML5 不支持
summary	text	规定表格的摘要，HTML5 不支持
width	pixels %	规定表格的宽度，HTML5 不支持

简单表格案例演示如图 3-4 所示。在该案例中，table 包含 2 个 tr，每个 tr 包含两个 td 或者 th。其中 th 表示表头，默认文本字体和普通 td 的字体不同，由粗体文本显示。

复杂表格案例演示如图 3-5 所示。该表格包含了 caption、col、thead、tfoot 以及 tbody 元素。caption 设置表格标题为"表格的标题"，可以显示在表格的上面或者下面，通过 align 属性或者 caption-side 的 CSS 样式对表格进行样式设定。如果想要对表格的一列或者多列进行样式的控制，可以使用\<col/\>标签或者\<colgroup\>标签，在该案例中 col 设置表格列中内容居左显示。\<thead\> \<tbody\> \<tfoot\>是对表格结构的划分，通常是用不上的。

图 3-4　简单表格案例

核心代码如图 3-5 中代码所示，详细代码参见文件：\案例\ch3\tabledemo.html。

上面介绍了表格的用法和表格常用的属性，下面详细介绍表格的填充（cellpadding）和间距（cellspacing）这两个属性。cellpadding 属性规定单元边沿与其内容之间的空白。cellspacing 属性规定单元格之间的空间。具体含义如图 3-6 所示。

\<table\>标签
属性案例

```
<table width="400"bprder="1">
<caption>表格的标题</caption>
<col align="left"/>
<col align="left"/>
<col align="left"/>
<thead>
<tr>
<th>表头1</th>
<th>表头2</th>
<th>表头3</th>
</tr>
</thead>
<tbody>
<tr>
<td>内容1</td>
<td>内容2</td>
<td>内容3</td>
</tr>
</tbody>
</tfoot>
<tr>
<td>脚注1</td>
<td>脚注2</td>
<td>脚注2</td>
</tr>
</tfoot>
</table>
```

表格的标题

表头1	表头2	表头3
内容1	内容2	内容3
脚注1	脚注2	脚注3

图 3-5 复杂表格案例

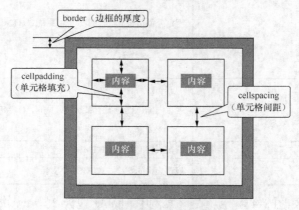

图 3-6 填充和间距属性的说明

【案例 3-1】 实现图 3-7 所示的表格效果。

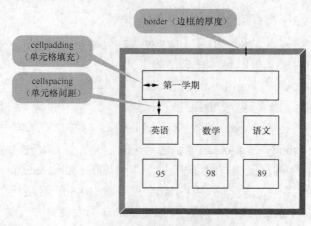

图 3-7 表格案例演示效果

核心代码如下。

```
<table cellpadding="30px" cellspacing="40px" border="20px"
bordercolor="red">
    <tr>
        <td colspan="3">第一学期</td>
    </tr>
    <tr>
        <td>英语</td>
        <td>数学</td>
        <td>语文</td>
    </tr>
    <tr>
        <td>95</td>
        <td>98</td>
        <td>89</td>
    </tr>
</table>
```

2. <thead>、<tbody>、<tfoot>标签

<thead>标签定义表格的表头。该标签用于组合 HTML 表格的表头内容。thead 元素应与 tbody 和 tfoot 元素结合起来使用。tbody 元素用于对 HTML 表格中的主体内容进行分组，而 tfoot 元素用于对 HTML 表格中的表注（页脚）内容进行分组。如果使用 thead、tfoot 以及 tbody 元素，就必须使用全部的元素。它们的出现顺序是 thead、tfoot、tbody，这样浏览器就可以在收到所有数据前呈现页脚了。这些标签必须在 table 元素内部使用。在默认情况下这些元素不会影响表格的布局。不过，可以使用 CSS 使这些元素改变表格的外观。另外，需要注意的是，<thead>内部必须拥有<tr>标签。由于<thead>、<tbody>及<tfoot>很少使用，所以本书中有关这三个标签的相关知识不再详细讲解。

3. <tr>标签

<tr>标签定义 HTML 表格中的行。tr 元素包含一个或多个 th 或 td 元素。<tr>标签可选属性如表 3-3 所示。

表 3-3 <tr>标签可选属性

属性	值	描述
align	right left center justify char	定义表格行的内容对齐方式
bgcolor	rgb(x,x,x) #xxxxxx colorname	规定表格行的背景颜色，不推荐使用，可使用样式替代它
char	character	规定根据哪个字符来进行文本对齐
charoff	number	规定第一个对齐字符的偏移量
valign	top middle bottom baseline	规定表格行中内容的垂直对齐方式

4. <th>标签和<td>标签

<th>标签定义表格内的表头单元格，<td>标签定义 HTML 表格中的标准单元格。HTML 表

格中有两种类型的单元格：一是表头单元格，其包含表头信息，由 th 元素创建；二是标准单元格，其包含数据，由 td 元素创建。th 元素内部的文本通常会呈现为居中的粗体文本，而 td 元素内的文本通常是左对齐的普通文本。<th>标签和<td>标签可选属性如表 3-4 所示。

表 3-4　<th>标签和<td>标签可选属性

属性	值	描述
abbr	text	规定单元格内容的缩写版本
align	left right center justify char	规定单元格内容的水平对齐方式
axis	category_name	对单元格进行分类
bgcolor	rgb(x,x,x) #xxxxxx colorname	规定表格单元格的背景颜色，不推荐使用，可使用样式替代它
char	character	规定根据哪个字符来进行内容的对齐
charoff	number	规定对齐字符的偏移量
colspan	number	设置单元格可跨越的列数
headers	idrefs	由空格分隔的表头单元格 ID 列表，为数据单元格提供表头信息
height	pixels %	规定表格单元格的高度，不推荐使用，可使用样式替代它
nowrap	nowrap	规定单元格中的内容是否折行，不推荐使用，可使用样式替代它
rowspan	number	规定单元格可跨越的行数
scope	col colgroup row rowgroup	定义将表头数据与单元数据相关联的方法
valign	top middle bottom baseline	规定单元格内容的垂直排列方式
width	pixels %	规定表格单元格的宽度，不推荐使用，可使用样式替代它

首先看 rowspan 和 colspan 两个属性的用法，要创建跨多行、多列的单元格，只需在<th>或<td>中定义 rowspan 或 colspan 属性，该属性的默认值为 1。这两个属性用来定义表格中要跨越的行数或列数。

跨多列的语法：<th colspan=#>，其中 colspan 表示跨越的列数，例如 colspan=2 表示该单元格的宽度为 2 列的宽度。

跨多行的语法：<th rowspan=#>，其中 rowspan 表示跨越的行数，例如 rowspan=2 表示该单元格的高度为 2 行的高度。思考一下，图 3-8 所示的表格要如何实现？

图 3-8　跨行跨列表格

实现代码如下。

```
<table border="1">
    <tr>
     <th rowspan="2">项目名称</th>
     <th colspan="2">计划投入</th>
     <th colspan="2">实际投入</th>
    </tr>
    <tr>
     <th>计划用时</th>
     <th>计划完成日期</th>
     <th>实际用时</th>
     <th>完成日期</th>
    </tr>
    <tr>
     <td>项目一</td>
     <td>5 个月</td>
     <td>2009/10/16</td>
     <td>7 个月</td>
     <td>2009/12/30</td>
    </tr>
    <tr>
     <td>项目二</td>
     <td>3 个月</td>
     <td>2010/6/10</td>
     <td>4 个月</td>
     <td>2010/7/20</td>
    </tr>
</table>
```

【案例 3-2】　利用表格实现图 3-1 所示的某银行客户经理信息的组织和展示，源代码如下，详细代码参见文件：\案例\ch3\ htmlTableDemo.html。

```
<table style="border:solid 1px #cbcbcb;"  width="100%">
            <thead>
                <tr style="background:url(images/topright.jpg) repeat-x;
font-size:14px;font-weight:bold;color:#fff;"><td colspan="10">客户经理信息列表</td></tr>
            </thead>
            <thead>
                <tr style="background:url(images/th.gif) repeat-x;">
                <th><input name="" type="checkbox" value=""/></th>
                <th >员工号</th>
                <th >姓名</th>
                <th >性别</th>
                <th >身份证号</th>
                <th>出生日期</th>
                <th>客户经理等级</th>
                <th>机构</th>
                <th>部门</th>
                <th></th>
                </tr>
            </thead>
            <tbody>
```

```
<tr>
<td><input name="" type="checkbox" value="" /></td>
<td>000023</td>
<td>Huoo</td>
<td>男</td>
<td>371607198506167889</td>
<td>1985-06-16</td>
<td></td>
<td>中国农业银行黔西南分</td>
<td>公司业务部</td>
<td><a href="#">查看</a> <a href="#"> 删除</a></td>
</tr>
<tr bgcolor="#f5f8fa">
<td><input name="" type="checkbox" value="" /></td>
<td>000022</td>
<td>Tom</td>
<td>男</td>
<td>371508198809217654</td>
<td>1988-09-21</td>
<td></td>
<td>中国农业银行贵州省分行</td>
<td></td>
<td><a href="#">查看</a> <a href="#"> 删除</a></td>
</tr>
<tr>
<td><input name="" type="checkbox" value="" /></td>
<td>000020</td>
<td>Baron</td>
<td>男</td>
<td>371602198707154016</td>
<td>1987-07-15</td>
<td></td>
<td>中国农业银行贵州省分行</td>
<td></td>
<td><a href="#">查看</a> <a href="#"> 删除</a></td>
</tr>
<tr bgcolor="#f5f8fa">
<td><input name="" type="checkbox" value="" /></td>
<td>000007</td>
<td>Rain</td>
<td>男</td>
<td>37150219820917××××</td>
<td>1982-09-17</td>
<td></td>
<td>中国农业银行黔西南分</td>
<td>公司业务部</td>
<td><a href="#">查看</a> <a href="#"> 删除</a></td>
</tr>
<tr>
<td><input name="" type="checkbox" value="" /></td>
<td>000003</td>
<td>test</td>
<td>男</td>
<td>371111198504021111</td>
```

```
<td>1985-04-02</td>
<td>高级专家级客户经理</td>
<td>中国农业银行六盘水分行</td>
<td></td>
<td><a href="#">查看</a> <a href="#"> 删除</a></td>
</tr>
<tr bgcolor="#f5f8fa">
<td><input name="" type="checkbox" value="" /></td>
<td>000001</td>
<td>Baron Gao</td>
<td>男</td>
<td>371502198707154000</td>
<td>1982-02-02</td>
<td>高级专家级客户经理</td>
<td>中国农业银行黔西南分</td>
<td></td>
<td><a href="#">查看</a> <a href="#" > 删除</a></td>
</tr>
<tr>
<td><input name="" type="checkbox" value="" /></td>
<td>000000</td>
<td>Baron Admin</td>
<td>男</td>
<td>371502198707154000</td>
<td>1987-07-15</td>
<td></td>
<td>中国农业银行黔西南分</td>
<td>公司业务部</td>
<td><a href="#">查看</a> <a href="#"> 删除</a></td>
</tr>

</tbody>
</table>
<table width="100%" border="0" cellspacing="0" cellpadding="0">
<tr>
<td><div >共<i>260</i>条记录, 当前显示第 <i>1 </i>页</div>
</td>
<td><table border="0" align="right" cellpadding="0" cellspacing="0">
<tr>
<td width="45"><img src="images/first.gif" width="33" height=
"20" /></td>
<td width="50"><img src="images/back.gif" width="43" height=
"20"/></td>
<td width="50"><img src="images/next.gif" width="43" height=
"20"/></td>
<td width="40"><img src="images/last.gif" width="33" height=
"20"/></td>
<td width="100"><div align="center"><span style="font-size:
12px">转到第
<input name="textfield" type="text" size="4" style="height:
16px; width:35px; border:1px solid #999999;" />
页 </span></div></td>
<td width="40"><img src="images/go.gif" width="33" height="17"/></td>
</tr>
</table>
```

```
            </td>
          </tr>
       </table>
```

3.2 HTML 框架

3.2.1 框架概述

　　框架的作用是把浏览器窗口分割成几个独立的小窗口，每个小窗口可以显示不同页面的内容，这样就可以同时浏览若干个网页。框架主要分两种，一种为普通框架，另一种为内嵌框架。如图 3-9 所示，浏览器窗口分成 3 个独立的小窗口，每个小窗口可以显示不同的页面内容。该案例源代码参见文件：\案例\ch3\main.html。

框架概述

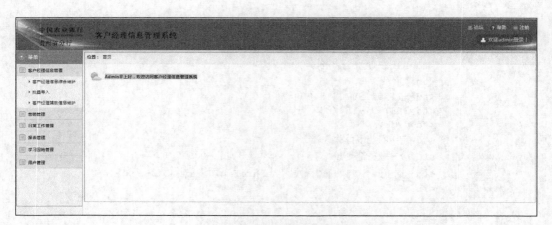

图 3-9　客户经理信息管理系统主界面

3.2.2 框架标签

　　框架相关标签及其描述如表 3-5 所示。

表 3-5　框架相关标签及其描述

标签	描述
<frameset>	定义一个框架集，框架集是若干框架的集合，利用框架集可以定义框架结构，实现分割浏览器窗口的功能
<frame>	定义 frameset 中的一个特定的窗口（框架）
<noframes>	noframes 元素可为那些不支持框架的浏览器显示文本，noframes 元素位于 frameset 元素内部
<iframe>	定义内联的子窗口（框架）

1. <frameset>和<frame>标签

框架标签使用的基本语法如图 3-10 所示。

说明如下。

（1）<frameset>标签里面包含几个<frame>标签，就代表该框架包含几个页面。

框架标签

（2）属性 cols 将框架页纵向分割，可以用百分比，也可以用像素，从而确定每一部分所占空间的大小。

（3）属性 rows 将框架页横向分割，可以用百分比，也可以用像素，从而确定每一部分所占空间的大小。

（4）属性 border 代表边框尺寸大小。

（5）<frame>标签中的 src 属性代表该窗口要显示的网页的地址。

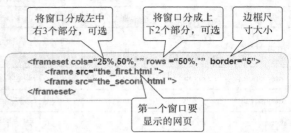

图 3-10　框架标签的基本语法

<frameset>标签必须设置 rows 属性或 cols 属性，这取决于用户的选择，它们定义了文档窗口中框架或嵌套的框架集的行或列的大小和数目。这两个属性都接受用引号标出来并用逗号分开的值列表，这些数值指定了框架的绝对（像素点）或相对（百分比或其余空间）宽度（对列而言），也可指定绝对或相对高度（对行而言）。这些属性值的数目决定了浏览器将会在文档窗口中显示多少行或列的框架。

与表格一样，浏览器在显示时会尽可能接近给定的框架集尺寸。但是，浏览器不会为了能够容纳超出边沿的框架集而扩展文档窗口的边界，也不会在指定的框架没有填满整个窗口时用空白区域填满窗口。相反，浏览器会根据一个框架在行和列中相对于其他框架的大小来分配空间，这样就能够填满整个文档窗口了。

有关 cols 和 rows 两个属性的详细信息，参见表 3-6。

表 3-6　cols 和 rows 属性的信息

属性	值	描述
cols	pixels % *	定义框架集中列的数目和尺寸
rows	pixels % *	定义框架集中行的数目和尺寸

【案例 3-3】　<frameset rows="25%,50%,25%">会生成 3 行。第一行占据整个框架集高度的 25%，第二行占据整个框架集高度的 50%，第三行占据整个框架集高度的 25%。

<frameset cols="100,*">会生成一个宽度为 100 像素的列，然后再生成另一个框架列，该列会占据框架集中剩余的所有空间。

<frameset rows="*,100,*">会在框架集的中间生成一个高度为 100 像素的行，并在该行的上边和下边各生成一个相同高度的行。

<frameset cols="10%,3*,*,*">会生成 4 列，第一列占据整个框架集宽度的 10%。然后浏览器把剩余空间的 3/5 分配给第二个框架，第三个和第四个框架各分配 1/5。从这个例子可以发现，使用星号（尤其是用数值作为前缀），可以很容易地在一个框架集中分割剩下的空间。

<frame>标签除了 src 属性之外，还有其他的可选属性。常用的可选属性如表 3-7 所示。

表 3-7　<frame>标签常用的可选属性信息说明

属性	值	描述
frameborder	0 无边框 1 有边框（默认值）	规定是否显示框架周围的边框。出于实用性方面的原因，最好不设置该属性，使用 CSS 应用边框样式和颜色
marginheight	pixels	规定框架内容与框架的上方和下方之间的高度，以像素计
marginwidth	pixels	规定框架内容与框架的左侧和右侧之间的高度，以像素计
name	name	规定框架的名称。用于在 JavaScript 中引用元素，或者作为链接的目标
noresize	noresize	规定无法调整框架的大小
scrolling	yes 始终显示滚动条（即使不需要） no 从不显示滚动条（即使需要） auto 在需要的时候显示滚动条	规定是否在框架中显示滚动条。默认地，如果内容大于框架，就会出现滚动条
src	URL	规定在框架中显示的文档的 URL

【案例 3-4】　网页分为 3 个窗口，显示效果如图 3-11 所示，分为上、中、下 3 部分，高度分别是 25%、50%、25%，每个窗口显示的内容来源为 demo_01.html、demo_02.html、demo_03.html。详细代码参见文件：\案例\ch3\htmlFreamSetDemo01.html。

```
<frameset rows="25%,50%,*" border="5">
    <noframes> <body>Your browser does not handle frames!
    </body>
    </noframes>
    <frame name="top" src="demo_01.html">
    <frame name="middle" src="demo_02.html">
        <frame name="bottom" src="demo_03.html">
</frameset>
```

思考：如果要在浏览器中创建左、中、右三个窗口，该如何实现？每个窗口对应一个页面，以及一个框架集页面，总共需要几个 HTML 页面文件？

框架案例

【案例 3-5】　实现图 3-12 所示的窗口。可以先将整体分成上、下两个窗口，然后再把下面的窗口分成左、右两个窗口。左侧是导航窗口，当单击第一页或者第二页超链接后，链接文档在左侧窗口显示，使用了<a>标签的 target 属性指定。详细代码参见文件：\案例\ch3\htmlFreamSetDemo01.html。

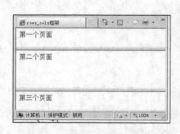

图 3-11　案例 3-4 显示效果

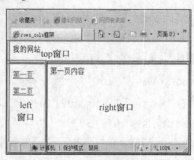

图 3-12　案例 3-5 显示效果和说明

```
<frameset rows="20%,*" frameborder="1">
    <frame src="demo_top.html" name="topframe"    scrolling="no" noresize="noresize">
```

```
    <frameset cols="20%,*">
     <frame src="demo_left.html"  noresize="noresize" scrolling="no" name="leftframe" >
     <frame src="demo_01.html" name="rightframe">
    </frameset>
  <noframes> <body>Your browser does not handle frames!
    </body>
   </noframes>
</frameset>
```

2.　<noframes>标签

上面 2 个案例均使用了<noframes>标签，那么<noframes>标签有什么作用呢？<noframes>可以为那些不支持框架的浏览器显示文本。noframes 元素位于 frameset 元素内部。由于所有主流浏览器都支持框架，因此这个元素一般不需要使用。它在 HTML5 中已经过时，应该避免使用该标签以遵循开发标准，本书不再对其进行详细讲解。

3.2.3　内联框架

通过内联框架可以实现在网页中"插入"网页。HTML 内联框架可以实现在网页中显示网页，突出"内联"二字，即在这个网页中能够控制用多大尺寸的窗口去显示另外一个网页，并且可以通过 CSS 对其进行控制。其使用<iframe>标签来表示，iframe 是 inner frame 的简写。那么它和前面讲的<frame>有什么区别和联系呢？

<frame>与<iframe>两者实现的功能基本相同，不过<iframe>比<frame>更加灵活。<frame>是整个页面的框架，<iframe>是内嵌的网页元素，也可以说是内嵌的框架；<iframe>标签又叫浮动帧标签，可以用它将一个 HTML 文档嵌入另一个 HTML 中显示。它和<frame>标签的最大区别是，在网页中嵌入的<iframe></iframe>所包含的内容与整个页面是一个整体，而<frame></frame>所包含的内容是一个独立的个体，是可以独立显示的。另外，应用<iframe>还可以在同一个页面中多次显示同一内容，而不必重复这段内容的代码。

内联框架<iframe>是一个非常有用的标签，早期用它来模拟 Ajax 效果，使用<iframe>可以在一个表格内调用一个外部文件，这非常有用。现在，在富文本编辑器开发中它也举足轻重。它又是一个特别的元素，最早出现在 IE 4.0 中，后被其他浏览器纷纷吸纳，由于 IE 不开源，因此<iframe>在各浏览器中有很大差异。

<iframe>如何使用呢？通常使用<iframe>直接在页面嵌套<iframe>标签指定的 src 就可以了。在下面的代码中，在网页中内嵌 2 个网页信息，分别是 demo_01.html 和 demo_02.html，用 iframe 标签的 src 属性来指定。详细代码参见文件：\案例\ch3\ htmlIframeDemo01.html。

```
<body>
 <p>当前框架页面的内容</p>
 <p><iframe name="exobud_mp" src="demo_01.html"
  width="300" height="50" frameborder="1"></iframe></p>
  <p><iframe name="exobud_mp" src="demo_02.html"
  width="400" height="60" frameborder="1"></iframe></p>
</body>
```

显示效果如图 3-13 所示。

当前框架页面的内容

第一个页面

第二个页面

图 3-13　<iframe>案例显示效果

除了 src 属性之外，<iframe>还有哪些属性呢？下面介绍<iframe>常用的可选属性、属性值及其描述，参见表 3-8。

表 3-8　<iframe>常用的可选属性信息

属性	值	描述
frameborder	0 无边框 1 有边框（默认值）	规定是否显示框架周围的边框。出于实用性方面的原因，最好不设置该属性，使用 CSS 来应用边框样式和颜色
marginheight	pixels	规定 iframe 的顶部和底部的空白边距，以像素计
marginwidth	pixels	规定 iframe 的左边和右边的空白边距，以像素计
name	name	规定 iframe 的名称。用于在 JavaScript 中引用元素，或者作为链接的目标
scrolling	yes 始终显示滚动条（即使不需要） no 从不显示滚动条（即使需要） auto 在需要的时候显示滚动条	规定是否在 iframe 中显示滚动条。默认如果内容大于框架，就会出现滚动条
src	URL	规定在 iframe 中显示的文档的 URL
height	pixels 以像素计的高度值（如"100px"） %以包含元素百分比计的高度值（如"20%"）	规定 iframe 的高度
width	pixels 以像素计的高度值（如"100px"） %以包含元素百分比计的高度值（如"20%"）	规定 iframe 的宽度

【案例 3-6】　实现图 3-14 所示的网页。网页中内嵌一个网页，内嵌的网页根据不同的超链接，显示不同的网页内容，默认显示 demo_01.html 的网页内容。详细代码参见文件：\案例\ch3\htmlIframeDemo02.html。

图 3-14　iframe 案例显示效果

核心源代码如下所示。

```
<body>
<table align="center">
    <tr>
        <td>
```

```
    <iframe src="demo_01.html" name="window">
    </iframe>
    <br><br>
    <a href="demo_01.html" target="window">第一页</A><BR>
    <a href="demo_02.html" target="window">第二页</A><BR>
    <a href="demo_03.html" target="window">第三页</A><BR>
    </td>
    </tr>
</table>
</body>
```

3.3　本章小结

本章讲解了 HTML 表格元素、HTML 框架元素，主要围绕如下几个方面进行讲解：表格和框架的作用，相关标签（<table>、<tr>、<td>、<th>、<caption>、<frameset>、<frame>、<noframes>、<iframe>等），每个标签的用法、属性、属性取值，并利用案例演示了标签的用法和作用。希望读者能够掌握相关标签的用法，并利用这些标签进行表格的创建、框架的创建、页面的布局、表格信息的组织和显示，为后续内容的学习打下基础。

习　　题

1. 框架中"不可改变大小"的语法是（　　　）。
   A. <img src="url" border=?>　　　　　　　　B. <samp></samp>
   C. <address></address>　　　　　　　　　　D. <frame noresize>
2. 设置围绕表格的边框宽度的 HTML 代码是（　　　）。
   A. <table size=#>　　　　　　　　　　　　B. <table border=#>
   C. <table bordersize=#>　　　　　　　　　D. <tableborder=#>
3. 在 HTML 代码中，给表格添加行的标记是（　　　）。
   A. <tr></tr>　　　　B. <td></td>　　　　C. <th></th>　　　　D. 以上都正确
4. HTML 代码<table width=# or%>表示（　　　）。
   A. 设置表格单元格之间空间的大小
   B. 设置表格单元格边框与其内部内容之间空间的大小
   C. 设置表格的宽度——用绝对像素值或文档总宽度的百分比
   D. 设置表格单元格的水平对齐
5. 表格标记的基本结构是（　　　）。
   A. <tr></tr>　　　　B.
</br>　　　　C. <table></table>　　D.
6. 以下标记符中，用于设置表格标题的是（　　　）。
   A. <title>　　　　B. <caption>　　　　C. <head>　　　　D. <html>
7. 定义表格常用的 3 个标签是（　　　）。
   A. <table>　　　　B. <tr>　　　　C. <td>　　　　D. <tp>

8. 两个属性（　　　）可用于表格的合并单元格。

  A. colspan   B. trspan   C. tdspan   D. rowspan

9. <frameset cols=#>用来指定（　　　）。

  A. 混合分框   B. 纵向分框   C. 横向分框   D. 任意分框

10. HTML 中 "<noframes></noframes>" 的具体含义是（　　　）。

  A. 无框架时的内容 B. 相关性   C. 基本视窗名称 D. 文件形态

11. 定义框架要用到（　　　）标签。

  A. <framework> B. <frameset> C. <frame>   D. <framespace>

12. 定义上下分割的框架大小的是（　　　）。

  A. rows   B. cols   C. widths   D. heights

上 机 指 导

1. 使用 Dreamweaver 创建一个 HTML 文件，文件名为 NBAIndex.html，网页显示效果如图 3-15 所示。

NBA2006-2007季后赛场均得分排名		
球员	出场时间	得分
1.科比·布莱恩特(洛杉矶湖人)	43.0	32.8
2.卡梅隆·安东尼(丹佛掘金)	42.0	26.8

图 3-15　上机指导第 1 题网页效果

要求如下。

（1）要求使用表格元素。

（2）表格中第一行的背景图片，存在 ch3\images 目录中。

2. 使用 Dreamweaver 创建一个 HTML 文件，文件名为 NBAIndex.html，网页显示效果如图 3-16 所示。

图 3-16　上机指导第 2 题网页效果

要求如下。

（1）要求使用表格元素。

（2）表格中第一行的背景图片，存在 ch3\images 目录中。

第 4 章 HTML 表单

学习目标

- 了解表单的定义和作用
- 掌握表单元素的使用规则及常用属性
- 能够灵活地运用表单元素开发静态网页
- 掌握利用表单设计交互界面的方法

4.1 表单概述

4.1.1 表单的概念和作用

表单概述

表单是网页上的一个特定区域，这个区域是由一对<form>标签定义的。收集用户输入数据，使网页具有交互的功能，如用户注册（见图 4-1）、用户登录（见图 4-2）、反馈信息、信息搜索功能（见图 4-3）等均是表单的应用场景。

图 4-1 用户注册功能

图 4-2 用户登录功能

表单本身并不可见，属于一个容器标记。它是 Web 浏览器和 Web 服务器进行通信最常用的手段，即通过表单，浏览器不仅能从 Web 服务器中获得信息，而且还能向 Web 服务器反馈信息。

图 4-3　信息搜索功能

4.1.2　表单的组成

表单属于一个容器标记，如图 4-4 所示，一个表单由 form 元素、表单控件和表单按钮三部分组成。

（1）form 元素。其用来创建表单，并通过 action、method 和 enctype 3 个属性，设置表单的提交路径、提交方式和编码类型。

（2）表单控件。其主要用来收集用户数据，包括 label、input、textarea、select、datalist、keygen 等，也包括对表单控件进行分组显示的 fieldset 和 legend 控件。根据功能的不同，input 控件又分为 text、password、radio、checkbox、file、submit、reset、search、tel、url、email、number、range、color、Date Pickers 等类型。

（3）表单按钮。其包括提交按钮、一般按钮和重置按钮。提交按钮和一般按钮可用于把表单数据发送到服务器；重置按钮用于重置表单，把整个表单恢复到初始状态。

相关标签的详细信息见表 4-1。

图 4-4　表单的组成

表 4-1　表单相关标签的详细信息

标签	描述
\<form\>	定义供用户输入的表单
\<input\>	定义输入域
\<textarea\>	定义文本域（一个多行的输入控件）
\<label\>	定义了 input 元素的标签，一般为输入标题
\<fieldset\>	定义了一组相关的表单元素，并使用外框包含起来
\<legend\>	定义了 fieldset 元素的标题
\<select\>	定义了下拉选项列表
\<optgroup\>	定义选项组
\<option\>	定义下拉列表中的选项
\<button\>	定义一个单击按钮
\<datalist\>	HTML5 新增标签，指定一个预先定义的输入控件选项列表
\<keygen\>	HTML5 新增标签，定义了表单的密钥对生成器字段
\<output\>	HTML5 新增标签，定义一个计算结果

4.2　表单元素

任何 HTML 表单，都由 form 元素创建，即以<form>标签开始，</form>标签结束，表单所需要的控件和按钮在<form>和</form>之间。

<form>标签是 HTML 的原生标签，主要用来向服务器传输数据，一个 form 表单如下：

```
<form action="url" method="post">
    ……各种表单控件……
</form >
```

其中 action 是指表单提交后，该表单数据要提交到的服务器地址，即 URL 地址。method 表示向服务器提交的方式，一般为 post 或 get 方式，两者的差别后面会讲。<form>只是包裹输入数据的标签，表单控件需要放在 form 表单元素里。<form>标签除了这两个属性之外，还有其他可选属性，参见表 4-2。

表 4-2　<form>标签可选属性信息

属性	值	描述
accept-charset	charset_list 常用值： UTF-8——Unicode 字符编码 ISO 8859-1——拉丁字母表的字符编码 GB2312——简体中文字符集	规定服务器用哪种字符集处理表单数据； 服务器可处理的一个或多个字符集；如需规定一个以上的字符集，使用逗号来分隔各字符集； 理论上讲，可使用任何字符编码，但没有浏览器可以理解所有的编码，字符编码使用越广泛，浏览器对其支持越好
action	URL 可能的值： 绝对 URL，即指向其他站点（如 src= "www.example.com/example.htm"） 相对 URL，即指向站点内的文件（如 src= "example.htm"）	规定当提交表单时，向何处发送表单数据
autocomplete	on 默认，规定启用自动完成功能 off 规定禁用自动完成功能	HTML5 中的新属性，规定表单是否启用自动完成功能（默认：开启）
enctype	application/x-www-form-urlencoded 在发送前编码所有字符（默认） multipart/form-data 不对字符编码，在使用包含文件上传控件的表单时，必须使用该值 text/plain 空格转换为 "+"，但不对特殊字符编码	规定在发送到服务器之前应该如何对表单数据进行编码
method	get post	规定如何发送表单数据（默认：get）
name	form_name	规定识别表单的名称，提供了一种在脚本中引用表单的方法
novalidate	novalidate	HTML5 中的新属性，规定浏览器不验证表单。如果使用该属性，则表单不会验证表单的输入
target	_blank _self _parent _top framename	规定在何处打开 action URL。在 HTML 4.01 中，不推荐使用 form 元素的 target 属性

4.3　表单控件

1.　<input>标签

多数情况下被用到的表单标签是<input>（输入）标签。

<input>标签

输入类型是由类型属性（type）定义的。基本语法如下：

```
<form>
    <input name="控件名称" type="控件类型"/>
</form>
```

经常用到的输入类型如表 4-3 所示。

表 4-3　输入类型说明

type 取值	取值的含义	屏幕呈现效果
text	文本框	普通文本
password	密码框	••••••••
radio	单选按钮	◉男 ◉女
checkbox	复选框	☐英语 ☐数学
button	普通按钮	button
submit	提交按钮	submit
reset	重置按钮	reset
image	图形字段	🖼 显示为图片
hidden	隐藏字段。不显示在页面中，只将内容传递到服务器上	隐藏字段，不可见
file	文件字段	选择文件 未选择文件

【案例 4-1】　完成某银行客户经理信息管理系统的用户登录模块的界面开发，具体界面如图 4-5 所示。本章仅开发 HTML 部分，在学习 CSS 和 JavaScript 时，再完善界面的美化及客户端的动态交互效果的代码。

图 4-5　用户登录界面

核心代码如下，详细代码参见文件：\案例\ch4\ htmlInputDemo01.html。

```
<body>
    <form>
        <ul style="list-style: none">
            <li><input name="" type="text" value="admin" /></li>
            <li><input name="" type="text" value="密码" /></li>
            <li><input name="" type="button"  value="登录
"/><label><input name="" type="checkbox" value="" checked="checked" />记住密码</label></li>
        </ul>
    </form>
</body>
```

运行效果如图 4-6 所示。

通过上面的案例，我们看到<input>标签除了 type 属性之外，还有其他属性。<input>标签的常用属性如表 4-4 所示。

图 4-6　登录界面表单部分的内容

表 4-4　<input>标签常用属性信息

属性	值	描述
id	id	规定 HTML 元素的唯一 id。通过 JavaScript（HTML DOM）或通过 CSS 为带有指定 id 的元素改变或添加样式
name	field_name	定义 input 元素的名称。用于对提交到服务器后的表单数据进行标识，或者在客户端通过 JavaScript 引用表单数据。只有设置了 name 属性的表单元素才能在提交表单时传递它们的值
checked	checked	规定此 input 元素首次加载时应当被选中。 checked 属性与<input type="checkbox">或<input type="radio">配合使用。 checked 属性也可以在页面加载后，通过 JavaScript 代码进行设置
disabled	disabled	当 input 元素加载时禁用此元素。 被禁用的 input 元素既不可用，也不可单击。可以设置 disabled 属性，直到满足某些其他条件时为止（例如选择了一个复选框等）。然后，就需要通过 JavaScript 来删除 disabled 值，将 input 元素的值切换为可用。 注意：disabled 属性无法与<input type="hidden">一起使用
maxlength	number	规定输入字段中的字符的最大长度，以字符个数计。 maxlength 属性与<input type="text">或<input type="password">配合使用
size	number_of_char	定义输入字段的宽度。 对于<input type="text">和<input type="password">，size 属性定义的是可见的字符数。而对于其他类型，size 属性定义的是以像素为单位的输入字段宽度。 由于 size 属性是一个可视化的设计属性，因此推荐使用 CSS 来代替它
src	URL	定义以提交按钮形式显示的图像的 URL。 只能与<input type="image">配合使用
value	value 对于不同的输入类型，value 属性的用法也不同： type="button", "reset", "submit"定义按钮上的显示的文本 type="text", "password", "hidden"定义输入字段的初始值 type="checkbox", "radio", "image"定义与输入相关联的值	规定 input 元素的值。 <input type="checkbox">和<input type="radio">中必须设置 value 属性。 value 属性无法与<input type="file">一同使用

【案例 4-2】 文本框。在表单中，定义 2 个文本框，使用<input>标签。其中文本框使用 type 属性进行指定，其值为 text，设定<input>标签的 value 属性值和 size 属性值，如图 4-7 所示。详细代码参见文件：\案例\ch4\ htmlInput Demo02.html。

文本框的案例演示

```
<form name="form1" method="post" action="">
    <P>姓名: <input type="text" size="15" value="李娜"/></P>
    <P>地址: <input type="text" size="30"
            value="山东省济南市历下区"/></P>
</form>
```

图 4-7　案例 4-2 的代码和表单

【案例 4-3】 单选按钮演示。如图 4-8 所示，详细代码参见文件：\案例 \ch4\htmlInputDemo02.html。

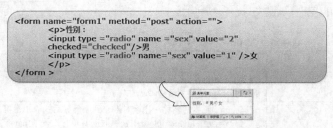

单选按钮的案例演示

图 4-8　案例 4-3 的代码和表单

在很多的选择操作中，常常需要在多个项中选择一个。这时可以考虑使用单选按钮，在 input 元素中，type 属性值为 radio 时，可设置一个单选按钮。单选按钮的语法为：

```
<input type="radio" name="radio name" value="given value"
checked="checked">
```

name 属性为单选按钮指定一个名字。单选按钮是在一组选项中选择一个，因此，在应用中至少需要设置两个单选按钮使其成为一组。必须将每个单选按钮中的 name 值设置成相同的，否则做不到多选一，而是一选一。如果让按钮默认选中，则添加 checked="checked"属性。

【案例 4-4】 复选框演示。如图 4-9 所示，详细代码参见文件：\案例\ch4\ htmlInputDemo02.html。

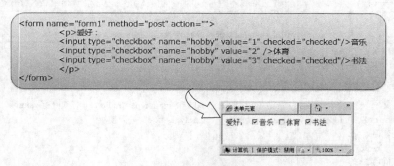

复选框的案例演示

图 4-9　案例 4-4 的代码与表单

复选框与单选按钮的区别是其可在一组复选框中选择多个甚至全部选项。复选框的语法为：

```
<input   type="checkbox"   name="name" value="value" checked/>
```

name 是为复选框指定一个名字，同一组中的复选框的 name 值应相同。

value 属性是复选框指定的默认值，一旦复选框被选，向服务器提交数据时，value 属性的值被传送。checked 表明复选框已被选择，如果让按钮默认选中，则添加 checked="checked"属性。

【案例 4-5】 图片字段演示。如图 4-10 所示，详细代码参见文件：\案例\ch4\ htmlInputDemo02.html。

图片字段的功能与提交按钮基本相同，只不过在图像字段中用一幅图像代替了按钮。语法为：

图片字段的案例演示

```
<input type="image" name="image name" src="URL"/>
```

图 4-10　案例 4-5 的代码与演示

【案例 4-6】 隐藏字段演示。该案例中隐藏了 userId 信息，其值为 001，对用户来说是不可见的，但是该信息可以传递到服务器端，或者是其他页面，如图 4-11 所示。详细代码参见文件：\案例\ch4\ htmlInputDemo02.html。

隐藏字段的
案例演示

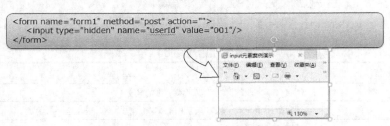

图 4-11　案例 4-6 的代码与演示

隐藏字段对于用户是不可见的。隐藏字段通常会存储一个默认值，它们的值也可以由 JavaScript 进行修改。

【案例 4-7】 文件字段演示。如图 4-12 所示，详细代码参见文件：\案例\ch4\ htmlInputDemo02.html。

文件字段的
案例演示

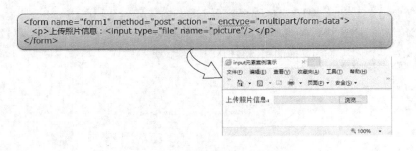

图 4-12　案例 4-7 的代码与演示

此案例创建文件上传控件，在 IE 浏览器中该控件带有一个文本框和一个浏览按钮。要使文件能够上传成功，需要注意以下几点。

① input type=file 元素必须出现在 form 元素内。

② 必须为 input type=file 元素指定<name>标签属性的值。

③ form 元素<method>标签属性的值必须设置为 post。

④ form 元素<enctype>标签属性的值必须设置为 multipart/form-data。

2. <textarea>标签

<textarea>标签定义多行的文本输入控件。文本区中可容纳无限数量的文本，其中的文本的默认字体是等宽字体（通常是 Courier）。可以通过 cols 和 rows 属性来规定 textarea 的尺寸，不过更好的办法是使用 CSS 的 height 和 width 属性。这是接收大量数据的文本区，它可以用于数据的输入，也可用于数据的显示区域。其语法为：

```
<textarea cols="number" rows="number" readonly>
    在文本区中显示内容
</textarea>
```

rows 属性设置文本输入窗口的高度，单位是字符行数。

cols 属性设置显示文本输入窗口的宽度，单位是字符个数。

readonly 属性设定多行文本区只读，使之不能修改和编辑。

除了上面 3 个属性外，textarea 还有其他常用属性，如表 4-5 所示。

表 4-5　textarea 常用属性说明

属性	值	描述
cols	number	规定文本字段的宽度（以平均字符数计）
disabled	disabled	规定禁用该文本字段。被禁用的文本字段既不可用，也不可单击
name	name_of_textarea	规定文本字段的名称
readonly	readonly	规定文本字段为只读。在只读的文本字段中，无法对内容进行修改，但用户可以通过 Tab 键切换到该控件，选取或复制其中的内容
rows	number	规定文本字段的高度（以行数计）

【案例 4-8】 textarea 演示。如图 4-13 所示，详细代码参见文件：\案例\ch4\ htmlInputDemo02.html。

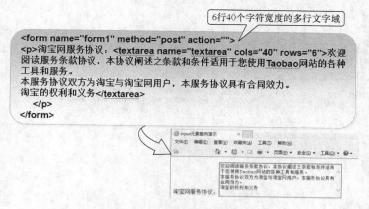

图 4-13　案例 4-8 的代码与演示

3. <lable>标签

该标签为 input 元素定义标注（标记）。label 元素不会向用户呈现任何特殊效果，与<span>标签类似。但<label>标签和<span>标签最大的区别就是<label>标签为使用鼠标的用户改进了可用性，可以关联特定的表单控件。<label>标签和特定表单控件关联之后，如果用户在 label 元素内单击文本，就会触发关联的表单控件。也就是说，当用户选择该<label>标签时，浏览器就会自动将焦点转到和

<label>标签相关的表单控件上。<label>标签常用于与 checkbox 或 radio 关联，以实现单击文字也能选择/取消 checkbox 或 radio。如图 4-14 所示，单击文字和单击前面的单选框效果相同，即加大了控件的可单击区域。单击标签或控件都将激活控件，这对于复选框和单选框特别有用。其中<label>标签的 for 属性应当与相关元素的 id 属性相同。详细代码参见文件：\案例\ch4\ htmlInputDemo02.html。

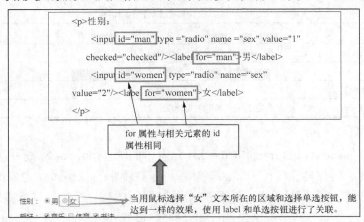

图 4-14　<label>标签代码

4.　<fieldset>标签

fieldset 元素可将表单内的相关元素分组。<fieldset>标签将表单内容的一部分打包，生成一组相关表单的字段。当一组表单元素放到<fieldset>标签内时，浏览器会以特殊方式显示它们，它们可能有特殊的边界、3D 效果，甚至可以创建一个子表单来处理这些元素。<fieldset>标签没有必需的或唯一的属性。<legend>标签为 fieldset 元素定义标题。如图 4-15 所示，详细代码参见文件：\案例\ch4\htmlFieldsetDemo01.html。

```
<form>
  <fieldset>
    <legend>健康信息</legend>
    身高: <input type="text" />
    体重: <input type="text" />
  </fieldset>
</form>
<p>如果表单周围没有边框，说明您的浏览器太老了。</p>
```

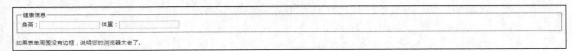

图 4-15　<fieldset>标签代码和演示

5.　<select>标签

select 元素是一种表单控件，可用于在表单中接收用户输入。<select>标签可创建单选或多选菜单。当提交表单时，浏览器会提交选定的项目，或者收集用逗号分隔的多个选项，将其合成一个单独的参数列表，并且在将<select>表单数据提交给服务器时包括 name 属性。select 元素中的<option>标签用于定义列表中的可用选项。其语法格式为：

<select>标签

```
<select name="selectname"  size="number" multiple>
       option 元素列表
</select>
```

其中\<select\>标签属性详细信息如表 4-6 所示。

表 4-6   \<select\>标签属性详细信息

属性	值	描述
disabled	disabled	当该属性为 true 时，会禁用下拉列表
multiple	multiple	当该属性为 true 时，可选择多个选项
name	name	定义下拉列表的名称
size	number	规定下拉列表中可见选项的数目

6. \<option\>标签

用于定义包含在 select、optgroup 或 datalist 元素中的项。\<option\>标签可以表示 HTML 文档中弹出窗口中的菜单项和其他项目列表。该标签可以在不带有任何属性的情况下使用，但是通常需要使用 value 属性，此属性会指示出提交给服务器的内容。注意，该标签需要与 select 等元素配合使用，否则这个标签是没有意义的，如果列表选项很多，可以使用\<optgroup\>标签对相关选项进行组合。\<option\>标签属性详细信息如表 4-7 所示。

表 4-7   \<option\>标签属性详细信息

属性	值	描述
disabled	disabled	规定此选项应在首次加载时被禁用
label	text	定义当使用\<optgroup\>时所使用的标签
selected	selected	规定选项（在首次显示在列表中时）表现为选中状态
value	text	定义提交给服务器的选项值

【案例 4-9】 \<select\>和\<option\>标签。在网页中输入出生日期，其中出生月份信息使用下拉列表框的形式进行展示并输入，代码如下所示。详细代码参见文件：\案例\ch4\ htmlInputDemo02.html。

```
        出生日期：
<input name="byear" value="yyyy" size=4 maxlength=4 />
        年
    <select name="bmon">
    <option value=" " selected>[选择月份] </option>
    <option value=0>一月</option>
    <option value=1>二月</option>
    <option value=2>三月</option>
    <option value=3>四月</option>
    <option value=4>五月</option>
    <option value=5>六月</option>
    <option value=6>七月</option>
    <option value=7>八月</option>
    <option value=8>九月</option>
    <option value=9>十月</option>
    <option value=10>十一月</option>
```

```
            <option value=11>十二月</option>
        </select>
        月 
<input name="bday" value="dd" size=2 maxlength=2>
        日
```

显示效果如图 4-16 所示。

【**案例 4-10**】 实现图 4-17 所示的下拉列表框。其中下拉框的样式信息需要讲解 CSS 之后再补充完善。

图 4-16　案例 4-9 显示效果

图 4-17　客户经理信息维护界面

核心代码如下所示。

```
<p>
        <label>民族</label>
<select>
        <option value="0">请选择</option>
        <option value="1">汉族</option>
        <option value="2">少数民族</option>
        <option value="3">其他</option>
        </select>
        </p>
        <p>
        <label>政治面貌</label>
          <select>
          <option value="0">请选择</option>
          <option value="1">中共党员</option>
          <option value="2">中共预备党员</option>
          <option value="3">共青团员</option>
          <option value="4">群众</option>
          <option value="5">其他</option>
    </select>
    </p>
```

4.4 表单按钮

表单按钮一般分为 3 类，分别是提交按钮、重置按钮和普通按钮。提交按钮、重置按钮只能在表单中使用，普通按钮则可以在网页的任何地方使用。

从本质上讲，表单按钮也是表单控件，之所以把它分离出来单独介绍，是因为它的功能比较特别。提交按钮用于把表单数据发送到服务器，重置按钮用于重置整个表单的数据，普通按钮则需要开发者赋予它功能。

表单按钮

当用户单击提交按钮和重置按钮时，就有动作发生，一般不需要添加动作；而普通按钮必须加上指定的动作，并通过相应的事件来触发，才会在事件发生时激发动作，否则单击普通按钮，什么也不会发生。

3 类表单按钮的语法格式如下所示：

```
<input type="button" value="普通">
<input type="reset"  value="重置 ">
<input type="submit"  value="提交">
```

【案例 4-11】 在表单中定义 3 个表单按钮，分别是普通按钮、重填按钮和提交注册按钮，核心代码如下所示。详细代码参见文件：\案例\ch4\htmlInputDemo02.html。

```
<form name="form1" method="get" action="htmlInputDemo01.html">
  <p>
    <input type="button" value="普通">
     <input type="reset"  value="重填">
     <input type="submit"  value="提交注册">
  </p>

</form >
```

① 当单击"提交注册"按钮时，会提交当前页面表单信息到 form 表单 action 属性值所设置的 url 地址程序。

② 当单击"重填"按钮时，会把整个表单控件信息恢复到最初设定的默认状态。

③ 当单击"普通"按钮时，默认不会触发任何动作。

【案例 4-12】 要求使用表格进行布局，完成图 4-18 所示表单信息的网页设计。

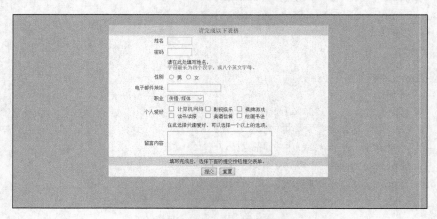

图 4-18 案例 4-12 的表单信息

核心代码如下所示，其中详细代码参见文件：\案例\ch4\htmlCh4Demo.html。

```html
<body text="#000000" bgColor="#ff9900" leftMargin="0" topMargin="30">
<form action="mailto:liuhx@inspuruptec.com" method="post">
<table borderColor="#ffffcc" cellSpacing="0" cellPadding="5" width="600" align=
"center"
bgColor="#ffffcc" border="0">
 <tbody>
  <tr bgColor="#ffcc00">
    <td colspan="2" align="center">
      请完成以下表格
     </td>
    </tr>
   <tr>
    <td width="26%" align="right">姓名 </td>
    <td width="74%"><input maxLength="4" size="8" name="username"/> </td>
   </tr>
   <tr>
    <td align="right">密码</td>
    <td><input type="password" maxLength="4" size="8" name="passwords"/></td>
   </tr>
   <tr>
    <td width="26%"></td>
    <td width="74%">请在此处填写姓名，<b><br>字符最长为 4 个汉字，或 8 个英文字母。</b>
     </td>
   </tr>
   <tr>
    <td align="right" width="26%">性别</td>
    <td width="74%"><input type="radio" value="male" name="sex"/> 男
      <input type="radio" value="female" name="sex"/> 女 </td></tr>
   <tr>
    <td align="right" width="26%">电子邮件地址</td>
    <td width="74%"><input name="email"/></td></tr>
   <tr>
    <td align="right" width="26%">职业</td>
    <td width="74%"><select name="profession">
        <option>请选...</option> <option>教育/研究</option> <option>艺术/设计</option>
        <option>法律相关</option> <option>行政管理</option> <option> 传播/媒体
        </option> <option>顾问/分析员</option></select></td></tr>
   <tr>
    <td width="26%">
      <div align="right">个人爱好</div></td>
    <td width="74%"><input type="checkbox" value="computer"
      name="computer"/> 计算机网络 <input type="checkbox" value="film" name="film"/> 影
视娱乐 <input type="checkbox" value="chess" name="chess"/> 棋牌游戏<br><input type=
"checkbox"
      value="rea" name="read"/> 读书读报 <input type="checkbox" value="food" name=
"food"/> 美酒佳肴
      <input type="checkbox" value="painting" name="painting"/> 绘画书法</td></tr>
   <tr>
    <td width="26%"> </td>
    <td width="74%">在此选择兴趣爱好，可以选择一个以上的选项。</td></tr>
   <tr>
```

```
            <td width="26%" align="right">
                留言内容</td>
            <td width="74%"><textarea name="textfield3" rows="4" cols="40"></textarea>
</td></tr>
        <tr align="middle" bgColor="#ffcc00">
        <td colSpan="2">填写完成后，选择下面的提交按钮提交表单。</td></tr>
        <tr align="middle">
        <td colSpan="2" align="center">
            <input type="submit" value="提交" name="Submit"> <input type="reset" value=
"重置" name="Submit2"> </td>
        </tr>
        </tbody>
        </table>
        </form>
</body>
```

4.5 本章小结

本章讲解了表单相关元素，主要围绕如下几个方面进行讲解：表单的概念和作用，表单的组成，表单元素的用法、属性和属性取值，表单控件的用法、属性和属性取值，并利用案例演示各个表单元素和表单控件的用法和作用。希望读者能够掌握相关标签的用法，并利用这些标签进行表单的创建，为后面内容的学习打下基础。

习　　题

1. 下列关于表单的说法不正确的一项是（　　　）。
   A. 表单对象可以单独存在于网页表单之外
   B. 表单中包含各种表单对象，如文本域、列表框和按钮
   C. 表单就是表单对象
   D. 表单由两部分组成：一是描述表单的 HTML 源代码，二是用来处理用户表单域中输入的信息的服务器端应用程序客户端脚本

2. 若要产生一个 4 行 30 列的多行文本域，以下方法中，正确的是（　　　）。
   A. <input type="text" rows="4" cols="30" name="txtintrol">
   B. <textarea rows="4" cols="30" name="txtintro">
   C. <textarea rows="4" cols="30" name="txtintro"></textarea>
   D. <textarea rows="30"cols="4" name="txtintro"></textarea>

3. HTML 代码<select name="NAME"></select>表示（　　　）。
   A. 创建表格
   B. 创建一个滚动菜单
   C. 设置每个表单项的内容
   D. 创建一个下拉菜单

4. HTML 代码<input type=text name="foo" size=20>表示（　　　）。
   A. 创建一个单选框
   B. 创建一个单行文本输入区域
   C. 创建一个提交按钮
   D. 创建一个使用图像的提交按钮

5. 实现下拉列表框，要用到（　　）标签。

   A．<input>　　　　　B．<select>　　　　　C．<option>　　　　　D．<radio>

上 机 指 导

1. 使用 Dreamweaver 创建一个 HTML 文件，文件名为 clientMgrAdd.html，网页显示效果如图 4-19 所示。

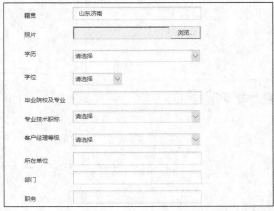

图 4-19　上机指导第 1 题网页效果

要求如下。

（1）要求使用表格进行布局。

（2）其中"民族"下拉框中的列表信息为：汉族、少数民族、其他。"政治面貌"下拉框中的列表信息为：中共党员、中共预备党员、共青团员、群众、其他。"学历"下拉框中的列表信息为：小学、初中、高中、中专、高职、专科、本科、硕士研究生、博士研究生。"专业技术职称"下拉框中的列表信息为：工程专业技术人员 高级工程师、工程专业技术人员 工程师、工

程专业技术人员 助理工程师、经济专业技术人员 高级经济师、经济专业技术人员 经济师、经济专业技术人员 助理经济师、会计专业技术人员 高级会计师、会计专业技术人员 会计师、会计专业技术人员 助理会计师、统计专业技术人员 高级统计师、统计专业技术人员 统计师、统计专业技术人员 助理统计师、审计专业技术人员 高级审计师、审计专业技术人员 审计师、审计专业技术人员 助理审计师、政工专业技术人员 助理政工师、政工专业技术人员 高级政工师、政工专业技术人员 政工师。"客户经理等级"下拉框中的列表信息为高级专家级客户经理、专家级客户经理、资深客户经理、高级客户经理、客户经理、客户经理助理、无。"业务线条"下拉框中的列表信息为：对公、对个人。

（3）界面的样式信息可以等学完 CSS 后再进行完善。

2. 请使用 Dreamweaver 创建一个 HTML 文件，文件名为 studyMgrAdd.html，网页显示效果如图 4-20 所示。

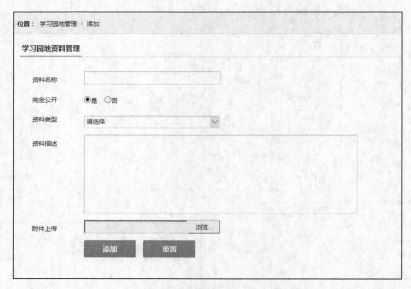

图 4-20　上机指导第 2 题网页效果

要求如下。

（1）使用表格进行布局。

（2）其中"资料类型"下拉框中的列表信息为：规章制度、学习培训材料、岗位资格考试教程、客户营销技巧。

（3）界面的样式信息可以等学完 CSS 后再进行完善。

05 第 5 章　CSS 基础知识

学习目标

- 了解 CSS 的概念及发展史
- 掌握 CSS 的基本语法、CSS 注释、CSS 代码的编写规范等基础知识
- 掌握 CSS 选择器的种类和用法，并能运用这些选择器进行网页元素的选择
- 掌握 CSS 的创建和使用方法
- 了解 CSS 常见属性的用法，并灵活运用这些属性设计页面样式

5.1　CSS 概述

通过对 HTML 基础知识的学习，我们已经掌握了如何运用文字、段落、图像、超链接等标签及属性来创建网页并简单设置网页显示样式，但是这样开发出来的 HTML 网页往往将内容和表现样式混合在一起，造成代码冗余，后期的网页改版维护也比较困难，因此单纯使用 HTML 已经无法满足当前网页开发

CSS 概述

的需求了。CSS 的诞生为网页设计注入了新的活力，它可以将复杂的样式设置应用于 HTML 标签。HTML 已经发展到 Web 发布者必然使用 CSS 来设置样式的程度，可见 CSS 在 Web 开发中非常重要。

本书将用 3 章篇幅详细介绍 CSS 技术相关内容，其中包括 CSS 基础知识、CSS 高级样式应用和 CSS3 入门。本章主要学习 CSS 基本概念、CSS 基本语法、CSS 文字效果和 CSS 排版样式等，最终使读者达到能使用 CSS 为网页设置简单页面样式的目的。

1. CSS 简介

CSS（Cascading Style Sheets，层叠样式表，也称作级联样式表）是用于控制网页样式并允许将样式信息与网页内容分离的一种标记性语言。其于 1996 年通过 W3C 审核认证，并被推荐使用。CSS 解决了网页界面排版布局的难题。HTML 的标签主要定义网页的内容（Content），而 CSS 决定这些网页内容如何显示（Layout），即设置网页样式。

2. CSS 发展史

万维网联盟（W3C）负责 CSS 标准的制定和推动。CSS 经历了 CSS1、CSS2、CSS2.1 和 CSS3 等多个版本的更新迭代，其中 CSS3 是正在使用中的标准。

1996 年 12 月 17 日，CSS1 正式推出。CSS1 中主要定义了具体的颜色、字体、文本样式、外边距、边框、背景等最基本的样式。

1998 年 5 月 12 日，CSS2 正式推出，CSS2 添加了许多高级特性（如浮动和定位）和一些高级选择器（例如，后代选择器、相邻兄弟选择器和通用选择器等）。

2004 年 2 月，CSS2.1 正式推出，CSS2.1 在 CSS2 的基础上略微做了改动，并删除了浏览器厂商从未支持的功能。现在的大部分浏览器都完全支持 CSS2.1，但是低于 IE 8 版本的浏览器还有一些遗留问题，兼容性不够好。

自从 1998 年推出 CSS2 以来，在之后的十多年时间里，CSS 基本没有太大的变化。2010 年，CSS 推出了一个全新的版本 CSS3。CSS3 是 CSS 规范的最新版本，不过，CSS3 的标准化工作还在继续进行中。本书以 CSS2 为主要讲解对象，仅涉及 CSS3 的部分内容，如果读者需要深入学习 CSS3 的知识，可参考其他相关材料。

3. CSS 特点和优势

前面介绍了 CSS 概念和 CSS 的发展情况，下边讲解 CSS 的特点和优势。

（1）对浏览者和浏览器更具亲和力。因为 CSS 具有丰富的样式，使页面更加灵活，针对不同的浏览器，达到了显现效果的统一，且不会发生变形。

（2）使页面载入更快。由于 CSS 将大多数页面样式代码写在了 CSS 文件中，使页面的体积变得更小，页面载入速度变快。

（3）保持视觉的一致性。CSS 将所有页面或所有区域统一用 CSS 文件控制，避免了不同区域或不同页面体现出的效果偏差，保证了页面视觉上的一致性。

（4）修改页面时更有效率。CSS 使页面的内容和结构分离，在修改页面的时候更加容易和省时，而且在团队开发中更容易分工合作，减少了相互关联性，提高了工作效率。

（5）搜索引擎更加友好。CSS 使网页代码更简洁，页面中内容突出的部分更加清晰，容易被搜索引擎采集收录。

当然，除了上面我们总结的特点和优势外，CSS 还有很多其他的特点，等我们真正了解并使用这个语言之后就会有更深刻的认识和理解。

5.2 CSS 语法

本节介绍 CSS 基本语法、CSS 编辑方式和 CSS 代码编写规范，并通过案例详细讲解每个知识点。

5.2.1 CSS 基本语法

CSS 样式表由 CSS 样式规则组成，告诉浏览器如何呈现 HTML 页面。CSS 样式规则由 CSS 选择器和 CSS 声明块组成，CSS 声明块由一个个 CSS 声明组成，每个 CSS 声明由合法的 CSS 属性及其属性值组成。

1. 基本语法

CSS 的样式规则具体语法如下。

CSS 基本语法和注释

```
选择器（Selector）{
        Property : Value;
        属性1：属性1的值；
        属性2：属性2的值；
        ……
}
```

2. 语法说明

（1）选择器（Selector）指其后面定义这组声明所要作用的对象。它可以是一个 HTML 标签（如<body>、<h1>），也可以是定义了特定 id 或 class 的标签。

（2）属性（Property）用来对选择器所作用的对象设定相关网页样式。对于每一个 HTML 标签，CSS 都提供了丰富的属性样式，如颜色、大小、定位、浮动方式等。

（3）值（Value）是指属性的值。其形式有两种，一种是指定范围的值，如 float 属性，只有 left、right、none 三种值；另一种为数值，如 width 能使用 0～9999px 或其他数学单位来指定。

例如：

```
body{ background-color:red; }
```

其中，选择器为 body，即样式作用对象为页面中的<body>标签，属性为 background-color，该属性用于控制对象的背景颜色，属性值为 red。页面中的 body 对象的背景颜色通过 CSS 样式表，被定义为红色。

5.2.2　CSS 注释

为了使代码更清晰，更容易理解，且便于团队间的分工协作，编写代码时一般都需要添加必要的注释。注释即代码的解释和说明，一般放在代码的上方或者尾部（放尾部时，代码和注释之间以 Tab 键进行分割，以方便阅读程序），用来说明代码的编写者、用途、时间等。与其他语言一样，CSS 允许用户在代码中嵌入注释。CSS 注释会被浏览器忽略，不会影响页面的运行效果。注释有助于读者理解复杂的样式规则，便于后期的维护和应用。

CSS 注释以"/*"开始，以"*/"结束。下面是注释的样例。

```
/* 单行注释，单行注释时，要求星号和内容之间保留一个空格 */
/*多行注释
body{
 font-size: 50px;
 background-color: darkviolet;
 text-align: center;
}*/

/**文件注释
* @name: 文件名或者模块名
* @description:  文件或模块描述
* @autor: author-name(mail-name@domain.com)
* @update: 2019-02-24 00:22
*/
```

说明：一个文件顶部必须包含详细的文件注释，星号要一列对齐，星号与内容之间一般保留一个空格，标记符冒号与内容之间也保留一个空格。

```css
p{
        background-color: red;        /*行尾注释   定义背景颜色*/
        font-size:10px;               /*行尾注释   定义字体大小*/
        color:black;                  /*行尾注释   定义字体颜色*/
}
```

注意：CSS 注释只能应用于 CSS 代码中。CSS 代码中使用 HTML 注释或 HTML 代码中使用 CSS 注释都是错误的，会导致有些容错差的浏览器不兼容，造成布局错位等兼容问题。

5.2.3　CSS 代码编写规范

古语有云：不以规矩，不能成方圆。在编写 CSS 代码时也需要遵循一定的代码编写规范，有关 CSS 代码编写规范的相关规定如下所示。

（1）Tab 键（必须）用 4 个空格代替。

（2）每个样式属性后（必须）加符号"；"，方便压缩工具"断句"。

（3）class 命名中禁止出现大写字母，必须采用符号"-"对 class 中的字母分隔，如：

```css
/* 正确的写法 */
.hotel-title {
    font-weight: bold;
}
/* 不推荐的写法 */
.hotelTitle {
    font-weight: bold;
}
```

① 用"-"隔开比使用驼峰更加清晰。

② 命名的时候也可以使用"产品线—产品—模块—子模块"这种方式。

（4）空格的使用，需要遵循以下规则。

① 选择器与符号"{"之前要有空格。

② 属性名的符号"："前后要有空格。

如下所示：

```css
.hotel-content {
    font-weight : bold;
}
```

（5）多选择器之间一般需要换行，当样式针对多个选择器时每个选择器占一行，如下所示：

```css
/* 推荐的写法 */
a.btn,
input.btn,
input[type="button"] {
    ......
}
```

（6）一般不允许将样式写为单行，如下所示：

```
/* 不推荐的写法 */
.hotel-content {margin: 10px; background-color: #efefef;}
```

（7）一般不允许向 0 后添加单位，如下所示：

```
/* 不推荐的写法 */
.obj {
    Left : 0px;
}
```

（8）推荐 CSS 属性书写规范。

① 书写顺序按照元素模型由外及内、由整体到细节书写，大致分为 5 组。

* 位置属性，即 position、top、right、z-index、display、float 等。
* 大小，即 width、height、padding、margin。
* 文字系列，即 font、line-height、letter-spacing、color-text-align 等。
* 背景，即 background、border 等。
* 其他，即 animation、transition 等。

例如：

```
.p{
    display:inline;
    float:left;
    width:113px;
    height:24px;
    font-size:1.5em;
    color:green;
    background:#55AAEE;
}
```

② 使用 CSS 缩写属性。CSS 有些属性是可以缩写的，如 padding、margin、font 等复合属性，使用缩写属性既可以精简代码又能提高用户的阅读体验。例如：

```
.menu{
    width:114px;
    padding:0px 0px 0px 8px;
    margin:0px;
    font:0.8em Arial,Helvetica,sans-serif;
}
```

（9）当编写针对特定 HTML 结构的样式时，推荐使用"元素名+类名"的选择器定义规则，如下所示：

```
/* 元素名+类名 */
 ul.nav {
    ......
 }
```

（10）不建议使用行内（inline）样式，如下所示：

```
/* 不推荐使用 */
<p style="font-size: 12px; color: #FFFFFF">浪潮优派</p>
```

（11）常用的 CSS 命名规则如表 5-1 所示。

表 5-1　CSS 命名规则

容器	container	页头	header	页面主体	main
导航	nav	内容	content/container	页尾	footer
侧栏	sidebar	栏目	column	左右中	left right center
顶导航	topnav	主导航	mainnav	子导航	subnav
摘要	summary	边导航	sidebar	左导航	leftsidebar
菜单	menu	标题	title	右导航	rightsidebar
标志	logo	子菜单	submenu	合作伙伴	partner
注册	regsiter	广告	banner	登录	login
功能区	shop	搜索	search	登录条	loginbar
按钮	btn	滚动	scroll	状态	status
文章列表	list	提示信息	msg	标签页	tab
注释	note	指南	guild	当前的	current
服务	service	新闻	news	热点	hot
友情链接	link	版权	copyright	下载	download
小技巧	tips	投票	vote	图标	icon

注意事项：

① 一律小写；

② 尽量用英文；

③ 不加中线和下画线；

④ 尽量不缩写，除非一看就明白的单词。

（12）CSS 常用样式表文件命名如表 5-2 所示。

表 5-2　CSS 常用样式表文件命名

主要的	master.css	模块	module.css
布局、版面	layout.css	主题	themes.css
文字	font.css	表单	forms.css
打印	print.css	基本共用	base.css
补丁	mend.css	专栏	columns.css

在任何一个项目或者系统开发之前都需要定制一个开发约定和规则，这样有利于项目的整体风格统一、代码维护和扩展。由于 Web 项目开发的分散性、独立性、整合的交互性等，所以制定一套完整的约定和规则显得尤为重要，上面我们提到的 CSS 相关编码规范，请读者在进行 CSS 代码编写过程中尽量遵守。

5.2.4　第一个 CSS 案例

下面使用 Adobe Dreamweaver CC 2017 集成工具开发第一个 CSS 实例。

【案例 5-1】 第一个具有 CSS 样式的网页，采用在 HTML 文件中直接编写 CSS 样式规则的方式编写如下代码，文件名为 firstCSSPage.html，运行效果如图 5-1 所示。

第一个 CSS 案例

```
<html>
<head>
 <title>my first page</title>
  <style type="text/css">
    /* 选择了页面中的 body 元素作为操作对象 */
    body {
        /*属性和属性值，设定网页的背景色为红色*/
        background-color: red
    }
  </style>
</head>
<body>
  山东浪潮优派科技教育有限公司欢迎您....
</body>
</html>
```

山东浪潮优派科技教育有限公司欢迎您....

图 5-1 在浏览器中的运行效果

5.3 CSS 选择器

在 CSS 基本语法中有一个非常重要组成部分，即选择器。所有 HTML 网页中的标签样式都可以通过不同的 CSS 选择器来进行控制，从而达到设置页面样式的效果。

CSS 选择器可以分为标签选择器、类选择器、id 选择器、伪类选择器、属性选择器、后代选择器、子元素选择器、相邻兄弟选择器等。为了满足用户更多的需求，CSS 还提出了选择器分组的概念，下面将依次详细介绍这些内容。

5.3.1 标签选择器

一个 HTML 页面由很多不同的标签组成，CSS 标签选择器用来声明哪些标签采用哪种 CSS 样式。因此，每一种 HTML 标签的名称都可以作为相应的标签选择器的名称。标签选择器是最常见的 CSS 选择器，也是最基本的 CSS 选择器。其基本语法如下所示：

标签选择器

标签选择器{/*CSS 声明;*/}

例如，通过编写 CSS 样式设置 HTML 页面中所有<h1>标签的字体大小为 25px，且都以红色显示，示例代码如下所示。

```
<style type="text/css">
    h1 {
        color: red;
        font-size: 25px;
    }
</style>
```

5.3.2　类选择器

类选择器

当不同的 HTML 标签想要设置同一类样式规则，多次选择使用标签选择器就可能会造成代码冗余。在这种情况下，可以创建供 CSS 使用的类。任何合法的 HTML 标签都支持使用 class 属性，class 属性用来定义页面上的 HTML 元素标签组，这类标签组有相同的功能，因此可以对这类标签组设置相同的样式规则。

类选择器的名称可以由用户自定义（建议定义的类选择器名称满足代码编写规范，详见 5.2.3 节相关内容），属性和值与标签选择器一样，也必须符合 CSS 规范。类选择器允许以一种独立的文档元素的方式来指定样式，类选择器可以单独使用，也可以与其他元素结合使用。类选择器由句点（.）及 class 属性值直接相连组成。其语法格式如下：

```
.类选择器{/*CSS 声明;*/}
```

例如，网页中定义 3 个<p>标签，p 元素中定义了相同的 class 属性和属性值，用户如果将 class 的属性值 "a1" 作为 CSS 的类选择器使用，那么这 3 个 p 元素全部应用相同的样式规则。示例代码如下所示：

```
.a1{
        color:yellow;
        font-weight:bold;
}
<p class="a1">第一个段落，类选择器</p>
<p class="a1">第二个段落，类选择器</p>
<p class="a1">第三个段落，类选择器</p>
```

注意：类名的第一个字符不能使用数字！数字无法在 Mozilla 或 Firefox 中起作用。

5.3.3　id 选择器

id 选择器

HTML 标签中的 id 属性也可以作为 CSS 选择器使用。id 属性具有很多限制，只有 HTML 页面上的标签（body 及其子标签）才能指定 id。id 属性的取值也要遵循一定的规则（必须以字母开头，可以包含数字、下画线等字符）。id 选择器前面有一个 "#"，也称之为棋盘号或井号。其基本语法如下。

```
#id 选择器{/*CSS 声明;*/}
```

例如，在 HTML 网页中，为 id 属性值为 a2 的 HTML 标签设定 CSS 样式规则（字体大写为 20px），示例代码如下所示。

```
#a2{
        color:red;
        font-size:20px;
}
<p id="a2">ID 选择器</p>
```

对于 CSS 来说，id 选择器类似类选择器，但又不完全相同。一般来说，类选择器更加灵活，能完成 id 选择器的所有功能，也可以完成更加复杂的功能。如果对样式的重用性较高，可以选择使用类选择器。对于需要唯一标识的页面元素可以选择使用 id 选择器。

注意：在 HTML 代码中，应尽量一个 id 只赋予一个 HTML 标签，防止同一个页面中有多个相同 id 的标签元素，导致 JavaScript 等其他页面脚本语言在调用 id 时，多个相同 id 被同时调用而出现错误的情况。

5.3.4 伪类选择器

所谓伪类是指通过元素的基本特征对元素进行分类，而不是通过元素的名字、属性等进行分类。如元素是否是最后一个子元素、是否是空元素等，这里的"最后一个""空"都属于元素的基本特征。例如，为段落中第一行设置样式规则，为超链接访问前设置一定的样式规则，为超链接访问后设置一定的样式规则等元素某一个状态的情况。伪类通过冒号":"来定义，它定义了元素的状态，如单击按下、单击完成等，通过伪类可以为元素的状态设置一定的样式规则。其基本语法如下所示：

伪类选择器

标签: 伪类名{/*CSS声明;*/}

常用的伪类如表 5-3 所示。

表 5-3　常用伪类说明

伪类名	描述
:link	设置 a 元素在被访问前的样式规则
:hover	设置 a 元素在鼠标悬停时的样式规则
:active	设置 a 元素在鼠标单击时的样式规则
:visited	设置 a 元素在被访问后的样式规则
:first-letter	设置指定 HTML 元素文本内容的第一个字符的样式规则
:first-line	设置指定 HTML 元素文本内容第一行的样式规则
:first-child	设置元素的第一个子元素的样式规则
:lang	设置具有 lang 属性的元素的样式规则

【案例 5-2】 伪类选择器演示。分别使用 link、hover、active、visited、first-letter 和 first-line 伪类选择器，设定相应的样式规则，请读者运行网页查看运行结果，并理解各种伪类的使用方式。核心示例代码如下，运行效果如图 5-2 所示。

```
<title>伪类选择器</title>
<style type="text/css">
/* 设定在超链接被访问之前的样式规则，文本字体为浅绿色（#0FF） */
    a:link {
        color: #0FF;
    }
    /* 设定在超链接被访问之后的样式规则，文本字体为灰色（#999） */
    a:visited {
        color: #999;
    }
    /* 设定在超链接鼠标悬空时的样式规则，文本字体为红色 */
    a:hover {
        color: #F00;
    }
    /* 设定在鼠标单击超链接时的样式规则，文本字体为黑色（#333） */
    a:active {
        color: #333;
    }
```

```
        /* 设定 p 元素文本内容第一个字符的样式规则，文本加粗，字体为红色显示 */
p:first-letter {
        font-weight: bolder;
        color: #F00;
    }
        /* 设定 p 元素文本内容第一行文本的样式规则，字体大小为 16px，字体为绿色显示 */
        p:first-line {
                font-size: 16px;
                color: #0F0;
        }</style>
<body>
        <p>在支持 CSS 的浏览器中，链接不同的状态都可以以不同的方式显示，这些状态包括：活动状态、未被访问
状态、已被访问状态、鼠标悬停状态<br/>
    注意：伪类选择器的使用时机，a:hover 必须放置在 a:visited 和 a:link 之后才会有效。a:active 必须放
在 a:hover 之后才会有效。 </p>
    <a href="http://www.baidu.com">百度搜索</a>
</body>
```

图 5-2　伪类选择器案例显示效果

5.3.5　属性选择器

CSS2 版本引入了属性选择器。它定义了 E[attr]、E[attr="val"]、E[attr~="val"]、E[attr|="val"]
四个属性选择器，我们可以通过这些属性选择器为相应的元素添加样式。

属性选择器可以根据元素的属性及属性值来选择元素。如果希望选择有某个属性的元素，
而无论属性值是什么，均可以使用简单属性选择器。其基本语法如下：

```
E[attr] {/*CSS 声明;*/}
```

例如，把包含标题属性（title 属性）的所有元素文本字体颜色变为红色，示例代码如下所示：

```
<head>
<style type="text/css">
    [title]{
            color:red;
        }
</style>
</head>
<body>
    <h1>可以应用样式: </h1>
    <h2 title="Hello world">Hello world</h2>
    <a title="baidu" href="www.baidu.com">百度</a>
    <hr />
    <h1>无法应用样式: </h1>
    <h2>Hello world</h2>
    <a href="www.baidu.com">百度</a>
</body>
```

与上面类似，也可以只对有 href 属性的 HTML 超链接（a 元素）应用样式：

```
a[href] {color:red;}
```

还可以根据多个属性进行选择，只需将属性选择器链接在一起即可。例如，为了将同时有 href 和 title 属性的 HTML 超链接的文本设置为红色，可以这样写：

```
a[href][title] {color:red;}
```

5.3.6　后代选择器

后代选择器允许开发人员根据文档的上下文关系来确定某个标签的样式。通过合理地使用后代选择器，可以使 HTML 代码变得更加整洁。在后代选择器中，规则左边的选择器一端包括两个或多个用空格分隔的选择器。选择器之间的空格是一种结合符。每个空格结合符可以解释为"……在……找到"和"……作为……的后代"。其语法格式如下：

后代选择器

父选择器 子选择器{/*CSS 声明*/}

例如，用户希望 HTML 网页无序列表中的 strong 元素包含的文本变为斜体字，而不是整个网页中所有的文本都变成斜体字，就可以利用后代选择器来实现此效果，示例代码如下所示：

```
li strong {
    font-style: italic;
    font-weight: normal;
}
```

请注意<strong>标签的上下文关系，示例代码如下所示：

```
<p><strong>我是粗体字，不是斜体字，因为我不在列表当中，所以这个规则对我不起作用</strong></p>
<ol>
    <li><strong>我是斜体字。这是因为 strong 元素位于 li 元素内。</strong></li>
    <li>我是正常的字体。</li>
</ol>
```

在上面的例子中，只有 li 元素中 strong 元素包含的文本样式为斜体字，无须再单独为 strong 元素定义 class 或 id 属性，代码更加简洁。

5.3.7　子元素选择器

与后代选择器相比，子元素选择器只能选择作为某元素直接子元素的元素（不会选择其所有的后代：孙子、重孙子等）。如果不希望选择任意的后代元素，而是希望缩小范围，只选择某个元素的直接子元素，则可以选择使用子元素选择器。使用子元素选择器时使用大于号（>），">"两边可以有空白符，是可选的。其基本语法如下：

父元素 > 子元素{/*CSS 声明*/}

例如，如果希望只选择作为 h2 元素子元素的 strong 元素，来设置 CSS 样式规则，示例代码如下所示：

```
h2 > strong {
    color:red;
}
```

这个规则会把如下代码中的第一个 h2 下面的两个 strong 元素变为红色，但是第二个 h2 中的

strong 不受影响（因为这个 strong 元素不是 h2 的直接子元素）。

```
<h2>This is<strong>very</strong><strong>very</strong>important.</h2>
<h2>This is <span>really <strong>very</strong></span> important.</h2>
```

5.3.8 相邻兄弟选择器

相邻兄弟选择器可选择紧接在另一元素后的元素，且二者有相同父元素。如果需要选择紧接在另一个元素后的元素，而且二者有相同的父元素，则可以使用相邻兄弟选择器。相邻兄弟选择器使用加号（＋）连接。与子元素选择器结合符（＞）一样，相邻兄弟选择器结合符（＋）旁边一般有空白符。其用法如下：

```
元素 1 + 元素 2 {/*CSS 声明*/}
```

例如，我们希望为在 h1 元素后出现的段落中包含的文本设置一定的样式规则（字体颜色为红色），且 h1 和 p 元素拥有共同的父元素，示例代码如下所示：

```
h1 + p {color:red;}
```

5.3.9 选择器分组

分组选择器不是一种选择器类型，而是一种选择器使用方法。当多个对象定义了相同的样式时，就可以把它们分成一组，分组选择器可以使用逗号（,）分隔同组内不同对象。分组选择器与类选择器在性质上有点类似，都可以为不同元素或者对象定义相同的样式，这样能够简化代码。其基本语法如下所示：

选择器分组

```
选择器 1,选择器 2,选择器 3,… { /*CSS 声明;*/ }
```

分组选择器坚持以下两个原则。

（1）方便原则。不能为了分组而分组，如把每个元素、对象中具有相同的声明都抽取出来分为一组，只能给自己带来麻烦。此时定义一个类会更方便。

（2）就近原则。如果几个元素相邻，并处在同一个模块内，可以考虑把相同声明提取出来进行分组。这样便于分组，容易维护，也更容易理解。假设希望 h2 元素和 p 段落都是灰色，想要达到这个效果，使用分组选择的实现方法如下所示：

```
h2, p {color:gray;}
```

通过分组可以将某些类型的样式"压缩"在一起，这样就可以得到更简洁的样式表。以下的两组规则能得到同样的效果，通过代码也可以很清楚地看出哪一组编写起来更简便，示例代码如下所示：

```
/* 没有分组的情况 */
h1 {color : blue;}
h2 {color : blue;}
h3 {color : blue;}
h4 {color : blue;}
h5 {color : blue;}
h6 {color : blue;}
/* 使用选择器分组的情况 */
h1, h2, h3, h4, h5, h6 {color : blue;}
```

CSS 选择器
综合案例

5.3.10 CSS 选择器综合案例

下面通过一个综合案例，进一步深入理解上面所讲解的相关知识点。案例要求如下所示。

（1）使用 id 选择器完成，并将"选择器的应用范例"作为 h1 标题，设计字体大小为 40px、居中、粗体、颜色为 brown。

（2）"上元夫人"使用类选择器完成，并作为 h2 标题，设计字体大小为 100px、居中、颜色为黄色。

（3）使用标签选择器设置<p>标签的样式规则，设计字体大小为 23px、居中、颜色为红色。

【案例 5-3】 选择器的应用范例。实现代码如下所示，页面效果如图 5-3 所示。

```html
<html>
    <head>
        <title>CSS 选择器综合案例</title>
        <meta http-equiv="content-Type" content="text/css">
        <style type="text/css">
            /* 设置 id 属性值为 title 的标签的样式规则 */
            #title1 {
                font-size : 40px;
                text-align : center;
                font-weight : bolder;
                color : brown;
            }
            /* 设置 class 属性值为 title 的 h2 标签的样式规则  */
            h2.title2{
                font-weight : 100;
                text-align : center;
                color : yellow;
            }
        /* 设置网页 body 标签的样式规则  */
            body{
                background-color : orange;
            }
        /* 设置 class 属性值为 graph 的 p 标签的样式规则   */
            p.graph{
                font-size : 23px;
                color : red;
                text-align : center;
            }
        </style>
    </head>
    <body>
        <h1 id="title1">选择器的应用范例</h1>

        <h2 class="title2">上元夫人</h2>

        <p class="graph"> 上元谁夫人,偏得王母娇。<br>嵯峨三角髻,余发散垂腰。<br>裘披青毛锦,身著
赤霜袍。<br>手提嬴女儿,闲与凤吹箫。<br>眉语两自笑,忽然随风飘。<br> </p>
    </body>
</html>
```

图 5-3　选择器的应用范例

5.4　CSS 创建

前面介绍了 CSS 的基本语法、CSS 代码编写规范、各种 CSS 选择器的语法和使用方式，接下来我们要考虑如何把 CSS 应用到 HTML 页面上去。创建 CSS 有四种方式：内联样式、内部样式表、链接外部样式表、导入外部样式表。案例 5-1 中<style>标签的引入方式就是内部样式表。下面对这几种方式分别进行介绍。

5.4.1　内联样式

内联样式是通过使用 HTML 标签的 style 属性进行创建和使用，将 CSS 代码直接写在其中。

以下是内联样式的示例代码。

```
<p style="color:#0066FF;font-size:12px;text-decoration:underline;">实例内容 1</p>
<p style="color:#CCFF66;font-style:oblique;">实例内容 2</p>
<p style="color:#9933FF;font-size:30px;font-weight:bolder;">实例内容 3</p>
```

从上面代码中可以看到，3 个<p>标记都使用内联样式定义了不同的 CSS 样式规则，各个样式规则之间互不影响，分别展示不同的效果。

内联样式是混合在 HTML 标签里创建和使用的，这种方法可以很简单地对某个元素单独定义样式规则，但只能作用于当前页面中的标签，且网页内容和样式放在一起，不便于代码的后期维护。

5.4.2　内部样式表

内部样式表一般位于 HTML 网页文件的头部，即<head>与</head>标签内，创建的 CSS 样式规则集中放置在 HTML 网页中的<style>标签中，以</style>结束。

以下是内部样式表应用的示例代码。

```
<style>
    p
    {color:#0066FF;}
</style>
```

这种方式使网页内容和样式进行了分离，在一定程度上方便了后期代码的维护，页面代码

内联样式、内部样式表、外部样式表

从一定程度上也会减少。但是，如果多个 HTML 网页的某些标签元素使用相同的样式规则，内部样式表也会出现代码冗余和维护困难的问题。所以，内部样式表比较适合个别风格特殊 HTML 页面的效果设置。

5.4.3　外部样式表

在实际的网站建设中，外部样式表是最常见的，也是效果最好的。外部样式表是将 CSS 代码单独放在一个或多个 CSS 文件中，实现了 CSS 代码和 HTML 代码的分离，这样使前期设计和后期维护都很方便，也有助于实现前台美工设计与后台程序设计人员的合理分工。然后在 HTML 网页中通过使用<link>标签或@import 指令进行引入。

下面是外部样式表应用的示例代码：

```
<head>
        <!-- href 表示引入的 CSS 文件路径和文件名；type 表示文件的类型是样式表文件，其值为 text/css；
rel 是指在页面中使用外部的样式表，其值为 stylesheet-->
        <link href="test.css" type="text/css" rel="stylesheet">
</head>
```

外部样式表的最大特点是将 CSS 代码和 HTML 代码分离，这样就可以将一个 CSS 文件链接到不同的 HTML 网页中。使用外部样式表，可以在设计整个网站时，将多个页面都会用到的 CSS 样式定义在一个或多个 CSS 文件中，然后在需要用到该样式的 HTML 网页中通过<link>标签或@import 指令引入这些 CSS 文件。通过外部样式表可以减少整个网站的页面代码冗余，并提高网站的可维护度。这种方法最适合大型网站的创建和使用。

5.4.4　CSS 创建和应用综合案例

前边的案例已经多次使用过 CSS 内部样式表和内联样式表，故本案例不再进行演示。本案例重点演示如何使用外部样式表，使读者体会链接外部样式表与导入外部样式表的不同。

CSS 创建和应用综合案例

【案例 5-4】　创建 HTML 网页。本案例模拟百度搜索网页页面，设置相关样式规则。要求网页中"春节"两字显示为红色字体，其余标题部分文字显示为蓝色字体且标题带有下画线，其他内容默认颜色字体显示，具体显示的效果如图 5-4 所示。HTML 页面核心代码如下所示。

```
<html>
  <head>
    <link type="text/css" rel="stylesheet" href="out.css" >
  </head>
  <body>
    <a href="http://www.baidu.com/"><img src="http://www.baidu.com/img/logo-yy.gif"
border="0" width="137" height="46" alt="到百度首页"></a>
    <br>
    <br>
    <p class="title"><a href="#">中国<span class="search">春节</span>网</a></p>
    <p class="content">欢迎光临中国<span class="search">春节</span>网,您现在的位置是中国
<span class="search">春节</span>网首页！"年"兽的传说 敖年的传说 万年创建历法说 中国古代历法发
展 <span class="search">春节</span>:传统和现代 元宵灯节源于何时？猜灯谜的来由 十二生肖的源流、
```

排列与信仰 祭灶 扫尘 贴春联 年画 倒贴福字 除夕夜 ...</p>

```
    <p class="link">www.chunjie.net.cn/ 46K 201812-18 - <span class="quick">百度快照
</span></p>
    <br>
    <p class="title"><a href="#">喜迎 2018 年<span class="search">春节</span>_TOM 新闻
</a></p>
    <p class="content">·<span class="search">春节</span>流行三类"拜年短信":狗、祝福、个
性 ·<span class="search">春节</span>期间电视节目早知道(2 月 14 日-3 月 2 日 ·狗年贺岁:短信 彩
信...·TOM 游戏与大家同过快乐<span class="search">春节</span> 一起来玩免费网游！·"对对联 贺新
春" 玩乐吧强档推荐 许个愿吧 ·<span class="search">春节</span>听觉搜爆-...</p>
    <p class="link">news.tom.com/hot/2004year/ 82K 20181-25 - <span class="quick"> 百
度快照</span></p>
    <br>
    <p class="title"><a href="#"><span class="search">春节</span> 我把 money 献给你_阿里
巴巴</a></p>
    <p class="content">编者按:新年、<span class="search">春节</span>、情人节,一年中时尚男女
血拼的最佳时节。商家借节造势,推出的揽客"花招"也是层出不穷…… 新春最受欢迎的开...·<span class=
"search">春节</span>期间:这些生意好赚钱 (一) (图)01/20 ·鼎大祥"红腰带吉祥裤"销售红火
01/18 <span class="search">春节</span> 这些生意好...</p>
    <p class="link">info.china.alibaba.com/news/subject/v3000 ... 33K 201812-10 -
<span class="quick">百度快照</span></p>
    </body>
</html>
```

CSS 文件（out.css 文件）核心代码如下所示。

```
@charset "utf-8";
/* CSS Document */
    p{
        margin:0px;
        font-family:Arial;
    }
    p.title{
        padding-bottom:0px;
        font-size:16px;
    }
    p.content{
        padding-top:3px;
        font-size:13px;
        line-height:18px;
    }
    p.link{
        font-size:13px;
        padding-bottom:25px;
        color:#008000;
    }
    span.search{
        color:#c60a00;
    }
    span.quick{
        color:#666666;
        text-decoration:underline;
    }
    p.title span.search{
        text-decoration::underline;
    }
```

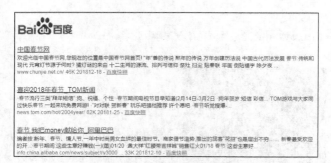

图 5-4　链接外部样式表页面效果

如果使用导入外部样式表的方式，代码如下所示：

```
<head>
    <style type="text/css">
        @import url("out.css");
    </style>
</head>
```

5.5　CSS 特性

一般认为 CSS 具有 3 种特性，分别是层叠性、继承性和特殊性（优先级）。

5.5.1　层叠性

CSS 的层叠性是指在权重（优先级）相同的情况下，同一个标签的样式发生冲突，最后设置的样式会将前面定义的样式覆盖。注意：其与定义样式的顺序有关，与调用的顺序无关。

例如，在网页中定义一个 div，并设置 div 的 class 属性值为“div2 div1”，通过类选择器为 div 设置文本字体颜色等样式，核心代码如下所示，通过运行结果（见图 5-5）理解 CSS 层叠性的特征。

```
<style type="text/css">
    div{
        width: 200px;
        height: 200px;
        text-align: center;
        background: black;
    }
    /* 样式的定义顺序为div1 div2 */
    /* 样式1 */
    .div1{
        color: red;
    }
    /* 样式2 */
    .div2{
        color: blue;
    }
</style>
<body>
<!--样式的调用顺序为div2 div1，与调用顺序无关，与定义顺序有关，最终 div2 的样式会覆盖 div1 的样式，
```

从而字体的颜色为蓝色-->
 `<div class="div2 div1">山东浪潮优派科技教育有限公司</div>`
`</body>`

样式的调用顺序为div2 div1，与调用顺序无关，与定义顺序有关，最终div2的样式会覆盖div1的样式，从而字体的颜色为蓝色

图 5-5　层叠性验证

5.5.2　继承性

CSS 的继承性发生在有嵌套关系的元素中。在默认情况下，如果子元素没有设置样式，那么该子元素会继承父元素中可被继承的样式。并不是所有的样式都能继承，只有部分样式能继承。例如，所有与文字相关的属性都会被继承（如字体大小、颜色、字体样式、行高等），但一些特殊的标签不会受父元素字体样式的影响（如盒模型相关的样式都不能继承、标题标签 h1～h6 的字体大小、`<a>`标签的字体颜色等）。

例如，我们在 5.5.1 节案例的基础上，对网页进行修改，在网页中再添加 1 个 div，网页中变成了 2 个 div，且 div 之间存在嵌套关系（父子关系），子元素不设置样式信息，看其是否能够继承父元素的样式信息。核心代码如下所示，案例显示效果如图 5-6 所示。

```
<style type="text/css">
    div{
        width: 200px;
        height: 200px;
        text-align: center;
        background: black;
    }
    /* 样式的定义顺序为 div1 div2 */
    /* 样式 1 */
    .div1{
        color: red;
    }
    /* 样式 2 */
    .div2{
        color: blue;
    }
</style>
<body>
<!--样式的调用顺序为 div2 div1，与调用顺序无关，与定义顺序有关，最终 div2 的样式会覆盖 div1 的样式，
从而字体的颜色为蓝色-->
 <div class="div2 div1">山东浪潮优派科技教育有限公司
    <div>是浪潮集团旗下专门从事 IT 教育的产业单位</div>
 </div>
</body>
```

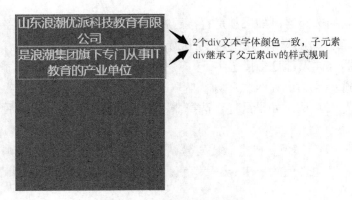

图 5-6　继承父元素样式

上边的例子给<div>标签增加字体蓝色属性，div 里的子元素<div>字体也变成蓝色，这就是继承性。有一些属性，当给自己设置的时候，自己的后代都会继承。继承性是从自己开始，直到最小的元素。但是，如果再对上方的代码做一些简单的修改，加一条属性：

```
<style type="text/css">
    #div1{
        color:red;
        border:2px solid green;/*给 div 添加 border 属性*/
        }
</style>
<body>
    <div id="div1">
        <p>山东浪潮优派科技教育有限公司</p>
        <p>山东浪潮优派科技教育有限公司</p>
        <p>山东浪潮优派科技教育有限公司</p>
    </div>
</body>
```

图 5-7 中，我们给<div>加了一个 border，但是只有<div>具备了 border 属性，而<p>标签却没有 border 属性。经验证，关于文字样式的属性，都具有继承性，这些属性包括：color、以 text-开头的、以 line-开头的、以 font-开头的。而关于盒子、定位、布局的属性都不能继承。

图 5-7　不继承父元素样式

5.5.3　特殊性（优先级）

CSS 的特殊性也可称为 CSS 的优先级。CSS 的特殊性是指多个选择器定义的样式发生冲突（如给同一个标签设置相同的属性时），样式如何层叠就由优先级来确定。

CSS 优先级的规则如下。

（1）是否直接选中（间接选中就是指继承）；如果是间接选中，那么就是谁离目标近就继承谁。

（2）是否为相同的选择器，如果都是直接选中并且都是同类型的选择器，那么就按照样式规则的定义顺序来确定使用哪个样式规则（后面定义的会覆盖前面定义的）。

（3）不同选择器：如果都是直接选中，并且不是相同类型的选择器，那么就会按照选择器的优先级来层叠，选择器的优先级顺序为：内联样式>id 选择器>类选择器>标签选择器>通配符选择器>继承>浏览器默认。如果是复合选择器，会进行权重的叠加，然后再比较选择器的优先级。

例如，我们在 5.5.1 节案例基础上做代码微调，为 div 添加内联样式规则，且也是针对文本颜色属性进行设置，其属性值为 yellow（黄色）。修改的核心代码如下所示，页面显示效果如图 5-8 所示。

```
<body>
<!--为div设置相同的属性color，那么最终调用哪个样式规则呢？根据选择器的优先级顺序，内联样式的优先级
高，所以，div中文本颜色应该是黄色。-->
    <div style="color: yellow" class="div1">山东浪潮优派科技教育有限公司
    </div>
</body>
```

图 5-8　特殊性验证

5.6　CSS 常用属性

前边已经介绍了 CSS 的基本语法、CSS 选择器及 CSS 的三种创建方式，下面讲解 CSS 的声明块部分，即属性和属性取值。由于 CSS 样式规则众多，本书只讲解项目中常用的样式规则，包括 CSS 字体属性、CSS 文本属性、CSS 颜色和背景属性、CSS 列表属性、CSS 表格相关属性、CSS 轮廓属性等。

5.6.1　CSS 字体属性

文本是网页设计最基础的部分，一个设计合理的文本页面可以起到传达信息的作用，同时也可以通过对文本的一些样式设置使页面更加美观。

在 HTML 网页中文本的字体、字号、颜色是通过<font>标签来设置的，但是<font>标签的使用有一定的限制，无法满足网站设计的需求，且 W3C 标准已经不推荐使用<font>标签。在 CSS 中，可以通过<font>属性设置丰富多彩的文本样式。该属性是复合属性，如表 5-4 所示。

CSS 字体属性

表 5-4　常用<font>子属性

属性	属性值		描述
font-size	绝对大小|相对大小|百分数|具体某个值（单位：pt、px、in 等）		设置字体大小
font-family	宋体、黑体……		设置字体类型
font-weight	normal		设置字体常规格式显示
	lighter		设置字体变细
	bold		设置字体加粗
	bolder		设置字体特粗
font-style	normal		设置字体常规式显示
	italic		设置字体为斜体
	oblique		与 italic 效果一样

1. font-family 属性

在 CSS 中可以使用 font-family 属性设置类型。

（1）基本语法。

```
font-family:字体1,字体2,…,字体n;
```

（2）语法说明。

font-family 属性可以同时声明多种字体，字体之间用逗号（,）隔开。如果字体的名称中出现了空格，则必须使用双引号将字体名称引起来，如"Times New Roman"。

示例代码如下。

```
<style>
    p{font-family:SimSun, "Microsoft YaHei;"}
<style>
```

以上语句声明了 HTML 页面中<p>标签中包含文本字体类型，其同时声明了两种字体类型，分别是 SimSun（宋体）和 Microsoft YaHei（微软雅黑），含义是告诉浏览器首先在访问者的计算机中寻找 SimSun 字体，若没有 SimSun 字体，就寻找 Microsoft YaHei 字体，如果这两种字体都没有，则使用浏览器的默认字体显示。

2. font-size 属性

在 HTML 中字体的大小是由<font>标记中的 size 属性控制的。在 CSS 里可以使用 font-size 属性设置字体的大小，其值可以是绝对值或者相对值。绝对值即将文本字体大小固定，不允许用户在所有的浏览器中改变文本字体的大小，这不利于程序的灵活性，但对于确定了页面显示大小的情况比较有用。相对值即相对于周围的元素来确定字体大小，它相对灵活。

（1）基本语法。

```
font-size:length（绝对大小|相对大小）;
```

（2）语法说明。

① 绝对大小：可以使用 in、cm、mm、pt、pc 等单位作为 font-size 的属性值。

② 相对大小：可以使用 em、ex、px、%等单位作为 font-size 的属性值。

③ length：可采用百分比或长度值，不可为负值，其百分比取值基于父对象中字体的尺寸，建议使用相对单位定义字号。

font-size 的属性值也可以通过关键字来指定字体大小，注意这些关键字在不同的浏览器中可能会显示不同的字号。属性值关键字如表 5-5 所示。

表 5-5   font-size 属性值关键字

属性值	描述
xx-small	绝对字体尺寸，最小
x-small	绝对字体尺寸，较小
small	绝对字体尺寸，小
medium	绝对字体尺寸，正常默认值
large	绝对字体尺寸，大
x-large	绝对字体尺寸，较大
xx-large	绝对字体尺寸，最大
larger	相对字体尺寸，相对于父对象中字体尺寸进行增大
smaller	相对字体尺寸，相对于父对象中字体尺寸进行缩小

【案例 5-5】 设置字体大小。定义多个<p>标签，通过 font-size 属性设置显示不同字体大小的文字。示例代码如下，页面效果如图 5-9 所示。

```html
<html >
<head>
    <title>CSS 字体属性-设置字体大小</title>
    <style type="text/css">
        p{font-family:"宋体";}
        .p1{font-size:10px;}
        .p2{font-size:20px;}
        .p3{font-size:200%;}
        .p4{font-size:x-large;}
    </style>
</head>
<body>
    <p class="p1">自古无鱼不成宴。</p>
    <p class="p2">自古无鱼不成宴。</p>
    <p class="p3">自古无鱼不成宴。</p>
    <p class="p4">自古无鱼不成宴。</p>
</body>
</html>
```

3. font-style 属性

在 HTML 中可以使用<i></i>标签将网页字体设置为斜体。在 CSS 中使用 font-style 属性来设置字体是否显示为斜体。

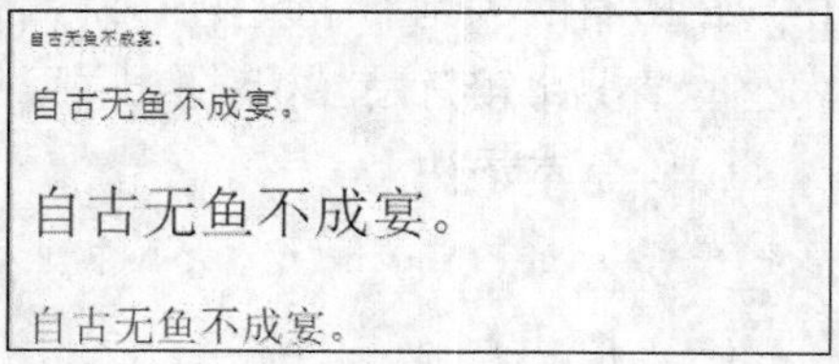

（1）基本语法。

```
font-style:字体样式的取值;
```

（2）语法说明。

font-style 具体取值方式如表 5-6 所示。

图 5-9　设置字体大小

表 5-6　font-style 属性的三种取值方式

属性值	描述
normal	默认的正常字体
italic	以斜体显示文字
oblique	属于中间状态，以偏斜体显示

【案例 5-6】　设置字体风格。定义多个<span>标签，通过 font-style 属性设置显示不同字体风格。示例代码如下所示，页面显示效果如图 5-10 所示。

```
<html >
<head>
    <title>CSS 字体属性-设置字体风格</title>
    <style type="text/css">
            .p1{ font-style: normal;}
            .p2{ font-style: italic;}
            .p3{ font-style: oblique;}
    </style>
</head>
<body>
    <span class="p1">设置字体风格为 normal</span><br />
    <span class="p2">设置字体风格为 itailc</span><br />
    <span class="p3">设置字体风格为 oblique</span><br />
</body>
</html>
```

设置字体风格为normal
设置字体风格为itailc
设置字体风格为oblique

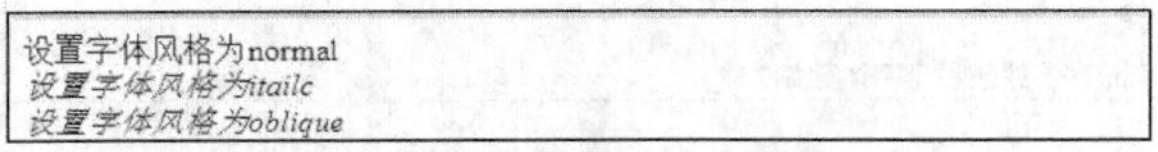

图 5-10　设置字体风格

4. font-weight 属性

在 HTML 里可以使用<b></b>或<strong></strong>标签设置字体的粗细，在 CSS 中实现同样的效果可以使用 font-weight 属性，通过使用该属性可以更加精确地设置字体粗细。

（1）基本语法。

font-weight: 字体粗细取值;

（2）语法说明。

font-weight 具体取值方式如表 5-7 所示。

表 5-7　font-weight 属性取值表

属性值	描述
normal	默认的正常字体
bold	标准粗体
bolder	特粗体，相对值
lighter	细体，相对值
整数	使用 100，200，…，900 表示字体的粗细，100 最细，900 最粗，400 相当于 normal，700 相当于 bold

【案例 5-7】　设置字体粗细。通过 font-weight 属性设置显示不同字体粗细，包括正常字体、粗体、特粗体、细体等。示例代码如下所示，页面显示效果如图 5-11 所示。

```
<html >
<head>
    <title>CSS 字体属性-设置字体粗细</title>
    <style type="text/css">
        p{font-family:"宋体";}
        .p1{font-weight:normal;}
        .p2{font-weight:bold;}
        .p3{font-weight:bolder;}
        .p4{font-weight:lighter;}
        .p5{font-weight:700;}
    </style>
</head>
<body>
    <p class="p1">正常字体 normal</p>
    <p class="p2">标准粗体 bold</p>
    <p class="p3">特粗体 bolder</p>
    <p class="p4">细体 lighter</p>
    <p class="p5">通过整数值设定字体粗细 700</p>
</body>
</html>
```

正常字体normal

标准粗体bold

特粗体bolder

细体lighter

通过整数值设定字体粗细700

图 5-11　设置字体粗细

5.6.2　CSS 文本属性

CSS 文本属性

在 CSS 中除了设置字体大小、粗细、风格等，还可以对文本内容的显示进行更精细的排版设置。CSS 文本属性主要用来修饰 HTML 文件中的文本内容、水平对齐方式以及行间距等，常用的文本属性信息如表 5-8 所示。

表 5-8　常用文本属性

文本属性	属性值	描述
text-indent	length（常用单位 pt）	设置文字的首行缩进距离
line-height	length（常用单位 pt）	定义行间距
letter-spacing	length（常用单位 px）	定义字符间距
text-decoration	underline	显示下画线
	overline	显示上画线
	line-through	显示删除线
	none	无任何修饰
text-align	left	左对齐
	center	居中对齐
	right	右对齐
	justify	两端对齐

1．text-indent 属性

在 HTML 中只能实现段落整体向右缩进，如果不设置，浏览器将默认不缩进，如果想首行缩进 2 个字符，则需要借助 " " 实现，灵活性较差。现在可以借助 CSS 中的 text-indent 属性控制段落的首行缩进以及缩进的距离。

（1）基本语法。

```
text-indent: 缩进值;
```

（2）语法说明。

文本的缩进值必须是一个长度单位（相对或绝对单位）或一个百分比单位。

【案例 5-8】　设置首行缩进。代码如下所示，页面显示效果如图 5-12 所示。

```
<head>
  <title>CSS 文本属性-设置首行缩进</title>
  <style type="text/css">
    .k{
      font-family: "宋体";
      font-size: 10pt;
      text-indent: 25px;
    }
  </style>
</head>
<body>
    <p class="k">浪潮集团在 20 世纪 80 年代初期就重视对 IT 人才的培养并成立了浪潮培训学院。1998 年被
山东省教育厅批准成立山东浪潮计算机进修学院，学校以浪潮集团 IT 企业背景为依托，拥有得天独厚的行业知识、
技术开发经验、人力资源优势等，自成立以来，累计培训计算机专业相关人才超过 10 万人。</p>
    </body>
```

此段代码首先在<head></head>之间，使用<style>定义了 K 标记中 text-indent 属性为 25px，表示缩进 25 个像素，然后对正文中的段落文本应用 K 样式。

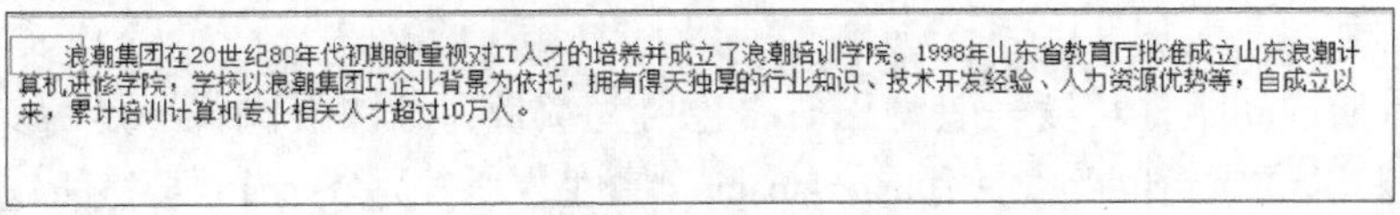

> 浪潮集团在20世纪80年代初期就重视对IT人才的培养并成立了浪潮培训学院。1998年山东省教育厅批准成立山东浪潮计算机进修学院，学校以浪潮集团IT企业背景为依托，拥有得天独厚的行业知识、技术开发经验、人力资源优势等，自成立以来，累计培训计算机专业相关人才超过10万人。

图 5-12　设置首行缩进

2．line-height 属性

使用文本行高 line-height 属性可以定义段落中行与行之间的距离。

（1）基本语法。

```
line-height: normal |行高值;
```

（2）语法说明。

normal 为默认行高。行高值可以为长度、倍数或百分比，百分比基于字体的高度尺寸，不允许使用负值。

【案例 5-9】　设置行距。定义 line-height 属性，属性值分别为 15px 和 2em，表示行距 15 像素和 2em（em 为相对长度单位，相对于当前对象内文本的字体尺寸。如当前行内文本的字体尺寸未被人为设置，则相对于浏览器的默认字体尺寸），对正文中的两个 span 分别应用 K1、K2 样式。代码如下所示，页面显示效果如图 5-13 所示。

```
<head>
    <title>CSS 文本属性-设置行距</title>
    <style type="text/css">
        .k1{
            font-size: 10pt;
            line-height:15px;
        }
        .k2{
            font-size: 10pt;
            line-height:2em;
        }
    </style>
</head>
<body>
    <span class="k1">[行距 15px]浪潮集团在 20 世纪 80 年代初期就重视对 IT 人才的培养并成立了浪潮培训
学院。1998 年山东省教育厅批准成立山东浪潮计算机进修学院。</span><br/>
    <span class="k2">[行距 2em]学校以浪潮集团 IT 企业背景为依托，拥有得天独厚的行业知识、技术开发经
验、人力资源优势等，自成立以来，累计培训与计算机专业相关人才超过 10 万人。</span>
</body>
```

```
[行距15px]浪潮集团在 20世纪80年代初期就重视对IT人才的培养并成立了浪潮培训学院。1998年山东省教育厅批准成立山东
浪潮计算机进修学院。
[行距2em]学校以浪潮集团IT企业背景为依托，拥有得天独厚的行业知识、技术开发经验、人力资源优势等，自成立以来，累
计培训计算机专业相关人才超过10万人。
```

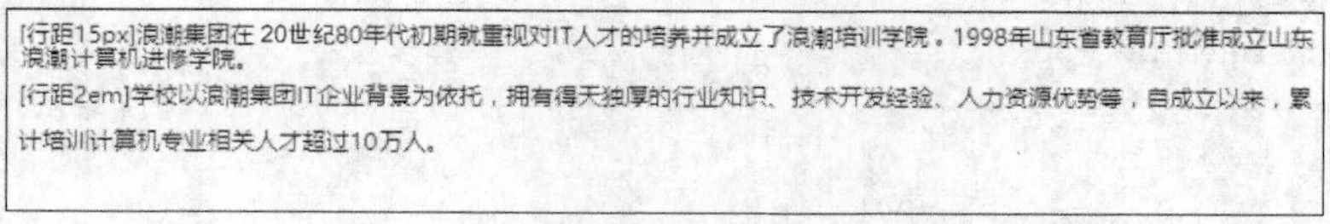

图 5-13　设置行距

3. letter-spacing 属性

使用 letter-spacing 属性可以控制字符间的间隔距离。

（1）基本语法。

```
letter-spacing: normal|字符间距;
```

（2）语法说明。

normal 表示默认间距，长度一般为正值，也可为负值，取决于浏览器是否支持。

【案例 5-10】设置字符间距。使用 letter-spacing 属性分别对两个<span>标签所包含的文字设定字符间距，一个字符间距为 3px，另一个字符间距为 10px。代码如下所示，页面显示效果如图 5-14 所示。

```
<head>
    <title>CSS 文本属性-设置字符间距</title>
    <style type="text/css">
        .k1{
            font-family: "宋体";
            font-size: 10pt;
            letter-spacing:3px;
        }
        .k2{
            font-family: "宋体";
            font-size: 10pt;
            letter-spacing:10px;
        }
    </style>
</head>
<body>
```

```
<span class="k1">[字符间距 3px]浪潮集团在 20 世纪 80 年代初期就重视对 IT 人才的培养并成立了浪潮
培训学院。1998 年山东省教育厅批准成立山东浪潮计算机进修学院。</span><br/>
     <span class="k2">[字符间距 10px]学校以浪潮集团 IT 企业背景为依托，拥有得天独厚的行业知识、技术
开发经验、人力资源优势等，自成立以来，累计培训计算机专业相关人才人才超过 10 万人。</span>
</body>
```

[字符间距3px]浪潮集团在20世纪80年代初期就重视对IT人才的培养并成立了浪潮培训学院。1998年山东省
教育厅批准成立山东浪潮计算机进修学院。
[字符间距10px]学校以浪潮集团IT企业背景为依托，　拥有得天独厚的行业
知识、技术开发经验、人力资源优势等，自成立以来，累计培训计算机专
业相关人才人才超过10万人。

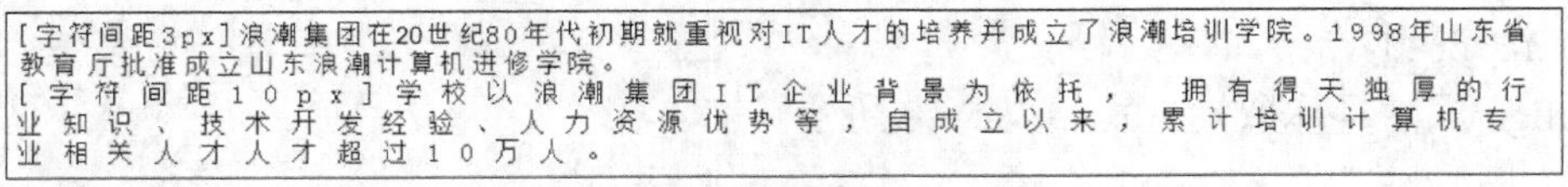

图 5-14　设置字符间距

4．text-decoration 属性

使用文字修饰属性可以对文本进行修饰，如设置下画线、删除线等。

（1）基本语法。

`text-decoration：线条显示方式；`

（2）语法说明。

text-decoration 属性具体取值方式如表 5-9 所示。

表 5-9　text-decoration 的属性值详细信息

属性值	描述
underline	显示下画线
overline	显示上画线
line-through	显示删除线
none	无任何修饰

【案例 5-11】　设置文字修饰。分别对<span>标签所包含的文本内容设置文字修饰方式。第一个<span>标签中的文本内容使用下画线修饰，第二个<span>标签中的文本内容使用上画线修饰，第三个<span>标签中的文本内容使用删除线修饰。代码如下所示，页面显示效果如图 5-15 所示。

```
<head>
<title>CSS 文本属性-设置文字修饰</title>
 <style type="text/css">
     .k1{text-decoration:underline;}
     .k2{text-decoration:overline;}
     .k3{text-decoration:line-through;}
  </style>
</head>
<body>
     <span class="k1">[下画线]浪潮集团在 20 世纪 80 年代初期就重视对 IT 人才的培养。</span><br/><br/>
     <span class="k2">[上画线]学校以浪潮集团 IT 企业背景为依托。</span><br/><br/>
     <span class="k3">[删除线] 拥有得天独厚的行业知识、技术开发经验、人力资源优势。</span>
</body>
```

[下画线]浪潮集团在 20 世纪 80 年代初期就重视对IT人才的培养。

[上画线]学校以浪潮集团IT企业背景为依托。

[删除线]拥有得天独厚的行业知识、技术开发经验、人力资源优势。

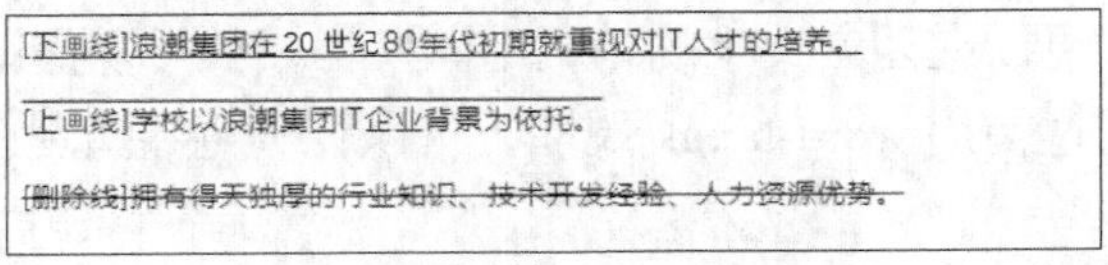

图 5-15　设置文字修饰

5. text-align 属性

使用 text-align 属性可以设置文本的水平对齐方式。

（1）基本语法。

```
text-align: 水平对齐方式;
```

（2）语法说明。

text-align 属性具体取值方式如表 5-10 所示。

表 5-10　text-align 的属性值详细信息

属性值	含义
left	左对齐
center	居中对齐
right	右对齐
justify	两端对齐

【**案例 5-12**】　设置水平对齐方式。通过 text-align 属性实现文本的三种水平对齐方式，分别为居中、左对齐、右对齐。代码如下所示，页面显示效果如图 5-16 所示。

```
<head>
 <title>CSS 文本属性-设置水平对齐方式</title>
 <style type="text/css">
      .k1{text-align:center;}
      .k2{text-align:left;}
      .k3{text-align:right;}
  </style>
</head>
<body>
    <p class="k1">[居中对齐]浪潮集团在 20 世纪 80 年代初期就重视对 IT 人才的培养。</p>
    <p class="k2">[左对齐]学校以浪潮集团 IT 企业背景为依托。</p>
    <p class="k3">[右对齐]拥有得天独厚的行业知识、技术开发经验、人力资源优势。</p>
</body>
</html>
```

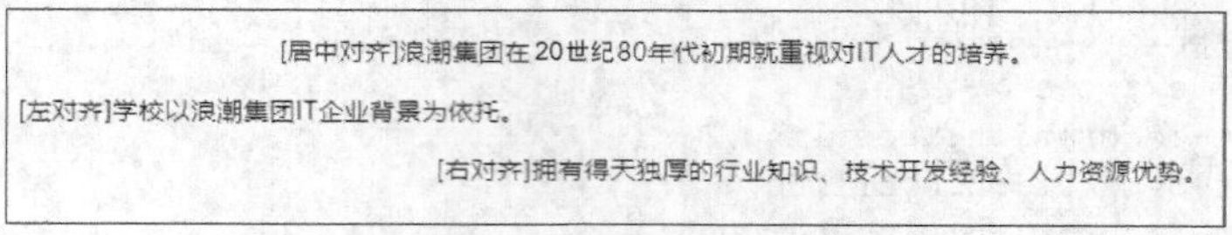

图 5-16　设置水平对齐方式

6. word-break 属性

当 HTML 元素不足以显示其中包含的所有文本时，浏览器会自动换行，将它里面的所有文本显示在界面上。对于西方文字来说，浏览器默认的换行规则只会在半角空格、连字符的地方进行换行，不会在单词中间换行；对于中文来说，浏览器可以在任何一个中文字符后换行。

有时我们希望浏览器可以在西方文字的单词中间换行，就可以借助 word-break 属性来规定自动换行的处理方法。通过使用 word-break 属性，可以让浏览器实现在文本任意位置的换行。

（1）基本语法。

```
word-break: normal|break-all|keep-all;
```

（2）语法说明。

① normal：依照亚洲语言和非亚洲语言的文本规则，允许在字内换行。

② keep-all：与所有非亚洲语言的 normal 相同，对于中文、韩文、日文不允许字内断开。

③ break-all：该行为与亚洲语言的 normal 相同，也允许非亚洲语言文本行的任意字内断开。

通过 word-break 属性的取值，我们可以看出 word-break 属性主要针对亚洲语言和非亚洲语言进行控制换行。当属性取值 break-all 时，可以允许非亚洲语言文本行的任意字内断开，当属性值为 keep-all 时，表示在中文、韩文、日文中是不允许字断开的。

【案例 5-13】　设置自动换行。网页 2 个 div 中包含有文本信息，且根据设置的 div 的宽度，文本信息在一行中不能完全显示，需要换行显示，我们对 2 个 div 中文本设置属性和属性值分别为 word-break:break-all、word-break:keep-all，请各位读者对比自动换行和不自动换行的区别。代码如下所示，页面显示效果如图 5-17 所示。

```
<head>
<title>CSS 文本属性-文本自动换行</title>
  <style type="text/css">
    div{
        width:192px;
        height:50px;
    }
</style>
</head>
<body>
    <!-- 不允许在单词中换行 -->
    word-break:keep-all
    <div style="word-break:keep-all">
        Behind every successful man there is a lot unsuccessful yeas.
    </div><br>
    <!-- 指定允许在单词中换行 -->
    word-break:break-all
    <div style="word-break:break-all">
        Behind every successful man there is a lot unsuccessful yeas.
    </div>
</body>
```

```
word-break:keep-all
Behind every successful
man there is a lot [    ]
unsuccessful yeas.

word-break:break-all
Behind every successful
man there is a lot unsucc[  ]
essful yeas.
```

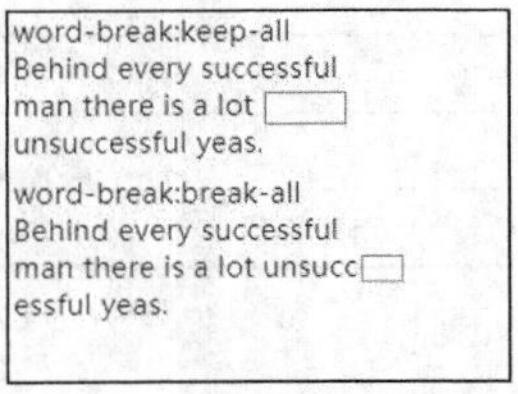

图 5-17　设置自动换行

5.6.3　CSS 颜色和背景属性

CSS 的颜色和背景属性主要用于设置对象的前景和背景颜色，或者背景图片及背景图片的拉伸方向以及位置等。

CSS 颜色和背景属性

1. 颜色 color 属性

color 属性规定文本的颜色。这个属性设置一个元素的前景色（在 HTML 中，就是元素文本的颜色），要设置一个元素的前景色，最容易的方法是使用 color 属性。光栅图像不受 color 影响。这个颜色还会应用到元素的所有边框，除非被 border-color 或另外某个边框颜色属性覆盖。

要设置一个元素的前景色，最容易的方法是使用 color 属性。

（1）基本语法。

```
color:#000000(十六进制数) | 颜色名字 | rgb(r%,g%,b%);
```

（2）语法说明。

CSS 样式中 color 颜色的设定规则在第 2 章 HTML 基础知识中有详细介绍，本节不再赘述。

2. 背景 background 属性

使用 CSS 控制网页背景可以使网页的视觉效果更加丰富多彩，但是使用的背景图像和背景颜色一定要与网页的内容相匹配。另外，背景图像和背景颜色还要能够传达网页的主体信息，起到画龙点睛的作用。background 属性是复合属性，可以一次性对指定元素的背景进行设置，如背景色、背景图片等。

（1）基本语法。

```
background:background-color background-image background-repeat background-position;
```

（2）语法说明。

background 子属性如表 5-11 所示。

表 5-11　background 子属性表

属性	属性值	含义
background-color	颜色值	设定一个元素的背景颜色
background-image	URL（image_file_path）	设定一个元素的背景图像
background-repeat	repeat-x	设置图像横向重复
	repeat-y	设置图像纵向重复
	repeat	设置图像横向及纵向重复
	no-repeat	设置图像不重复
background-position	left	设置图像居左放置
	right	设置图像居右放置
	center	设置图像居中放置
	top	设置图像向上对齐
	bottom	设置图像向下对齐

3. background-color 属性

在 CSS 中，使用 background-color 属性来定义元素的背景颜色。

（1）基本语法。

```
background-color:颜色值|transoarent;
```

（2）语法说明。

① 颜色值是一个关键字或一个十六进制的 RGB 值。关键字指的是颜色的英文名称，如 red、blue、green 等。

② transparent：表示透明。

4. background-image 属性

background-image 属性定义了图像的来源。与 HTML 的<img>标签一样，必须定义图像的来源路径，才能显示图像。在 CSS 中，使用 background-image 属性来定义元素的背景图片。

（1）基本语法。

```
background-image:none|url(URL);
```

（2）语法说明。

none：无图片背景。

url(URL)：使用绝对或相对地址指定背景图像。不仅可以输入本地图像文件的路径和文件名称，也可以用 URL 的形式输入其他网站位置的图像名称。

页面中可以用 JPG 或者 GIF 图片作为背景图。这与向网页中插入图片不同，背景图像放在网页的最底层，文字和图片等都位于其上。

例如，使用 background-image 属性设置页面背景图像为 bg.gif，示例代码如下：

```
body{ background-image :url(bg.gif)}
```

5. background-repeat 属性

background-repeat 属性定义背景图像的显示方式，例如不平铺、横向平铺、纵向平铺和两个方向都平铺。在 CSS 中，使用 background-repeat 属性可以设置背景图像是否平铺，并且可以设置如何平铺。

（1）基本语法。

```
background-repeat:inherit|no-repeat| repeat| repeat-x| repeat-y;
```

（2）语法说明。

inherit：从父元素继承 background-repeat 属性的设置。

no-repeat：背景图像只显示一次，不重复。

repeat：在水平方向和垂直方向重复显示背景图像。

repeat-x：只沿 x 轴水平方向重复显示背景图像（横向平铺）。

repeat-y：只沿 y 轴水平方向重复显示背景图像（纵向平铺）。

6. background-attachment 属性

background-attachment 属性设置背景图像固定或者随着页面的其余部分滚动。

（1）基本语法。

```
background-attachment: scroll |fixed | inherit;
```

（2）语法说明。

scroll：当页面滚动时，背景图像跟着页面一起滚动。

fixed：将背景图像固定在页面的可见区域。

inherit：从父元素继承 background-attachment 属性的设置。

7. background-position 属性

background-position 属性定义了背景图像在该元素的位置。

（1）基本语法。

```
background-position: ength|percentage|top|center|bottom|left|right;
```

（2）语法说明。

在 CSS 样式中，background-position 属性包含 7 个属性值，详细信息如表 5-12 所示。

表 5-12 background-position 属性值详细信息

属性值	含义
length	设置背景图像与页面边距水平垂直方向的距离，单位为 cm、mm、px 等
percentage	根据页面元素框的宽度和高度的百分比设置背景图像
top	设置背景图像顶部居中显示
center	设置背景图像居中显示
bottom	设置背景图像低部居中显示
left	设置背景图像左部居中显示
right	设置背景图像右部居中显示

【案例 5-14】 background 综合案例。使用 background 属性或其子属性，美化网页。要求：<h3>标题背景色为灰色，字体颜色为蓝色、居中显示；p1 段落设置背景图片，图片重复铺满整个段落；p2 段落设置背景图片，图片不重复、居中显示。

核心代码如下所示，页面显示如图 5-18 所示。

```
<html xmlns="http://www.w3.org/1999/xhtml">
<head>
<meta http-equiv="Content-Type" content="text/html; charset=utf-8" />
<title>background</title>
<style type="text/css">
    h3{
        color:#0FF;
        background-color:#666;
        text-align:center;
    }
    #p1{
        background-image:url(flower.jpg);
        background-repeat:repeat;
        background-position:center center;
    }
    #p2{
        background:#9FF url(yunduo.jpg) no-repeat center center;
        width:100%;
        height:150px;
        }
</style>
</head>
<body>
    <h3>设置背景图像、位置</h3>
    <p id="p1">[图像垂直居中]CSS 即层叠样式表（Cascading Stylesheet）。 在网页制作时采用 CSS 技术，
可以有效地对页面的布局、字体、颜色、背景和其他效果实现更加精确的控制。</p>
    <p id="p2">[背景复合属性应用]一个人至少拥有一个梦想，有一个理由去坚强。心若没有栖息的地方，到哪里
都是在流浪。</p>
</body>
</html>
```

图 5-18　background 属性综合应用

5.6.4　列表样式属性

HTML 常用的列表有 3 种，分别是无序列表、有序列表和定义列表。在实际应用中，经常在页面导航和新闻列表的设计中使用无序列表；在条目款项中使用有序列表；在图文混排的排版情况时使用定义列表。通过 CSS 列表属性可以设置、改变列表项标志，设置不同的列表项标记表示有序列表或者无序列表，或者将图像作为列表项标志。CSS 列表属性如表 5-13 所示。

列表样式属性

表 5-13　CSS 列表属性

属性	描述
list-style	设置列表的所有属性选项
list-style-type	设置项目符号的默认方式
list-style-position	设置项目符号的放置位置
list-style-image	设置图片作为列表中的项目符号

1．list-style 属性

在 CSS 中，列表元素是一个块框，列表中的每个表项也是一个块框，只是在表项前面多了一个项目符号。列表的格式化主要由浏览器完成，而不是由设计人员完成。设计人员只能通过 list-style 属性来定义列表的样式。

list-style 属性只对 display 属性值为 list-item 的对象有效，对其他类型的对象无效。list-style 属性的语法格式为：

```
list-style: [ list-style-type ] || [ list-style-position ] || [ list-style-image ];
```

通过语法可以发现，list-style 属性分解为 list-style-type、list-style-position 和 list-style-image 这 3 个独立的属性，下面分别进行介绍。

2．list-style-type 属性

list-style-type 属性用来定义列表所使用的项目符号的类型，可选值有 none|disc|circle|square|decimal|decimal-leading-zero|lower-alpha|upper-alpha|lower-roman|upper-roman，默认值为 disc。常用属性值见表 5-14。

表 5-14　list-style-type 属性的常用属性值

属性值	描述
none	不使用任何项目符号
disc	默认值，实心圆
circle	空心圆
square	实心矩形

续表

属性值	描述
decimal	数字 1、2、3、4、5…
decimal-leading-zero	以 0 打头的数字，01、02、03、04、05…
lower-alpha	小写英文字母，a、b、c、d、e…

如果一个元素的 list-style-image 属性的值设置为 none，或者 list-style-image 属性指定的图像无法正常显示，则由 list-style-type 属性决定 list-item 元素的外观。

由于 CSS 无法区别一个列表是有序列表还是无序列表，因此，不管是有序列表还是无序列表，都使用 list-style-type 属性定义列表项符号。根据网页设计需求可以让一个有序列表使用实心圆，而非只能选择数字作为项目符号。如果项目符号设置为数字或字母，这些数字或字母由浏览器自动计算。

如果为 ul 或 ol 元素定义 list-style-type 属性，则其内部的所有 li 子元素都使用相同的项目符号。当然，也可以为 li 元素单独设置 list-style-type 属性，让其只对该 li 元素有效。

【案例 5-15】 定义 5 个类，每个类定义不同的列表项目符号类型，把这 5 个类分别应用于同一个 ul 元素下的不同 li 元素。核心代码如下所示，页面显示效果如图 5-19 所示。

```
.disc {
  list-style-type: disc;
}
.cir {
   list-style-type: circle;
}
. zero {
   list-style-type: decimal-leading-zero;
}
. lower {
   list-style-type: lower-alpha;
}
.upper {
  list-style-type: upper-roman;
}
<ul>
<li class="disc">disc: 默认值，实心圆</li>
<li class="cir">circle: 空心圆</li>
<li class="zero">decimal-leading-zero: 以 0 打头的数字  01、02</li>
<li class="lower ">lower-alpha: 小写英文字母 a、b、c、d、e</li>
<li class="upper ">upper-roman: 大写罗马数字 Ⅰ、Ⅱ、Ⅲ、Ⅳ、Ⅴ</li>
</ul>
```

从运行结果可以看出，对同一个 ul 元素下的不同 li 元素设置不同的样式格式，可使不同的 li 元素具有不同的项目符号。

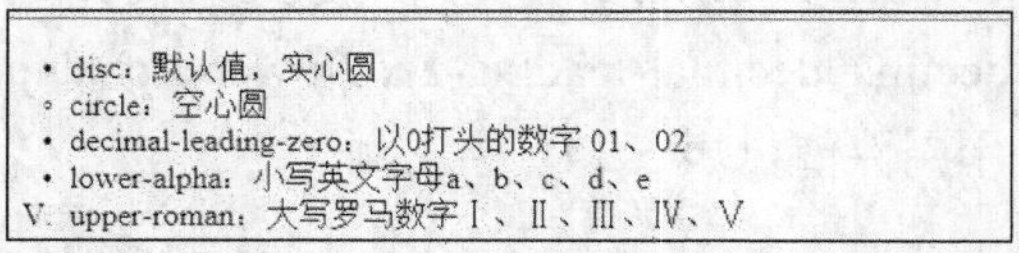

如果想禁止显示项目符号，可以把 list-style-type 属性值设置为 none，none 会导致浏览器在原本放置项目符号的位置不显示任何内容。不过，它不会中断有序列表的计数。如下面代码所示。

图 5-19 list-style-type 属性设置列表项目符号类型

```
<ol>
<li>list-style-type</li>
<li style = "list-style-type: none;"> list-style-type: none</li>
```

```
<li>list-style-type</li>
</ol>
```

上述代码中，禁止第二个列表项的项目符号。运
行结果如图 5-20 所示。

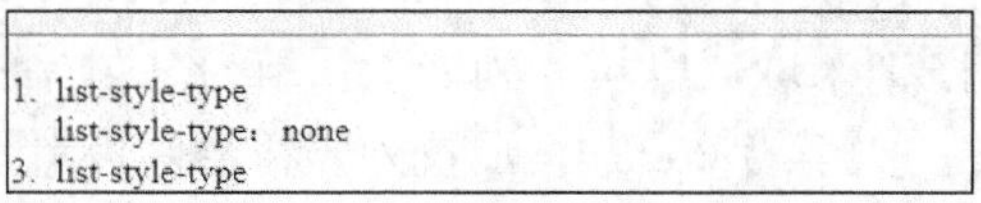

3. list-style-position 属性

list-style-position 属性设置列表项目符号的位置
及列表项的对齐方式，取值 outside | inside，默认值为 outside。

```
1. list-style-type
   list-style-type:  none
3. list-style-type
```

图 5-20　禁止项目符号

outside 表示列表项目符号放置在内容以外，列表项以内容为准对齐；inside 表示列表项目符
号放置在内容以内，列表项以项目符号为准对齐。

【案例 5-16】 网页中定义 2 个列表，为 2 个列表定义 list-style-position 属性，其值分别为 outside
和 inside。请读者体会这 2 个不同取值项目符号放置的位置有何不同。页面显示如图 5-21 所示。
核心代码如下所示。

```
ul{
        padding:7px;
        border: 1px solid #444;
        list-style-type: square;
}
.out{list-style-position: outside;}
.in{list-style-position: inside; }
<ul class = "out">
    <li>outside 的列表,列表项以内容为准对齐。如果列表项的内容为多行,在内容发生换行后,outside 的
列表项是以内容为准对齐。如果列表项的内容为多行, 在内容发生换行后, outside 的列表项是以内容为准对齐。
</li>
    </ul>
<ul class = "in">
    <li>inside 的列表, 列表项以标记为准对齐。如果列表项的内容为多行, 在内容发生换行后, inside 的
列表项则以项目符号为准对齐。如果列表项的内容为多行, 在内容发生换行后, inside 的列表项则以项目符号为准
对齐。</li>
</ul>
```

> ■ outside的列表，列表项以内容为准对齐。如果列表项的内容为多行，在内容发生换行后，outside 的列表项是以内容为准对
> 齐。如果列表项的内容为多行，在内容发生换行后，outside 的列表项是以内容为准对齐。
>
> ■ inside的列表，列表项以标记为准对齐。如果列表项的内容为多行，在内容发生换行后，inside 的列表项则以项目符号为
> 准对齐。如果列表项的内容为多行，在内容发生换行后，inside 的列表项则以项目符号为准对齐。

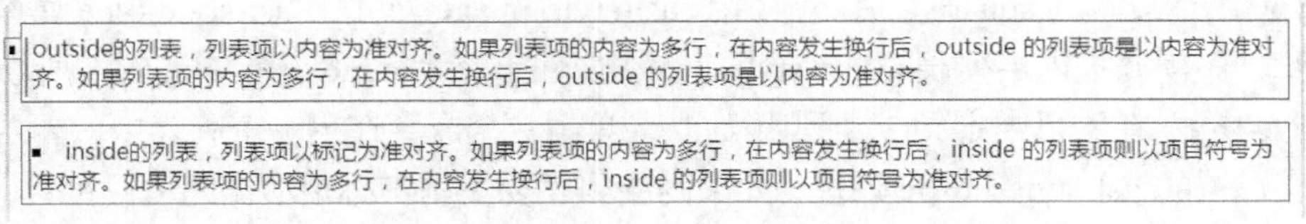

图 5-21　list-style-position 属性效果

从运行结果可以看出，如果列表项的内容为多行，则在内容发生换行后，outside 的列表项
以内容为准对齐，而 inside 的列表项则以项目符号为准对齐。

4. list-style-image 属性

浏览器提供的列表项目符号，不能满足所有的需求，并且可选择的范围有限。可以通过
list-style-image 属性定义一幅图像，取代默认的列表项目符号。

（1）基本语法

```
list-style-image: none | url();
```

113

（2）语法说明

默认值为 none，表示使用 list-style-type 属性指定的列表项目符号；url()表示使用 url 指定的图像来取代默认的列表项目符号，如果图像无效，则 list-style-type 属性会生效。

【案例 5-17】 设置列表符号。设置指定的图片（truepic.png）作为列表的符号。核心代码如下所示，页面显示效果如图 5-22 所示。

```
ul{
    list-style-image: url(image/truepic.png);
}

<ul>
    <li>list-style 属性</li>
    <li>list-style-type 属性</li>
    <li>list-style-position 属性</li>
    <li>list-style-image 属性</li>
<ul>
```

通过案例 5-17 可以看出，其代码很简单，只需一个简单的 url()值，就可以使用图像作为项目符号。不过，在选择图像时要当心，应尽量选择尺寸合适的图片，否则项目符号可能不清晰、过大或者过小。

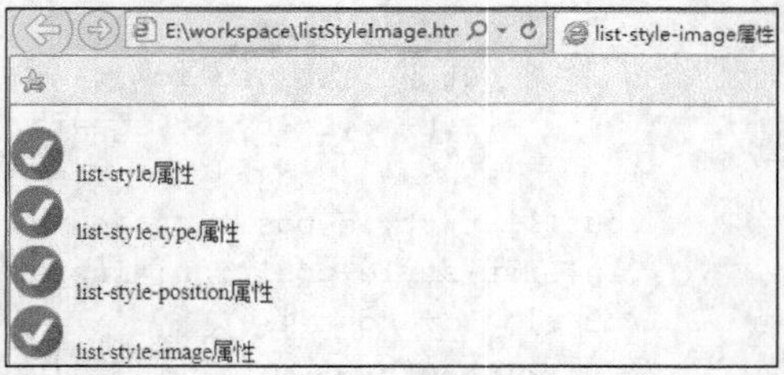

通常，为了防止一些意外情况，如图像未能正常加载、被破坏、浏览器无法识别等，可以为列表定义一个备用的 list-style-type，代码如下。

图 5-22　list-style-image 属性效果

```
ul{
    list-style-image: url(truepic1.png);
    list-style-type: square;
}
```

由于 list-style-image 属性具有继承性，所以内层的所有列表都会使用该图像作为项目符号。若用户想区分内外层列表项，内层列表使用实心矩形作为项目符号，这就需要把内层列表的 list-style-type 属性设置为 square。另外，由于 list-style-image 属性比 list-style-type 属性的优先级要高。因此，还需要把内层列表的 list-style-image 属性重置为 none。如案例 5-18 所示。

【案例 5-18】 在网页中定义 2 个列表（ul），其中一个嵌套在另一个列表中，内层列表会继承外层列表设置的 list-style-image 属性，如果内层列表要使用实心矩形作为项目符号，则需要设置相应的 css 样式规则，核心代码如下所示，页面显示效果如图 5-23 所示。

```
<head>
<meta http-equiv="Content-Type" content="text/html; charset=utf-8" />
<title>list-style-image 属性</title>
<style  type="text/css">
    ul{
        list-style-image: url(image/truepic.png);
    }
    ul ul{
        list-style-image: none;
        list-style-type: square;
    }
```

```
</style>
</head>

<body>
    <ul>
        <li>list-style 属性</li>
        <li>list-style-type 属性</li>
        <li>list-style-position 属性</li>
        <li>list-style-image 属性</li>
        <ul>
        <li>list-style 属性</li>
        <li>list-style-type 属性</li>
        <li>list-style-position 属性</li>
        <li>list-style-image 属性</li>
        <ul>
    <ul>
</body>
```

图 5-23　改变嵌套列表符号

【**案例 5-19**】 CSS 列表属性综合应用。在网页中定义 5 个列表（ul），分别为列表设置不同的列表属性，让读者体会各个列表属性的作用和用法。核心代码如下所示，页面显示效果如图 5-24 所示。

```
<html>
    <title>CSS 列表样式</title>
    <head>
      <style type="text/css">
        body{
          background-color : #eaeaea;
        }
        h3{
          display : inline;
        }
        /* 设置 list-style-type 属性值为 square */
        ul.squareType{
            list-style-type:square;
        }
        /* 设置 list-style-image 属性值为 url(image/truepic.png) */
        ul.imageStyle{
            list-style-image:url(image/truepic.png);
        }
```

```
            /* 设置 list-style-position 属性值为 inside */
            ul.defPositionInside {
                list-style-position:inside;
            }
            /* 设置 list-style-position 属性值为 outside */
            ul.defPositionOutside {
                list-style-position:outside;
            }
            /* 设置 list-style-image 之后，list-style-type 将无效。*/
            ul.defStyle{
                list-style:url(image/truepic.png) square inside
            }
        </style>
    </head>
        <body>
            <p>CSS 列表属性允许你放置、改变列表项标志，或者将图像作为列表项标志。</p>
            <hr/>
            <h3>(一) 设置列表的列表项标志：list-style-type</h3>
            <ul class="squareType">
                <li>苹果</li>
                <li>橘子</li>
                <li>香蕉</li>
            </ul>    <h3>(二) 设置自定义图标为列表的列表项标志：list-style-image</h3>
            <ul class="imageStyle">
                <li>苹果</li>
                <li>橘子</li>
                <li>香蕉</li>
            </ul>
            <h3>(三) 设置列表项标志的位置:list-style-position</h3>
            <h4>(1) inside</h4>
            <ul class="defPositionInside">
                <li>苹果</li>
                <li>橘子</li>
                <li>香蕉</li>
            </ul>
            <h4>(2) outside</h4>
            <ul class="defPositionOutside">
                <li>苹果</li>
                <li>橘子</li>
                <li>香蕉</li>
            </ul>
            <h3>(四) 将以上 3 个列表样式属性合并为一个属性：list-style</h3>
            <ul class="defStyle">
                <li>苹果</li>
                <li>橘子</li>
                <li>香蕉</li>
            </ul>
        </body>
    </html>
```

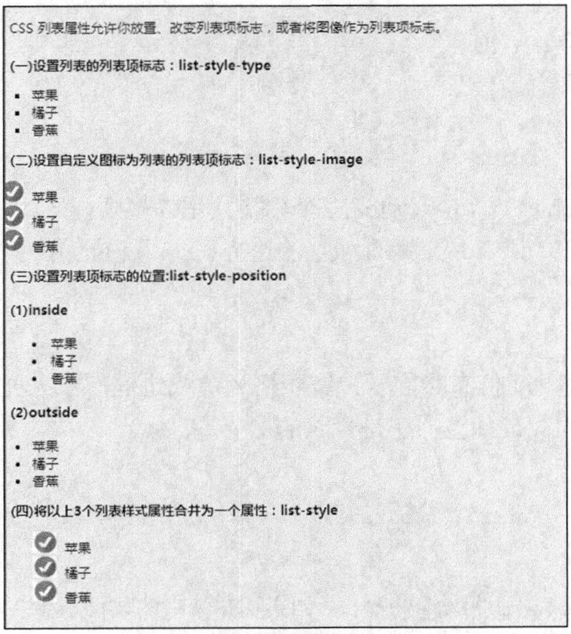

CSS 列表属性允许你放置、改变列表项标志，或者将图像作为列表项标志。

(一)设置列表的列表项标志：list-style-type

- 苹果
- 橘子
- 香蕉

(二)设置自定义图标为列表的列表项标志：list-style-image

苹果

橘子

香蕉

(三)设置列表项标志的位置:list-style-position

(1)inside

- 苹果
- 橘子
- 香蕉

(2)outside

- 苹果
- 橘子
- 香蕉

(四)将以上3个列表样式属性合并为一个属性：list-style

苹果

橘子

香蕉

图 5-24　CSS 列表属性综合应用

5.6.5　CSS 表格相关属性

在 HTML 中可以使用<table>标签将一组相关的数据简单直观地展示在页面上供用户查看，但是 HTML 中的表格样式比较简单。使用 CSS 表格属性可以极大地改善表格的外观，一个完整的表格由<table>、<tr>、<th>、<td>等标签组成，表格样式包含表格边框、折叠边框表格宽度和高度、表格文字对齐、表格填充、表格颜色等。下面介绍如何通过 CSS 实现对表格样式的设定。

1. 表格边框

使用 border 属性指定 CSS 表格边框，有关该属性在本书第 6 章有详细讲解。

【案例 5-20】 设置表格边框样式。网页中定义 1 个表格，通过 CSS 设置表格的 th 和 td 元素均为黑色、实线、1px 的边框。核心代码如下所示，页面显示效果如图 5-25 所示。

```
<head>
  <style type="text/css">
    table,th,td{
        border : 1px solid black;
    }
  </style>
</head>
<body>
    <table>
        <tr>
                <th>Firstname</th>
                <th>Lastname</th>
        </tr>
         <tr>
                <td>meili</td>
                <td>lisa</td>
        </tr>
```

117

```
        <tr>
            <td>zhang</td>
            <td>Griffin</td>
        </tr>
    </table>
</body>
```

在 style 里声明了<table>、<th>、<td>三个标签共用的规则样式。注意，上面例子中的表格有双边框，这是因为表和 th、td 元素有独立的边界。如果想显示一个表的单个边框，应使用 border-collapse 属性。

2. 折叠边框

表格默认具有双线边框，但有时需要设置表格为单线边框，可以通过 border-collapse 属性来设置表格的行和单元格的边是独立的还是合并的。

（1）基本语法。

```
border-collapse: collapse | separate;
```

（2）语法说明。

separate 是默认值，表格边框会被分开，如果可能，边框可以合并为一个单一的边框，通过设置值为 collapse 来实现。

【案例 5-21】 设置表格折叠边框。在案例 5-20 的基础上，设置表格为单线边框，核心代码如下所示，页面显示效果如图 5-26 所示。

```
<style type="text/css">
    table {
        border-collapse: collapse;
    }
    table, td, th {
        border: 1px solid black;
    }
</style>
```

Firstname	Lastname
meili	lisa
zhang	Griffin

图 5-25　设置表格边框样式

Firstname	Lastname
meili	lisa
zhang	Griffin

图 5-26　设置表格 border-collapse 的属性

注意：如果没有指定!DOCTYPE，则 border-collapse 属性在 IE 8 及更早的 IE 版本中是不起作用的。

3. 表格宽度和高度

表格默认都是自适应大小，如果要自定义表格宽度和高度，可通过在 CSS 中使用 width 和 height 属性定义表格的宽度和高度。

【案例 5-22】 设置表格高度和宽度。在案例 5-21 的基础上，设置表格宽度为 100%（表示占父元素宽度的百分比），th 的高度为 50px，核心代码如下所示，页面显示效果如图 5-27 所示。

```
<style type="text/css">
    table,th,td{
                  border : 1px solid black;
              }
        table {
         border-collapse: collapse;
        }
        table{
         width:100%;
        }
        th{
         height:50px;
        }</style>
```

通过核心代码可以看到 width:100%;，表示占浏览器宽度 100%，th 的高度为 50px，设置表头的高度为 50 像素。

4. 表格文字对齐

表格中有文本对齐和垂直对齐两种属性设置表格中文字的对齐方式。

（1）text-align 属性设置水平对齐方式，如左对齐、右对齐或者居中。

（2）vertical-align 属性设置垂直对齐方式，如顶部对齐、底部对齐或居中对齐。

【案例 5-23】 设置表格文字对齐方式。在案例 5-22 的基础上，设置表格单元格中文本水平对齐方式为右对齐，垂直对齐方式为底部对齐，为了让效果显示更明显，设置 td 的高度也为 50px。核心代码如下所示，页面显示效果如图 5-28 所示。

```
<style type="text/css">
    table,th,td{
                  border : 1px solid black;
    }
    table {
    border-collapse: collapse;
    }
    table{
    width:100%;
    }
    th,td{
    height:50px;
    }
    td{
          text-align:right;      /*文字水平方向：靠右*/
          vertical-align:bottom;   /*文字垂直方向：靠下*/

    }

</style>
```

Firstname	Lastname
meili	lisa
zhang	Griffin

图 5-27　设置表格的宽度和高度

Firstname	Lastname
meili	lisa
zhang	Griffin

图 5-28　设置表格文本对齐方式

119

5. 表格填充

表格的填充也可以称为表格内边距，即表格单元格中内容与单元格边框的距离。

【案例 5-24】 设置表格文字对齐方式。在案例 5-23 的基础上，设置表格单元格内边距为 15px。核心代码如下所示，页面显示效果如图 5-29 所示。

```
<style type="text/css">
    table,th,td{
            border : 1px solid black;
    }
    table {
    border-collapse: collapse;
    }
    table{
    width:100%;
    }
    th,td{
    height:50px;
    }
    td{
            text-align:right;      /*文字水平方向：靠右*/
            vertical-align:bottom;   /*文字垂直方向：靠下*/
    }
    td{
      padding:15px;
    }

</style>
```

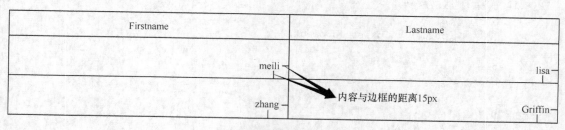

图 5-29　设置表格填充属性

【案例 5-25】 CSS 表格属性综合应用。通过 CSS 常用表格属性制作一个个性表格。核心代码如下所示，页面显示效果如图 5-30 所示。

```
<html>
<head>
<meta http-equiv="Content-Type" content="text/html; charset=utf-8">
<title>CSS 表格</title>
<style type="text/css">
    /* 设置表格为单线边框 */
    table {
        border-collapse: collapse;
    }
    /* 设置表头的背景颜色，文本颜色和字体加粗等样式规则 */
    th {
        background-color: rgb(50, 90, 100);
        color: white;
```

```
        font-weight: bold;
    }
    /* 设置单元格文本颜色为黑色 */
    td {
        color: black;
    }
    /* 设置 tr 和 th 的边框宽度为 1px，边框样式为实线，边框的颜色为 rgb(128, 102, 160) */
    tr, th {
        border-width: 1px;
        border-style: solid;
        border-color: rgb(128, 102, 160);
    }
</style>
</head>
<body>
<table>
    <tr>
        <th>Name</th>
        <th>City</th>
        <th>Phone</th>
    </tr>
    <tr>
        <td> Albert Ellis </td>
        <td> New York </td>
        <td>+1 718 000000</td>
    </tr>
    <tr>
        <td> Marcus Aurelius </td>
        <td> Rome </td>
        <td>+1 718 000000</td>
    </tr>
</table>
</body>
</html>
```

Name	City	Phone
Albert Ellis	New York	+1 718 000000
Marcus Aurelius	Rome	+1 718 000000

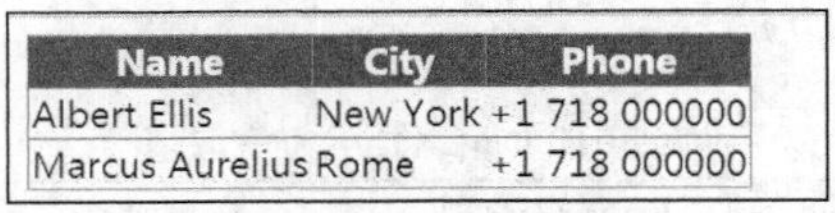

图 5-30　CSS 表格属性综合应用

5.6.6　CSS 轮廓属性

轮廓（outline）是绘制于元素周围的一条线，位于边框边缘的外围，可起到突出元素的作用。CSS 轮廓属性规定元素轮廓的样式、颜色和宽度。CSS 边框属性如表 5-15 所示。

表 5-15　CSS 边框属性表

属性	描述
outline	在一个声明中设置所有的轮廓属性
outline-color	设置轮廓的颜色
outline-style	设置轮廓的样式
outline-width	设置轮廓的宽度

121

1. outline 属性

outline 属性可设置元素周围的轮廓线。轮廓线不会占据空间，也不一定是矩形。

（1）基本语法。

```
outline: outline-color | outline-style | outline-width;
```

（2）语法说明。

outline 简写属性在一个声明中设置所有的轮廓属性。可以按顺序设置如下属性：outline-color、outline-style、outline-width。如果不设置其中的某个值，也不会出问题，如 outline:solid #ff0000;也是允许的。

2. outline-color 属性

outline-color 属性设置一个元素整个轮廓中可见部分的颜色。在 outline-color 属性使用之前需要先声明 outline-style 属性。轮廓的样式不能是 none，否则轮廓不会出现。元素只有获得轮廓后才能改变其轮廓的颜色。

（1）基本语法。

```
outline-color :十六进制数| 颜色名字 | rgb | invert | inherit;
```

（2）语法说明。

invert：默认。执行颜色反转（逆向的颜色），可使轮廓在不同的背景颜色中都可见。

inherit：规定从父元素继承轮廓颜色的设置。

3. outline-style 属性

outline-style 属性用于设置元素的整个轮廓的样式。

（1）基本语法：

```
outline-style: 轮廓显示方式;
```

（2）语法说明：

轮廓显示方式取值如表 5-16 所示。

表 5-16　轮廓显示方式取值

值	描述
none	默认，定义无轮廓
dotted	定义点状的轮廓
dashed	定义虚线轮廓
solid	定义实线轮廓
double	定义双线轮廓，双线的宽度等同于 outline-width 的值
groove	定义 3D 凹槽轮廓，此效果取决于 outline-color 值
ridge	定义 3D 凸槽轮廓，此效果取决于 outline-color 值
inset	定义 3D 凹边轮廓，此效果取决于 outline-color 值
outset	定义 3D 凸边轮廓，此效果取决于 outline-color 值
inherit	规定应该从父元素继承轮廓样式的设置

4. outline-width 属性

outline-width 属性设置元素整个轮廓的宽度，只有当轮廓样式不是 none 时，这个宽度才会起作用。如果样式为 none，宽度实际上会重置为 0。不允许设置负长度值。

（1）基本语法。

```
outline-width: 轮廓的宽度取值;
```

（2）语法说明。

轮廓的宽度取值如表 5-17 所示。

表 5-17　轮廓的宽度取值

值	描述
thin	规定细轮廓
medium	默认，规定中等的轮廓
thick	规定粗的轮廓
length	允许规定轮廓粗细的值
inherit	规定应该从父元素继承轮廓宽度的设置

【案例 5-26】　CSS 轮廓属性综合应用，网页中定义 2 个段落，分别为 2 个段落设置不同的轮廓样式，请读者进行对比，理解轮廓各个样式的作用和用法。代码如下所示，页面显示效果如图 5-31 所示。

```
<html>
<head>
<meta http-equiv="Content-Type" content="text/html; charset=utf-8">
<title>轮廓样式设置</title>
<style type="text/css">
    /* 设置第一个段落轮廓颜色为#00ff00，轮廓样式为dotted，轮廓宽度为thick*/
    p {
        outline: #00ff00 dotted thick;
    }
    /* 设置第二个段落轮廓颜色为aqua，轮廓样式为solid，轮廓宽度为thin*/
    .p1 {
        outline-style: solid;
        outline-color: aqua;
        outline-width: thin;
    }
</style>
<body>
    <p>outline（轮廓）是绘制于元素周围的一条线，位于边框边缘的外围，可起到突出元素的作用。<b>注释：轮廓线不会占据空间，也不一定是矩形。</b></p>
    <p class="p1">outline（轮廓）是绘制于元素周围的一条线，位于边框边缘的外围，可起到突出元素的作用。<b>注释：轮廓线不会占据空间，也不一定是矩形。</b></p>
</body>
</html>
```

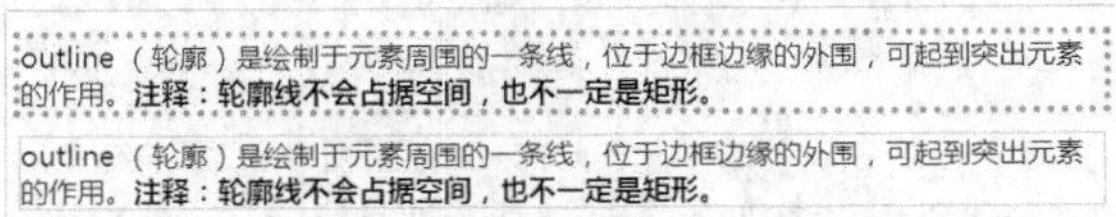

图 5-31　CSS 轮廓属性综合应用

123

5.7　综合案例

【案例 5-27】　利用表格进行会员注册界面的布局设计，使用表格标记及标记属性来设置美化表格，页面效果图如图 5-32 所示。

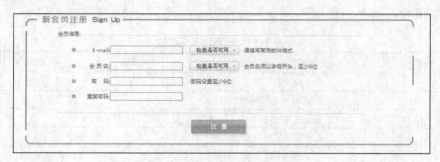

图 5-32　会员注册界面

1.　页面布局设计

根据图 5-32 的页面效果设计页面布局，采用 3 行 3 列表格进行页面布局，在表格布局中使用单元格跨行、跨列合并以及单元格嵌套表格等方法完成页面布局设计，如图 5-33 所示。

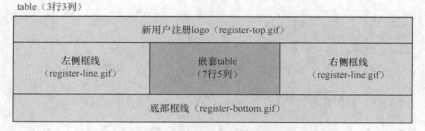

图 5-33　会员注册界面表格布局图

2.　根据页面布局设计图编写 HTML 页面

使用 table 嵌套 table 的方式完成页面布局。核心代码如下所示，其中详细代码参见文件：\案例\ch5\userReg.html。

```
<head>
<meta http-equiv="Content-Type" content="text/html; charset=gb2312">
<title>注册页面</title>
    <link href="css/style.css" rel="stylesheet" type="text/css">
</head>
<body>
    <form action="" method="post" name="userReg" id="userReg" >
    <table width="857" border="0" align="center" cellpadding="0" cellspacing="0">
    <tr>
        <td colspan="3"><img src="images/register-top.gif" width="857" height="26">
</td>
    </tr>
    <tr>
        <td width="3" height="230" align="left" ><img src="images/register-line.gif"
width="3" height="100%"></td>
        <td width="856" align="center">
```

```
              <table width="89%" border="0" cellspacing="0" cellpadding="0">
          <tr>
              <td height="36" colspan="5" align="left">     
 会员信息:<img src="images/dot_line_1.gif" width="621" height="3"></td>
          </tr>
          <tr>
              <td width="8%" height="40" align="right"><img src="images/register-
arrow.gif" width="9" height="9"></td>
                  <td width="10%" align="right">  E-mail:</td>
                  <td width="23%" height="35"><label>
                    <input name="txtEmail" type="text" class="intro-text" id="txtEmail">
</label>
                  </td>
                  <td width="16%"><input name="Submit2" type="button" class="register-
check"></td>
                  <td width="43%" id="mailError" >请填写常用邮件格式</td>
          </tr>
          <tr>
              <td align="right"><img src="images/register-arrow.gif" width="9"
height="9"></td>
                  <td align="right">会 员 名:</td>
                  <td height="35"><label>
                    <input name="txtName" type="text" class="intro-text" id="txtName">
</label>
                  </td>
                  <td><input name="Submit3" type="button" class="register-check"></td>
                  <td id="nameError" >会员名须以字母开头，至少 6 位</td>
          </tr>
          <tr>
              <td align="right"><img src="images/register-arrow.gif" width="9"
height="9"></td>
                  <td align="right">密    码:</td>
                  <td height="35"><label>
                    <input name="txtPwd1" type="password" class="intro-text" id="txtPwd1">
</label>
                  </td>
                  <td colspan="2" id="pwdError1">  密码设置至少 6 位</td>
          </tr>
          <tr>
              <td align="right"><img src="images/register-arrow.gif" width="9"
height="9"></td>
                  <td align="right">重复密码:</td>
                  <td height="35">
                    <input name="txtPwd2" type="password" class="intro-text" id="txtPwd2">
                  </td>
                  <td colspan="2" id="pwdError2"> </td>
          </tr>
          <tr>
              <td height="35" colspan="5">      <img
src="images/dot_line_1.gif" width="678" height="3"></td>
          </tr>
          <tr>
              <td height="39" colspan="5" align="center"><input name="image" type=
"image" src="images/register-sm1.gif"></td>
          </tr>
        </table>
      </td>
```

```
            <td width="3" align="right"><img src="images/register-line.gif" width="3"
height="100%"></td>
        </tr>
        <tr>
            <td height="20" colspan="3"><img src="images/register-bottom.gif" width="857"
height="20"></td>
        </tr>
    </table>
    </form>
</body>
```

3. CSS 样式定义

根据表格布局图，分别对表格的不同单元格进行样式定义。核心代码如下所示，其中详细代码参见文件：\案例\ch5\css\style.css。

```
.register{
        padding-top:30;
        padding-bottom:30px;
        }
.register-bold{
            font-size:14px;
            font-weight:bold;
            color:#666666;
            padding-top:15px;
            padding-bottom:15px;
            }
.register-input{
            border-left:1 #666666 solid;
            border-top:1 #666666 solid;
            border-right:1 #cccccc solid;
            border-bottom:1 #cccccc solid;
            width:160px;
            height:22px;
            }
.register-td{
            width:70px;
            text-align:right;
            padding-right:10px;
            height:30px;
            }
.register-over{
            background-image:url(../image/register-sm1.gif);
            width:127px;
            height:39px;
            overflow:hidden;
            border:0;
            }
.register-check{
            background-image:url(../image/register-check.gif);
            width:111px;
            height:24px;
            overflow:hidden;
            border:0;
        }
```

5.8　本章小结

本章介绍了 CSS 的基本概念、CSS 发展史、CSS 特点和优势、CSS 创建和使用，以及 CSS 常用的属性规则。

CSS 样式规则由选择器和声明组成。声明即 "属性：属性值"。选择器包括标签选择器、id 选择器、类选择器、伪类选择器等，提供了不同的选取页面元素的方式。

根据 CSS 规则定义的位置不同，将 CSS 分为内联样式表、内部样式表、链接外部样式表、导入外部样式表。

本章详细讲解了 CSS 的各种常见的样式属性，包括字体样式、文本样式、颜色、背景、列表、CSS 表格、CSS 轮廓等。这些属性从不同方面描述外观样式，使用灵活。既可以单个子属性定义某方面的样式，也可使用复合属性定义整体的样式。

习　　题

1. CSS 的语法结构由三部分组成：_____、_____、_____。
2. 添加 CSS 的 3 种方法为_____、_____、_____。
3. 常用的字体属性有_____、_____、_____、_____、_____。
4. CSS 中的选择器不包括（　　　）。
   - A. 超文本标记选择器
   - B. 类选择器
   - C. 标签选择器
   - D. ID 选择器
5. 若要在网页中插入样式表 main.css，以下用法中，正确的是（　　　）。
   - A. <link href="main.css" type="text/css" rel="stylesheet">
   - B. <link src="main.css" type="text/css" rel="stylesheet">
   - C. <link href="main.css" type="text/css">
   - D. <include href="main.css" type="text/css" rel="stylesheet">
6. 样式表定义#title {color:red}表示（　　　）。
   - A. 网页中的标题是红色的
   - B. 网页中某一个 id 为 title 的元素中的内容是红色的
   - C. 网页中元素名为 title 的内容是红色的
   - D. 以上任意一个都可以
7. CSS 文本属性中，文本对齐属性的取值有（　　　）。
   - A. auto
   - B. justify
   - C. center
   - D. right
   - E. left

上 机 指 导

（1）对网页中 "你好，欢迎使用 CSS 样式" 文本内容应用字体属性，具体要求：字体为宋体，字体大小为 36px，字体加粗。

（2）使用内联样式表，实现图 5-34 所示的页面效果。使用 2 个<p>标签包含相应的文本信息，要求设置如下样式：

① 第一段内容"内联样式表的应用"，宋体、字体大小为 20px、字体颜色为蓝色、居中显示。

② 第二段内容"第一个样式表的使用……"，默认字体，字体大小为 30px、加粗、居中显示。

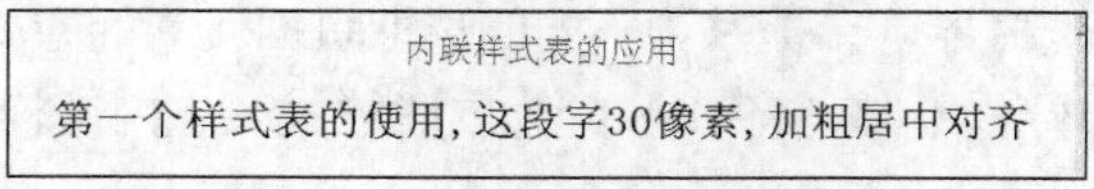

> 内联样式表的应用
>
> 第一个样式表的使用，这段字30像素，加粗居中对齐

图 5-34　上机指导第 2 题展示效果

（3）设计一个网页，其页面展示效果如图 5-35 所示，具体要求如下：

① "冬至的由来"使用<h1>标题，字体颜色为蓝色。

② 使用<p>标签标记两段文字，左对齐显示，行间距为 15px。

③ 正文中所有"冬至"的文字，显示为蓝色字体。

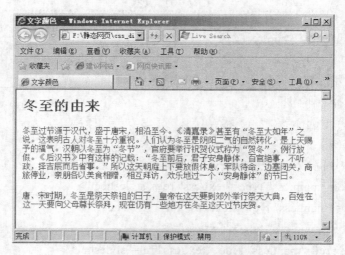

图 5-35　上机指导第 3 题展示效果

第6章 CSS 样式高级应用

学习目标

- 熟悉页面布局概念
- 熟悉盒模型及其相关属性（border、padding 和 margin），以及盒子的浮动与定位
- 掌握使用 CSS+DIV 进行网页布局的方法

6.1 页面布局基本概念

通过对 CSS 基础知识的学习，我们已经讲解了 CSS 的基本概念及基本语法，讲解了 CSS 四种创建方法、CSS 常用选择器的使用方法及 CSS 常用属性。本章将深入介绍 CSS，重点介绍 CSS 盒模型及盒模型的边界（margin）、边框（border）、填充（padding）等相关属性，希望读者通过本章的学习能够灵活运用 CSS+DIV 进行页面布局。

随着互联网技术的不断发展，网页布局设计也变得越来越重要。页面布局即把将出现在网页中的所有元素进行定位。CSS 页面排版技术有别于传统的页面排版方法，它首先在整体上使用<div>标签对页面进行分块，然后对每个块进行 CSS 定位并设置显示效果，最后在每个块中添加相应的内容。利用 CSS 排版的方法可以更容易地控制每一个元素的效果，更新也更容易，甚至页面的拓扑结构也可以通过修改相应的 CSS 属性来重新定位。

6.2 CSS 盒模型

为了将网页布局中纷繁复杂的各个部分合理地组织起来，人们研究、总结出了一套完整的、行之有效的原则和规范，这就是"盒模型"的由来。

CSS 盒模型

6.2.1 CSS 盒模型概述

盒模型（Box Model）又称框模型，顾名思义，就是一个"盒子"。在盒模型中，页面中所有的 HTML 元素都被看作一个个盒子，它们占据一定的页面空间，其中放着特定的内容，可以通过调整盒子的边框和间距等参数来调节盒子的

位置及大小。页面是由许多大大小小的盒子组成的，这些盒子互相之间彼此影响，因此，我们既需要理解每个盒子内部的机构，也需要理解盒子之间的相互关系和影响。就像生活中的盒子，外部有长宽高，盒子本身有厚度，里面可以用来装东西。页面上的盒模型可以理解为，从盒子顶部俯视所得的一个平面图，盒子里装的东西，相当于盒模型的内容（content）；东西与盒子之间的空隙，可理解为盒模型的内边距（padding）；盒子本身的厚度，就是盒模型的边框（border）；盒子外与其他盒子之间的间隔，就是盒子的外边距（margin）。

元素的外边距（margin）、边框（border）、内边距（padding）、内容（content）构成了 CSS 盒模型。

6.2.2 IE 盒模型和 W3C 盒模型

CSS 盒模型分为 IE 盒模型（见图 6-1）和 W3C 盒模型（见图 6-2）。其实，IE 盒模型是怪异模式（Quirks Mode）下的盒模型，而 W3C 盒模型是标准模式（Standards Mode）下的盒模型。IE 6 及其更高的版本，以及现在所有标准的浏览器都遵循 W3C 盒模型，IE 6 以下版本的浏览器遵循 IE 盒模型。

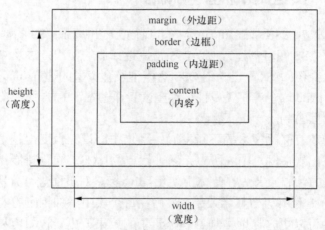

图 6-1　IE 盒模型

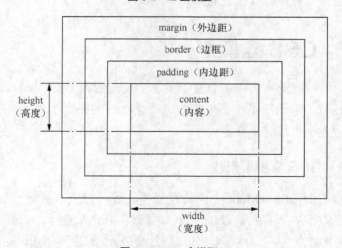

图 6-2　W3C 盒模型

从图 6-1 和图 6-2 中可以看出，IE 盒模型的宽度或者高度的计算方式为：

$$width/height = content + (padding + border) \times 2$$

W3C 盒模型的宽度或者高度的计算方式为：

$$width/height = content$$

【**案例 6-1**】　一个 div 的宽度和高度为 100px，内边距为 10px，边框为 5px，外边距为 30px。图 6-3 为不同模型下显示的结果，W3C 盒模型下显示的 div 所占的总宽度和总高度（包括外边距、边框、内边距、内容）为 100+(10+5+30)×2=190px，IE 盒模型下显示的 div 所占的总宽度和总高度（包括外边距、边框、内边距、内容）为 100+30×2=160px。二者之间有很明显的区别，在元素的宽度（width）一定的情况下，W3C 盒模型的宽度不包括内边距和边框，而 IE 盒模型的宽度包括内边距和边框。核心代码如下，页面效果如图 6-3 所示。

```
<style type="text/css">
    .content {
        background: #eee;
        height: auto;
        border: 1px solid blue;
    }
    .div {
        width: 100px;
        height: 100px;
        margin: 30px;
        padding: 10px;
        border: 5px solid blue;
    }
    .div-01 {
        background: orange;
    }
    .div-02 {
        background: yellow;
        box-sizing: border-box;
    }
</style><div class="content">
  <div class="div div-01">div01</div>
  <div class="div div-02">div02</div>
</div>
```

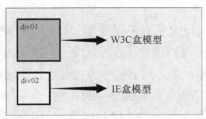

图 6-3　IE 盒模型和 W3C 盒模型

6.3　盒模型属性

6.2 节介绍了盒模型的组成，下面介绍盒模型的 CSS 相关属性，包括边框（border）属性、填充（padding）属性和边界（margin）属性等内容。

6.3.1 border 属性

border 属性

border（边框）属性用于设置边框的颜色（border-color）、宽度（border-width）和样式（border-style）。border 属性取值如表 6-1 所示。

表 6-1　border 属性取值

属性	描述
border-color	规定边框的颜色
border-width	规定边框的宽度
border-style	规定边框的样式

下面对表 6-1 中的每个属性进行详细介绍。

1. 边框颜色（border-color）

border-color 属性用来指定边框颜色，设置方法与 color 属性一样。border-color 属性可以设置多个值。

（1）基本语法。

```
border-color: color;
```

（2）语法说明。

① color 属性值：取值可以参考第 5 章 color 属性的取值方式。

② 边框也可以设置单边颜色，CSS 提供了 4 个单边边框颜色属性可以进行设置。

```
border-top-color:颜色值
border-right-color:颜色值
border-bottom-color:颜色值
border-left-color:颜色值
```

说明：border-top-color、border-right-color、border-bottom-color、border-left-color 属性分别设置上、右、下、左边框的颜色，也可以使用 border-color 属性统一设置 4 个边框的颜色。例如，下边代码只设置上边框颜色为蓝色。

```
border-top-color:blue;
```

思考：如果要对不同的边框设定不同的属性值，该如何实现呢？

如果给出一个属性值，那么表示设置上、右、下、左边框的属性值相同；如果给出两个属性值，那么前者代表上下边框的属性，后者表示左右边框的属性；如果给出 3 个属性值，那么前者表示上边框的属性，中间数值表示左右边框的属性，后者表示下边框的属性；如果给出 4 个属性值，那么依次表示上、右、下、左边框的属性，呈顺时针方向排序。例如，下边代码表示将上下边框颜色设置为红色，左右边框颜色设置为蓝色。

```
border-color: red blue;
```

2. 边框宽度（border-width）

border-width 属性用于指定边框的粗细程度即宽度，取值可以是长度值或者关键字 thin、medium（默认）、thick。

（1）基本语法。

```
border-width: medium | thin| thick | length;
```

（2）语法说明。

边框宽度的取值有 4 种，如表 6-2 所示。

表 6-2　边框宽度的取值

属性值	描述
thin	定义细的边框
medium	默认，定义中等的边框
thick	定义粗的边框
length	允许自定义边框的宽度

border-width 属性也可以同时设置多个值，例如，下边代码设置上下边框宽度为 20px，左右边框为细边框。

```
border-width: 20px thin;
```

边框宽度也可以设置单边边框的宽度，同样提供了 4 个单边边框宽度属性。

```
border-top-width:宽度值
border-right-width:宽度值
border-bottom-width:宽度值
border-left-width:宽度值
```

3. 边框样式（border–style）

border-style 属性用来指定边框的类型，可以设置 none、hidden、dotted、dashed、solid、double 等值。

使用边框样式属性可以定义边框的风格样式，这个属性必须用于指定可见的边框。可以分别设置上边框样式 border-top-style、下边框样式 border-bottom-style、左边框样式 border-left-style 和右边框样式 border-right-style。

（1）基本语法。

```
border-style: none | hidden | dotted | dashed | solid |double…;
```

（2）语法说明。

边框样式的取值及其含义，如表 6-3 所示。

表 6-3　边框样式的取值和含义

取值	含义
none	默认值，无边框
hidden	与 "none" 相同，应用于表时例外，用于解决边框冲突
dotted	点线边框
dashed	虚线边框
solid	实线边框
double	双实线边框
groove	边框具有立体感的沟槽

取值	含义
ridge	边框成脊形
inset	使整个边框凹陷，即在边框内嵌入一个立体边框，效果显示取决于 border-color 的值
outset	使整个边框凸起，即在边框内嵌入一个立体边框，效果显示取决于 border-color 的值

与前几个属性类似，border-style 属性也可以设置多个值，同样提供了 4 个单边边框样式属性。

```
border-top-style: 样式值
border-bottom-style: 样式值
border-left-style: 样式值
border-right-style: 样式值
```

4. 边框复合

border 属性是分属性，可以一次性设置元素的边框样式、宽度和颜色。

（1）基本语法。

```
border:边框宽度  边框样式  颜色值;
border-top: 上边框宽度  上边框样式  颜色值;
border-right: 右边框宽度  右边框样式  颜色值;
border-bottom: 下边框宽度  下边框样式  颜色值;
border-left: 左边框宽度  左边框样式  颜色值;
```

（2）语法说明。

边框属性只能同时设置 4 个边框，即只能给出一组边框的宽度、样式和颜色。

【案例 6-2】 设置边框属性。分别对 4 段文字设置不同的边框属性，p1 边框为双实线，边框宽度为 5px，颜色为黑色；p2 边框为上下边框为虚线，左右边框为实线；p3 边框为点线实线，边框上下宽度为 10px，左右宽度为 15px；p4 边框为具有立体感的沟槽，颜色为绿色。核心代码如下所示，页面显示效果如图 6-4 所示。

```
<style type="text/css">
    h4{
        text-align:center;
        background:#CFF;
        }
    #p1{
        background:#9CF;
        border:5px double #333;
        }
    #p2{
        border-style:dashed solid;
        }
    #p3{
        border-style:dotted;
        border-width:10px 15px;
        }
    #p4{
        border-width:20px;
        border-style:groove;
        border-color:#0F0;
        }
```

```
</style>
<body>
    <h4>设置边框</h4>
    <p id="p1">人生若只如初见，何事秋风悲画扇。</p>
    <p id="p2">等闲变却故人心，却道故人心易变。</p>
    <p id="p3">骊山语罢清宵半，泪雨霖铃终不怨。</p>
    <p id="p4">何如薄幸锦衣郎，比翼连枝当日愿。</p>
</body>
```

设置边框

人生若只如初见，何事秋风悲画扇。

等闲变却故人心，却道故人心易变。

骊山语罢清宵半，泪雨霖铃终不怨。

何如薄幸锦衣郎，比翼连枝当日愿。

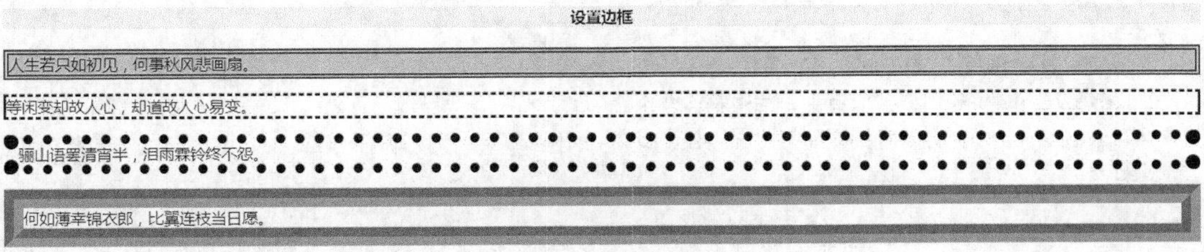

图 6-4　设置边框属性

6.3.2　padding 属性

padding（填充）是盒子的内边距，也称为内边界，表示边框和内容之间的距离。

padding 属性

（1）基本语法。

padding：长度 | 百分比;

（2）语法说明。

padding 也可以设置 4 个属性值，使用方法与边界属性 border 类似。如果需要单独设置某一个方向的内边距，可以使用 padding-top、padding-right、padding-bottom、padding-left 来设置。

padding 属性值的设置如下所示。

```
padding-top: 10px;              /*设置上内边界*/
padding-right: 1em;            /*设置右内边界*/
padding-bottom:50px;          /*设置下内边界*/
padding-left: 20%;            /*设置左内边界*/
padding:10px 20px 30px 40px;   /*设置上下左右内边界*/
```

【案例 6-3】　设置填充属性。网页中定义 2 个段落，可以看作 2 个盒子，分别给 2 个段落设置边框属性和填充属性。例如对 p3 段落设置边框上内边距为 20px，下内边距为 20px，背景颜色为灰色；对 p4 段落设置边框左内边距为 150px，边框右内边距为 150px。核心代码如下所示，页面效果如图 6-5 所示。

```
<style type="text/css">
    h4{
            text-align:center;
            background:#CFF;
        }
    #p3{
            border-style:dotted;
```

```
                background:#999;
                padding-top:20px;
                padding-bottom:20px;
            }
        #p4{
                border-style:groove;
                border-color:#0F0;
                padding-left:150px;
                padding-right:150px;
            }
    </style>
    <body>
        <h4>设置填充属性</h4>
        <p id="p3">骊山语罢清宵半，泪雨霖铃终不怨。</p>
        <p id="p4">何如薄幸锦衣郎，比翼连枝当日愿。</p>
    </body>
```

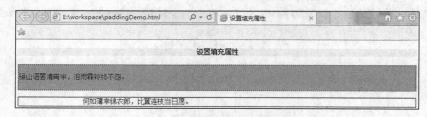

图 6-5　设置填充属性

　　如果要精确地控制盒子的位置，就必须对 margin 有更深入的了解。padding 只存在于一个盒子内部，所以通常它不会涉及与其他盒子之间的关系和相互影响的问题。margin 则用于调整不同的盒子之间的位置关系。下边介绍 margin 的属性。

6.3.3　margin 属性

margin 属性

　　margin（边界）是盒子的外边距，它碰不到盒子的边界，指的是页面上元素和元素之间的距离。外边距位于盒子的最外围，它不是一条边线，而是添加在边框外面的空间。外边距使元素盒子之间不必紧凑地连接在一起，它是 CSS 布局的一个重要手段。外边距的属性有 5 种，即 margin-top、margin-right、margin-bottom、margin-left，以及综合了以上 4 种方法的快捷外边距属性 margin。

（1）基本语法。

```
margin-(top|right|bottom|left):长度值|百分比|auto;
```

（2）语法说明。

长度值相当于设置顶端的绝对边距值，包括数字和单位。

百分比即设置相对于当前元素所处父级元素的宽度的百分比，允许使用负值。

auto 是自动取边距值，即元素的默认值。

边界的设置需要 4 个参数值，分别表示"上、右、下、左" 4 个边。如果只设置一个参数，表示 4 个边界设置相同。如果设置两个参数，第 1 个参数表示上下边界，第 2 个参数表示左右边界。如果设置 3 个参数，第 1 个表示上边界，第 2 个表示左右边界，第 3 个表示下边界。示例代码如下所示：

```
margin: 5px 10px 15px 20px ;/*分别设置上、右、下、左 4 个边界为 5px、10px、15px、20px */
margin: 5px;                      /*4 个边界均设置为 5px*/
margin: 5px 10px;                 /*上下边界设置为 5px，左右边界设置为 10px*/
margin: 5px 10px 15px            /*上边界设置为 5px，左右边界设置为 10px，下边界设置为 15px*/
```

【**案例 6-4**】 设置边界属性。网页中定义 2 个段落，可以看作 2 个盒子，分别给 2 个段落设置边框属性和边界属性。例如对 **p1** 段落设置上边距为 **20px**，左边距为 **30px**，背景颜色为浅蓝色；对 **p2** 段落设置上边距为 **50px**，左右边距为 **50px**，下边距为 **20px**。核心代码如下所示，页面效果如图 6-6 所示。

```
<style type="text/css">
    h4{
        text-align:center;
        background:#CFF;
        }
    #p1{
        background:#9CF;
        margin-top:20px;
        margin-left:30px;
        border:5px double #333;
        }
    #p2{
        border-style:dashed solid;
        margin:50px 50px 20px;
        }
}
</style>
<body>
    <h4>设置边界框</h4>
    <p id="p1">人生若只如初见，何事秋风悲画扇。</p>
    <p id="p2">等闲变却故人心，却道故人心易变。</p>
</body>
```

图 6-6　设置边框属性

6.4　盒子之间的关系

单独的一个盒子不难理解，但在实际网站建设中网页都是很复杂的，一个网页中可能存在着大量的盒子，并且它们之间以各种关系相互影响着。为了适应各种排版要求，CSS 规范的思路是：先确定一种标准的排版模式，即"标准流"。

但仅通过标准流方式，很多排版是无法实现的，因此 CSS 规范中又给出了另外几种对盒子进行布局的方法，包括"浮动"和"定位"等属性，可以对某些元素进行特殊排版。

137

6.4.1 标准文档流

标准文档流（Normal Document Stream）简称"标准流"，是指在不使用其他与排列和定位相关的特殊 CSS 规则时，各种元素默认的排列规则为：从上到下，从左到右，遇块（块级元素）换行。即块元素占满指定的宽度，不指定宽度则占满整行（如 p、div 元素），内联元素则是在行内一个接一个的从左到右排列（如 a、span 元素）。这种默认的布局方式使用起来简单，但也有很大的局限性：只能从上到下显示内容，无法实现图文环绕混排的效果；无法实现两列或者多列的布局，不能很好地利用页面空间。

为了更好地理解 HTML 中各种元素默认的排列规则，下面介绍 HTML 元素的分类。HTML元素基本分为如下两类。

1. 块级元素（block level）

每个块级元素都独自占一行，其后的元素另起一行显示，不能两个元素共用一行。对于块级元素来说，元素的高度、宽度、行高和顶底边距等都是可以设置的。如果不设置元素的宽度，则默认为父元素的宽度。

例如 li 占据着一个矩形的区域，并且与相邻的 li 依次竖直排列，不会排在同一行中。ul 也具有同样的性质，占据着一个矩形的区域，并且和相邻的 ul 依次竖直排列，不会排在同一行中。这类元素称为"块级元素"，即它们总是以一个块的形式表现出来，并且与同级的兄弟块依次竖直排列，左右撑满。

常见的块级元素包括：div、p、h1~h6、ol、ul、dl、table、address、blockquote、form 等。

2. 行内元素（inline）

文字这类元素各个字母之间横向排列，到最右端自动折行，这种元素称为"行内元素"。行内元素可以和其他元素处于一行，不必另起一行。元素的高度、宽度及顶部和底部边距不可设置。元素的宽度就是它包含的文字、图片的宽度，不可改变。

例如<strong></strong>标签就是一个典型的行内元素，这个标签本身不占有独立的区域，仅仅是在其他元素的基础上指出了一定的范围。再如，最常用的<a>、<span>等标签也是行内元素。

6.4.2 定位

1. 定位的基本概念

定位广义上指将某个元素放在某一个指定的位置，狭义上是指在 CSS 中通过 position 属性来帮助用户对元素进行定位。

CSS 提供了三种基本的定位机制：标准文档流（标准流）、浮动和绝对定位。除非专门指定，否则所有框都在标准流中定位。也就是说，标准流中的元素的位置由元素在(X)HTML 中的位置决定。

定位

2. position 属性

position 属性用来定义层的定位方式。

（1）基本语法。

```
position: static | absolute | fixed | relative;
```

（2）语法说明。

通过使用 position 属性，可以选择 4 种不同类型的定位，这会影响元素框生成的方式。position 属性说明如表 6-4 所示。

表 6-4　position 属性说明

取值	说明	参照物
position : static	静态定位	默认值，元素出现在正常的标准流中（忽略 top、bottom、left、right 或者 z-index 声明）
position : relative	相对定位	自己原来的位置
position : absolute	绝对定位	已定位的祖先元素/浏览器视口
position : fixed	固定定位	浏览器视口（并不是所有的浏览器都支持）

下边详细介绍这四种定位方式。

① 静态定位。

静态定位（static）是默认的属性值，即没有定位，除非专门指定，否则所有框都在标准流中定位，即元素框正常生成。块级元素生成一个矩形框，作为文档流的一部分，行内元素则会创建一个或多个行框，置于其父元素中。

【案例 6-5】 静态定位。网页中定义 2 个 div，其中一个嵌套在另一个 div 中，且 2 个 div 都是静态定位，网页按照文档的标准流进行展示，核心代码如下所示，页面效果如图 6-7 所示。

```
<head>
<style type="text/css">
    #id1{
        width:200px;
        height:200px;
        border:1px solid #00F;
        background-color:#CCC;
        }
    #id2{
        position:static;/*此行代码可以省略*/
        width:100px;
        height:100px;
        border:1px solid red;
        background-color:#0FF;
        }
</style>
</head>
<body>
    <div id='id1'>
        <div id='id2'>
                </div>
        </div>
</body>
```

> 如果不设置 position 属性，div 元素同样默认采用静态定位

从上述代码中可以看出，定义 2 个 div 块，设定 position 属性值为 static，与未设定 position 属性没有任何区别，元素仍保持原有的位置不变。

② 相对定位。

相对定位（relative）的元素是相对于它本身原来的位置进行定位。相对定位的元素没有脱离文档流，只是按照 left、right、top、bottom 值进行了位置的偏移。元素相对定位后，仍然在文档流中占据原来的空间。其中 top 定义定位元素的上外边

图 6-7　静态定位效果

距边界与其元素本身原来位置上边界之间的偏移；left 定义定位元素的左外边距边界与其元素本身原来位置左边界之间的偏移；right 定义定位元素的右外边距边界与其元素本身原来位置右边界之间的偏移；bottom 定义定位元素的下外边距边界与其元素本身原来位置下边界之间的偏移。

元素相对定位后，如果不设置宽度，则宽度保持原来的大小；如果使用百分比设置宽度，则宽度根据文档流中父元素的宽度进行计算。

元素相对定位后，如果未设置 left、right、top、bottom 值，则保持原来位置，且对文档流中的其他元素无影响。

设置相对定位的语法如下。

```
position:relative;
```

如果对一个元素进行相对定位，则首先它出现在其所在的位置上，然后通过设置垂直或水平位置，让这个元素"相对"它的原始起点进行移动。

相对定位时，无论是否进行移动，元素仍然占据原来的空间。因此，移动元素会导致它覆盖其他框。假设在网页中定义了 3 个 div，其中第二个 div 设置相对定位，且分别设置其 top 属性为−60px，left 属性值为 80px，则根据相对定位的原理，其展示效果如图 6-8 所示。

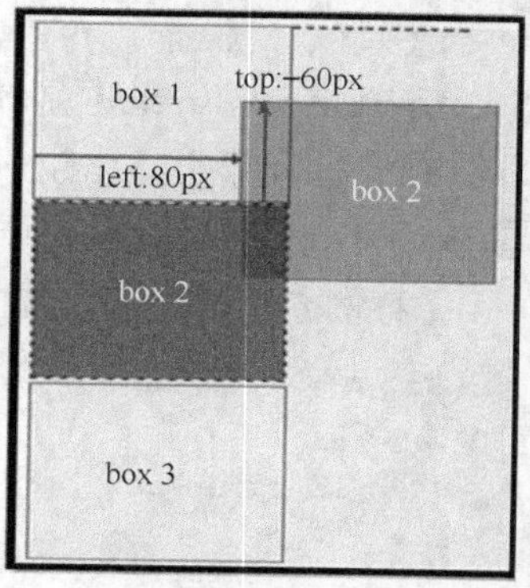

【案例 6-6】 相对定位。网页中定义 2 个 div，其中一个嵌套在另一个 div 中，第 2 个 div 设置为相对定位，并设置 left 属性和 top 属性值均为 20px，核心代码如下所示，页面效果如图 6-9 所示，请根据该案例理解相对定位的含义。

图 6-8　相对定位图解说明

```
<head>
<style type="text/css">
#id1 {
    width: 200px;
    height: 200px;
    border: 1px dashed #00F;
    background-color: #CCC;
}
#id2 {
    position: relative;/* 为id2设置属性为相对定位 */
    left: 20px;/* 设置相对于原来的位置（左上角），向右移动20px */
    top: 20px;  /* 设置相对于原来的位置（左上角），向下移动20px */
    width: 100px;
    height: 100px;
    border: 1px solid red;
    background-color: #0FF;
} </head>
<body>
    <div id='id1'>
        <div id='id2'>
            </div>
    </div>
</body>
```

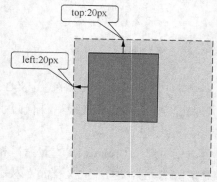

从案例 6-6 可以看出，position 属性值设置为 relative 时，页面元素采用相对定位的方式，使元素发生相对位移。水平

图 6-9　相对定位效果

方向通过 left 或 right 属性、垂直方向通过 top 或 bottom 属性指定偏移量。

③ 绝对定位。

绝对定位（absolute）的元素相对于最近的已定位的祖先元素进行定位。如果不存在已定位的祖先元素，则相对于浏览器窗口进行定位。元素绝对定位后，将脱离文档流，不再占据原来的空间。

元素绝对定位后，如果未设置宽度，则收缩到最小。如果使用百分比设置宽度，则宽度根据定位参照物的宽度进行计算。

元素绝对定位后，如果未设置 left、right、top、bottom 值，则保持原来位置，但文档流中的其他元素将占据它的空间。元素绝对定位后，可以用 z-index 属性设置层叠顺序。其中 top 定义定位元素的上外边距边界与其已定位的祖先元素上边界之间的偏移，left 定义定位元素的左外边距边界与其已定位的祖先元素左边界之间的偏移，right 定义定位元素的右外边距边界与其已定位的祖先元素右边界之间的偏移，bottom 定义定位元素的下外边距边界与其已定位的祖先元素下边界之间的偏移。

设置绝对定位的语法如下：

```
position:absolute;
```

绝对定位使元素脱离文档流，因此不占据空间。标准文档流中元素的布局就像绝对定位的元素不存在时一样。如图 6-10 所示。通过该图希望读者深入了解绝对定位的含义。

因为绝对定位的框与文档流无关，所以它们可以覆盖页面上的其他元素并可以通过 z-index 来控制其层级次序。z-index 的值越高，它越在上层显示。

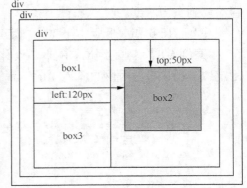

图 6-10　绝对定位图解说明

【案例 6-7】　绝对定位。对案例 6-6 进行修改，把第 2 个 div 修改为使用绝对定位，请读者比较两个案例的不同点。核心代码如下所示，页面显示效果如图 6-11 所示。

```
<head>
<meta http-equiv="Content-Type" content="text/html; charset=utf-8">
<title>无标题文档</title>
<style type="text/css">
#id1 {
    width: 200px;
    height: 200px;
    border: 1px dashed #00F;
    background-color: #CCC;
}
#id2 {
    position: absolute;/* 为 id2 设置属性为绝对定位 */
    left: 20px;/* 设置相对于浏览器窗口（左上角），向右移动 20px */
    top: 20px; /* 设置相对于浏览器窗口（左上角），向下移动 20px */
    width: 100px;
    height: 100px;
    border: 1px solid red;
    background-color: #0FF;
}
```

```
</style>
</head>
<body>
<div id='id1'>
  <div id='id2'> </div>
</div>
</body>
</html>
```

④ 固定定位。

固定定位（fixed）时，元素框的表现类似将 position 设置为 absolute，差异在于固定元素的包含块是视窗本身。这使用户创建的浮动元素总是能够出现在窗口中相同的位置。例如，博客评论表单采用固定定位，在页面

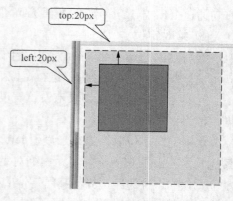

图 6-11　绝对定位效果

滚动时会一直出现在屏幕的某个固定位置。这有助于改进易用性，用户不必为了发表评论而一直滚动到页面底部。

注意：IE 6 和更低版本不支持固定定位，IE 7 部分支持此属性。

【案例 6-8】　固定定位。网页中设计 2 个 div，第 1 个 div 采用绝对定位，第 2 个 div 采用固定定位，请读者运行网页深入了解二者的区别。核心代码如下所示，页面效果如图 6-12 所示。

```
<html>
<head>
<meta http-equiv="Content-Type" content="text/html; charset=utf-8">
<title>固定定位案例</title>
<style type="text/css">
body {
  margin:0px;
  padding:0px;
  height:1500px;
}
.inspur-absolute{
  width:100px;
  height:100px;
  background-color:#0094ff;
  position:absolute;
  left:50px;
  top:30px;
}
.inspur-fixed{
  width:100px;
  height:100px;
  background-color:#0094ff;
  position:fixed;
  right:50px;
  top:30px;
}
</style>
</head>
<body>
 <div class="inspur-absolute">绝对定位</div>
 <div class="inspur-fixed">固定定位</div>
</body>
</html>
```

当用鼠标向下拖动滚动条时，固定定位的div会固定不动，而绝对定位的div会随着
滚动条的移动而向上移动。

图 6-12　固定定位

6.4.3　浮动

块级元素都是独占一行，如果想让两个块级元素在一行内显示，设置元素浮
动即可实现。

在 CSS 中，任何元素都可以浮动。浮动元素会生成一个块级框，而不论它
本身是何种元素；要为其指明一个宽度，否则它会尽可能地窄。另外，当可供浮
动的空间小于浮动元素时，它会在下一行显示，直到拥有足够放下它的空间为止。

浮动

1．浮动（float）属性

float 属性把一个网页元素移动到网页（或者其他包含块）的一边，脱离常规文档流而表现
为向右或向左浮动。基本语法如下：

```
float: right | left | none;
```

浮动的框可以向左或向右移动，直到它的外边缘碰到包含框或另一个浮动框的边框为止。
由于浮动框不在文档的标准流中，所以文档的标准流中的块框表现得就像浮动框不存在一样。

如图 6-13 所示，当框 1 向右浮动时，它脱离文档流并且向右移动，直到它的右边缘碰到包
含框的右边缘。

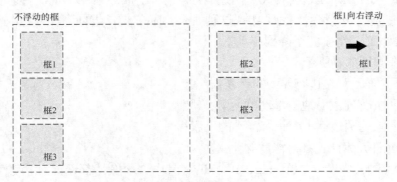

图 6-13　向右浮动

如图 6-14 所示，当框 1 向左浮动时，它脱离文档流并且向左移动，直到它的左边缘碰到包含框
的左边缘。因为它不再处于文档流中，所以它不占据空间，实际上覆盖了框 2，使框 2 从视图中消失。

如果所有三个框都向左移动，那么框 1 向左浮动直到碰到包含框，另外两个框向左浮动直
到碰到前一个浮动框。

如图 6-15 所示，如果包含框太窄，无法容纳水平排列的三个浮动元素，那么其他浮动块向
下移动，直到有足够的空间。如果浮动元素的高度不同，那么当它们向下移动时可能被其他浮

动元素"卡住"。

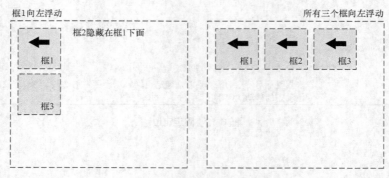

图 6-14　向左浮动

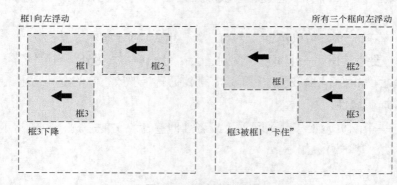

图 6-15　浮动元素的移动

2. 清除浮动（clear）属性

如图 6-15 所示，当浮动元素在向下移动时被其他元素"卡住"，可以使用清除浮动属性解决这个问题。clear 属性规定是否允许元素两边有浮动对象，可以终结出现在它之前的浮动，即可清除元素两边的其他浮动元素。为了实现这种效果，应在被清理的元素的上外边距上添加足够的空间，使元素的顶边缘垂直下降到浮动框下面。

clear 的 4 个属性如下所示：

① left，不允许元素左边有浮动的元素；

② right，不允许元素右边有浮动的元素；

③ both，元素的两边都不允许有浮动的元素；

④ none，允许元素两边都有浮动的元素。

【**案例 6-9**】　网页中设计 2 个 img，1 个 div，其中 2 个图片都设置为浮动属性，一个 float 属性值为 left，另一个 float 属性值为 left，div 不设置浮动，也未使用 clear 属性，默认不清除浮动的效果。核心代码如下所示，页面效果如图 6-16 所示。

```
<html>
<head>
<meta http-equiv="Content-Type" content="text/html; charset=utf-8">
<title>清理浮动案例</title>
<style type="text/css">
    #fruit {
        float: left;
```

```
    }
    #coat {
        float: right;
    }
</style>
</head>

<body>
<img src="image/fruit.jpg" alt="水果" id="fruit" />
<img src="image/coat.jpg" alt="服装" id="coat" />
<div id="example"> 这是一个例子<br />
   一个服装图片<br />
   一个水果图片<br />
   这是一个例子<br />
   一个服装图片<br />
   一个水果图片
</div>
</body>
</html>
```

图 6-16 未使用 clear 属性

【**案例 6-10**】 在案例 6-9 基础上，设置 div 使用 clear 属性，其属性值设置为 left，即清除 div 左侧的浮动元素，核心代码如下所示，页面效果如图 6-17 所示。

```
#example{
        clear: left;
    }
```

图 6-17 clear 属性设置值为 left

【**案例 6-11**】 在案例 6-9 基础上，设置 div 使用 clear 属性，其属性值设置为 both，即清除 div 两侧浮动元素，核心代码如下所示，页面效果如图 6-18 所示。

```
#example{
        clear: both;
    }
```

这是一个例子
一个服装图片
一个水果图片
这是一个例子
一个服装图片
一个水果图片

图 6-18　clear 属性设置值为 both

6.5　DIV+CSS 布局

DIV+CSS
布局

现在大部分主流的、大型的 IT 企业的网站布局都采用 DIV+CSS 技术，有些甚至采用 DIV+CSS+TABLE 表格混合方式进行页面布局设计。此类页面能够实现页面内容和表现的分离，提高网站的访问速度、节省带宽等。通过 DIV+CSS 可以更加精确地对页面元素进行控制，改变网站风格及后期网站的升级维护都十分方便。

DIV+CSS 布局的步骤大致有 4 步：第一步在整体上对页面进行分块；第二步使用<div>标签进行分块设计，清理<div>标签的嵌套以及层叠关系；第三步对<div>标签进行 CSS 定位；第四步在各个块中填充相应的内容。常见的页面布局方式如表 6-5 所示。下面重点介绍常用的几种页面布局方式。

表 6-5　常见的页面布局方式

多行布局	多行 2 列布局		多行 3 列布局		
#container	#container		#container		
#header	#header		#header		
#sidebar	#sidebar	#content	#sidebar1	#content	#sidebar2
#content	float:left	margin-left:240px	float:left	float:left	float:right
#footer	#footer	clear:both	#footer		clear:both

1. 三行（列）模式

三行（列）模式是把整个页面水平（垂直）分成三个区域，三行模式包含页面头部、主体、页脚三部分，三列模式包含左、中、右三部分。

【案例 6-12】　三行模式布局。核心代码如下所示，页面效果如图 6-19 所示。

```
<title>三行模式</title>
    <style type="text/css">
```

```
        #header, #footer{
                height: 100px;
                background:#9FF;
        }
        #content{
                height: 200px;
                background:#FCF;
        }
    </style>
<body>
    <div id="header" >页面头部</div>
    <div id="content" >主体</div>
    <div id="footer" >页脚</div>
</body>
```

图 6-19　三行模式布局

【案例 6-13】　三列模式布局。核心代码如下所示，页面效果如图 6-20 所示。

```
<title>三列模式</title>
    <style type="text/css">
        #left{
                width: 25%;
                height:70px;
                background:#9FF;
                float:left;

        }
        #content{
                width: 50%;
                background:#FCF;
                height:70px;
                float:left;
        }
        #right{
                width: 25%;
                background:#9FF;
                height:70px;
                float:left;
        }
    </style>
<body>
    <div id="left" >左</div>
    <div id="content" >中</div>
    <div id="right" >右</div>
</body>
```

147

图 6-20　三列模式布局

2. 三行两列、三行三列模式

三行两列、三行三列模式将整个页面水平分成三个区域，即将页面分成三行，然后将中间区域分成两列或三列。

【**案例 6-14**】　三行两列模式布局。核心代码如下所示，页面效果如图 6-21 所示。

```html
<title>三行两列模式</title>
  <style type="text/css">
        #header, #footer{
              height: 50px;
              width:100%;
              background:#FCF;
        }
        #content{
              height: 100px;
              width:100%;
        }
        #left{
              height: 99px;
              width:30%;
              float:left;
              background:#CCC;
        }
        #main{
              height: 99px;
              width:70%;
              float:left;
              background:#9CF;
        }
  </style>
<body>
     <div id="header" >页面头部</div>
     <div id="content" >
         <div id="left" >左侧菜单栏</div>
           <div id="main" >右侧 main 主体内容</div>
     </div>
     <div id="footer" >页脚</div>
</body>
```

图 6-21　三列两列模式布局

【案例 6-15】　三行三列模式布局。核心代码如下所示，页面效果如图 6-22 所示。

```
<title>三行三列模式</title>
  <style type="text/css">
        #header, #footer{
               height: 50px;
               width:100%;
               background:#FCF;
        }
        #content{
               height: 100px;
               width:100%;
        }
        #left{
               height: 99px;
               width:25%;
               float:left;
               background:#CCC;
        }
        #main{
               height: 99px;
               width:50%;
               float:left;
               background:#9CF;
        }
        #right{
               height: 99px;
               width:25%;
               float:left;
               background:#CCC;
        }
  </style>
<body>
     <div id="header" >页面头部</div>
     <div id="content" >
         <div id="left" >左侧菜单栏</div>
         <div id="main" >main 主体内容</div>
         <div id="right" >右侧列表</div>
      </div>
     <div id="footer" >页脚</div>
</body>
```

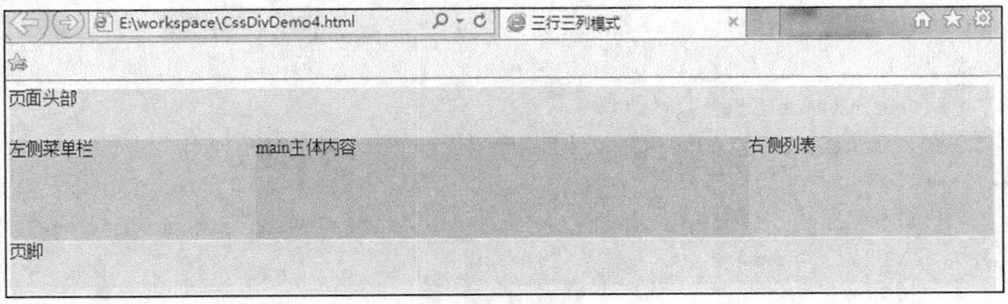

图 6-22　三行三列模式布局

6.6 CSS 高级综合案例

以"贵州农行客户经理信息管理系统"为例，利用表格标签、DIV+CSS 技术进行网站导航菜单的布局设计，完成图 6-23 所示的效果。

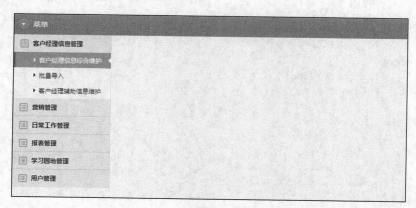

图 6-23　网页设计

HTML 页面核心代码如下所示，其中详细代码参见文件：\案例\ch6\left.html。

```
<link href="css/style.css" rel="stylesheet" type="text/css" />
<body style="background:#f0f9fd;">
    <div class="lefttop"><span></span>菜单</div>
    <dl class="leftmenu">
        <dd>
        <div class="title">
        <span><img src="images/leftico01.png" /></span>客户经理信息管理
        </div>
            <ul class="menuson">
            <li><cite></cite><a href="manager/clientMgr.html" target="rightFrame">
客户经理信息综合维护</a><i></i></li>
            <li><cite></cite><a href="manager/clientMgrImport.html" target=
"rightFrame">批量导入</a><i></i></li>
            <li><cite></cite><a href="manager/clientMgrInfoOther.html"  target=
"rightFrame">客户经理辅助信息维护</a><i></i></li>
            </ul>
        </dd>
        <dd>
        <div class="title">
        <span><img src="images/leftico01.png" /></span>营销管理
        </div>
            <ul class="menuson">
            <li><cite></cite><a href="manager/clientInfo.html" target="rightFrame">
客户信息管理</a><i></i></li>
            <li><cite></cite><a href="manager/marketRecord.html" target="rightFrame">
营销记录管理</a><i></i></li>
            </ul>
        </dd>
```

```
        <dd>
         <div class="title">
         <span><img src="images/leftico01.png" /></span>日常工作管理
         </div>
             <ul class="menuson">
             <li><cite></cite><a href="manager/regularMeeting.html" target="rightFrame">
例会管理</a><i></i></li>
             <li><cite></cite><a href="manager/workMgr.html" target="rightFrame">工作
管理</a><i></i></li>
             </ul>
        </dd>
        <dd>
         <div class="title">
         <span><img src="images/leftico01.png" /></span>报表管理
         </div>
             <ul class="menuson">
             <li><cite></cite><a href="manager/clientMgrStat.html" target="rightFrame">
报表管理</a><i></i></li>
             </ul>
        </dd>
        <dd>
         <div class="title">
         <span><img src="images/leftico01.png" /></span>学习园地管理
         </div>
             <ul class="menuson">
             <li><cite></cite><a href="manager/studyMgr.html" target="rightFrame"> 学
习园地管理</a><i></i></li>
             </ul>
        </dd>
        <dd>
         <div class="title">
         <span><img src="images/leftico01.png" /></span>用户管理
         </div>
             <ul class="menuson">
             <li><cite></cite><a href="manager/userInfo.html" target="rightFrame"> 用
户管理</a><i></i></li>
             </ul>
        </dd>
    </dl>
    </body>
```

CSS 样式核心代码如下所示，其中详细代码参见文件：\案例 ch6\css\style.css。

```
/*left.html*/
.lefttop{
      background:url(../images/lefttop.gif) repeat-x;
      height:40px;color:#fff;
      font-size:14px;
      line-height:40px;}
.lefttop span{
     margin-left:8px;
     margin-top:10px;
```

```
            margin-right:8px;
            background:url(../images/leftico.png) no-repeat;
            width:20px; height:21px;float:left;}
    .leftmenu{
        width:187px;
        padding-bottom: 9999px;
        margin-bottom: -9999px;
        overflow:hidden;
        background:url(../images/leftline.gif) repeat-y right;}
    .leftmenu dd{
        background:url(../images/leftmenubg.gif) repeat-x;
        line-height:35px;
        font-weight:bold;
        font-size:14px;
        border-right:solid 1px #b7d5df;}
    .leftmenu dd span{
        float:left;
        margin:10px 8px 0 12px;}
    .leftmenu dd .menuson{display:none;}
    .leftmenu dd:first-child .menuson{display:block;}
    .menuson {line-height:30px; font-weight:normal; }
    .menuson li{cursor:pointer;}
    .menuson li.active{
        position:relative;
        background:url(../images/libg.png) repeat-x;
        line-height:30px; color:#fff;}
    .menuson li cite{
        display:block;
        float:left;
        margin-left:32px;
        background:url(../images/list.gif) no-repeat;
        width:16px;
        height:16px;
        margin-top:7px;}
    .menuson li.active cite{background:url(../images/list1.gif) no-repeat;}
    .menuson li.active i{
        display:block;
        background:url(../images/sj.png) no-repeat;
        width:6px;
        height:11px;
        position:absolute;
        right:0;
        z-index:10000;
        top:9px;
        right:-1px;}
    .menuson li a{
        display:block;
        *display:inline;
        *padding-top:5px;}
    .menuson li.active a{color:#fff;}
    .title{cursor:pointer;}
```

6.7　本章小结

本章首先介绍了 CSS 盒模型。盒模型是 CSS 控制页面布局时使用的一个很重要的概念。只有掌握了盒模型及其每个属性的用法，才真正能够灵活地运用 CSS 进行网页布局的设置。盒模型相关属性包括边界、边框、填充等。本章还介绍了多个盒子之间的相互关系及盒子的排列关系，浮动和定位的相关知识点，定位的基本概念，定位方式（包括静态定位、相对定位、绝对定位及固定定位），浮动属性和清除浮动属性等。最后讲解了如何综合运用盒模型、定位、浮动等相关概念和属性进行页面的各种布局。

习　　题

1. 网页布局的概念是把即将出现在网页中的所有元素进行_____。

2. 盒模型由_____、_____、_____和_____组成。

3. 盒子的定位方式有_____、_____、_____和_____。

4. 实现元素浮动的属性为_____，清除浮动可以使用_____属性。

5. CSS 中盒子的 padding 属性包括的属性有（　　）。

    A. 填充　　　　　　　B. 上填充　　　　　　　C. 底填充

    D. 左填充　　　　　　E. 右填充

6. CSS 中，下面不属于盒子模型属性的是（　　）。

    A. borderStyle　　　　B. margin　　　　　　C. padding　　　　D. border

7. 下列 CSS 规则中能够让图层 div 不显示的选项是（　　）。

    A. div{display:block;}　　　　　　　　　B. div{display:none;}

    C. div{display:inline;}　　　　　　　　　D. div{display:hidden;}

8. 下列 CSS 规则中能让列表项水平排列的选项是（　　）。

    A. li{float:left;}　　　B. li{float:none;}　　　C. li{float:middle;}　　D. li{float:up;}

9. 简述采用 DIV+CSS 技术进行页面布局的基本步骤。

上 机 指 导

1. 通过 CSS+DIV 实现鲜花网站的设计，具体要求如下。

（1）网站布局，由三个<div>组成，构建一行两列的网站页面。

（2）DIV1 设置背景图片，使用 table 表格实现上方菜单导航。

（3）DIV2 通过 form 表单+列表实现。

（4）DIV3 实现图 6-24 所示的排列展示效果。

（5）背景图片位于 image 文件夹下。

2. 通过 CSS+DIV 实现个人主页（见图 6-25）的设计具体要求如下。

（1）网站导航使用 table（已用矩形框标示出来）完成，宽度为 600px。

（2）网页布局：两列布局。

（3）背景图片位于 image 文件夹下。

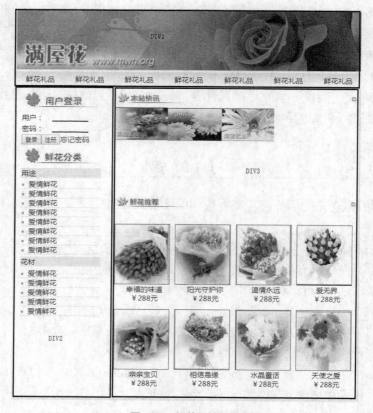

图 6-24　鲜花网站首页

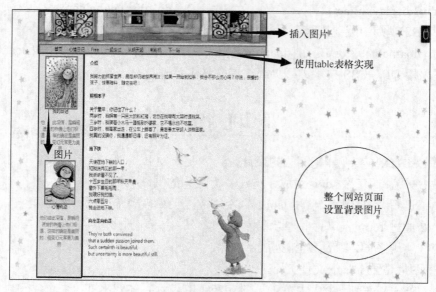

图 6-25　个人主页

第 7 章　CSS3 入门

学习目标

- 了解 CSS3 与 CSS2 的主要区别
- 掌握 CSS3 新增的选择器的使用方法
- 掌握 CSS3 新增的文本属性的使用方法
- 掌握 CSS3 新增的颜色模式的使用方法
- 掌握 CSS3 新增的边框属性的使用方法

7.1　CSS3 概述

从 2010 年开始, CSS3 与 HTML5 成为互联网技术中最受关注的两个技术，它们相辅相成，使互联网进入了一个崭新的时代。第 5 章和第 6 章介绍了 CSS 的基础知识和应用，本章将介绍 CSS3 相关的基础知识。

CSS3 概述

本章作为 CSS3 的入门内容, 会对 CSS3 做一个全面的概述，并对 CSS3 中新增的选择器、文本属性、颜色模式和边框属性进行详细介绍。

1. CSS3 简介

CSS3 是 CSS（层叠样式表）的进阶版本，是最新的 CSS 标准。相比之前的 CSS，它拆分和增加了盒模型、列表模块、语言模块、背景边框、文字特效和多栏布局等，并且增加了动画属性和 3D 属性，可以开发出有立体感的更加炫酷的 Web 网页。

CSS3 在兼容性上做了很多工作，已完全向后兼容，这也就意味着网络浏览器将继续支持 CSS2，原来的代码不需要做太多的改变，制作网页会变得更加轻松。

2. CSS3 发展历史

1996 年 12 月，CSS1（Cascading Style Sheets Level 1）诞生，成为 W3C 的推荐标准，这个版本包含了文字、颜色与背景的相关属性以及基本的选择器。

1998 年 5 月，CSS2（Cascading Style Sheets Level 2）正式推出，提供了比 CSS1 更强的 XML 和 HTML 文档的格式化功能，如浮动、定位等，同时增加了高级选择器。

早在 2001 年，W3C 就完成了 CSS3 的草案规范。CSS3 规范的一个新特点是其被分为若干个相互独立的模块。分成若干较小的模块，一方面有利于规范及时更新和发布，有利于及时调整模块的内容，这些模块独立实现和发布，也为日后 CSS 的扩展奠定了基础；另一方面，受支持设备和浏览器厂商的限制，设备或者厂商可以有选择地支持一部分模块，支持 CSS3 的一个子集，这样有利于 CSS3 的推广。

3. CSS3 的模块化结构

通过对 CSS3 发展历史的了解，我们知道 CSS3 遵循了模块化的开发，并且这些模块的发布并不是在一个时间点，而是在一个时间段。截至 2017 年，CSS3 各模块的规范情况如表 7-1 所示。

表 7-1　CSS3 中的模块

时间	标题	状态	模块
2007 年 8 月 9 日	基本盒模型	工作草案	css3-box
2011 年 4 月 12 日	多列布局	候选推荐（有新工作草案）	css3-multicol
2011 年 6 月 7 日	CSS3 颜色模块	推荐（有新候选推荐）	css3-color
2011 年 9 月 29 日	3 级选择器	推荐（有新候选推荐）	css3-selectors
2012 年 6 月 19 日	媒体查询	推荐	css3-mediaqueries
2013 年 3 月 14 日	CSS3 分页媒体模块	工作草案	css3-page
2013 年 4 月 4 日	CSS3 条件规则模块	候选推荐	css3-conditional
2013 年 8 月 1 日	CSS3 文本修饰模块	候选推荐	css-text-decor-3
2013 年 10 月 3 日	CSS3 字体模块	候选推荐	css-fonts-3
2014 年 3 月 20 日	CSS3 命名空间模块	推荐	css-namespaces-3
2014 年 5 月 13 日	CSS 分页媒体模块生成内容	工作草案	css-gcpm-3
2014 年 9 月 9 日	CSS3 背景和边框模块	候选推荐（有新候选推荐）	css3-background
2014 年 10 月 14 日	CSS3 超链接显示模块	已废弃	css3-hyperlinks
2014 年 10 月 14 日	CSS3 Marquee 模块	已废弃	css3-marquee
2014 年 2 月 20 日	CSS3 语法模块	候选推荐	css-syntax-3
2015 年 3 月 26 日	CSS 模板布局模块	记录	css-template-3
2015 年 7 月 7 日	CSS3 基本用户界面模块	候选推荐（有新提议推荐）	css-ui-3
2016 年 5 月 19 日	CSS3 级联和继承	候选推荐	css-cascade-3
2016 年 6 月 2 日	CSS3 生成内容模块	工作草案	css-content-3
2016 年 9 月 29 日	CSS3 取值和单位模块	候选推荐	css-values-3
2017 年 2 月 9 日	CSS3 片段模块	候选推荐	css-break-3
2017 年 12 月 7 日	CSS3 书写模式	候选推荐	css-writing-modes-3
2017 年 12 月 14 日	CSS3 计数器风格	候选推荐	css-counter-styles-3

4. CSS3 新增特性

与 CSS1 和 CSS2 相比，CSS3 的变化是革命性的，而不是仅限于局部功能的修订和完善。简单地说，CSS3 使得很多以前需要使用图片和脚本才能实现的效果，如今只需要几行代码就能实现。这不仅简化了开发人员的工作，而且还能加快页面载入的速度。下面介绍 CSS3 新增特性。

（1）强大的 CSS 选择器

CSS3 的选择器在 CSS2.1 的基础上进行了增强，它允许开发人员在开发过程中快速定位到特定的 HTML 元素而不必使用多余的 class、ID 或者 JavaScript 脚本。

（2）文字阴影效果

test-shadow 在 CSS2 中就已经存在，但是并没有被广泛应用。CSS3 采用了该特性，并重新进行了定义。该属性提供了一种新的跨浏览器的方案使文字看起来更醒目。

（3）@font-face 实现定制字体

@font-face 是 CSS3 中最被期待的特性之一，但是它在网站上仍然没有像其他 CSS3 属性那样被广泛普及，这主要受阻于字体授权和版权问题，但是这并不妨碍用户阅读具有特殊字体的文章，当然也可以在开发中定制特殊字体。

（4）使用 RGBA 实现透明效果

RGBA 和 HSLA 不仅可以设定色彩，还能设定元素的透明度。另外，还可以使用 opacity 属性定义元素的不透明度。

（5）圆角效果

border-radius 属性不需要背景图片就能给 HTML 元素添加圆角，可以让开发人员免于花费太多时间来寻找精巧的浏览器方案和基于 JavaScript 的圆角。

（6）边框背景图片

border-image 属性允许在元素的边框上设定图片，这使得原本单调的边框样式变得丰富多彩。该属性给开发者提供了一个很好的工具，用它可以方便地定义和设计元素的边框样式，也可以明确地定义一个边框应该如何缩放或平铺。

（7）多栏布局的实现

CSS3 让网页开发人员不必使用多个 div 标签就能实现多栏布局。浏览器能解释多栏布局属性并生成多栏，让文本实现类似纸质报纸的多栏结构。

（8）多背景图效果

CSS3 可以给背景属性设置多个属性值，如 background-image、background-repeat、background-size、background-position 等，这样就可以在一个元素上添加多层背景图片。

（9）盒子阴影

box-shadow 属性可以为 HTML 元素添加阴影而不需要使用额外的标签或背景图片。box-shadow 属性增强了网页设计的细节，但并不影响内容的可读性，也不会影响页面布局。

（10）媒体查询

媒体查询可以为不同的显示设备定义与其能力相适配的样式，此方案使开发者不必单独为不同的设备编写样式，也不需要使用 JavaScript 脚本确定用户浏览器的属性和功能，从而满足用户浏览器分辨率多样化的要求。

5. 简单的 CSS3 示例

通过对上面内容的学习，我们对 CSS3 的模块和模块化结构有了初步的认识，下面将通过一个示例，加深读者对 CSS3 的印象。

此示例通过 border-radius 属性给页面上的 div 区域设置边框圆角效果，通过 text-shadow 属性对 div 区域中的文本设置阴影效果，并让该 div 元素显示多背景图像。代码如下所示。

```html
<!DOCTYPE html>
<html>
    <head>
        <meta charset="utf-8" />
        <title>CSS3 示例</title>
        <style type="text/css">
            #example-div{
                width: 300px;                    /*定义 div 区域的宽度为 300px*/
```

```
                        height: 300px;                         /*定义 div 区域的高度为 300px*/
                        text-align: center;                    /*设置文字左右居中*/
                        line-height: 300px;                    /*设置文本行高为 300px*/
                        text-shadow:10px 10px 2px red ;        /*设置红色的文本阴影效果*/
                        font-size: 30px;
                        border-radius: 30px;                   /*设置 div 区域的圆角效果*/
                        border: 1px solid;
                        /*下面通过给 backgroud 设置多个 url 属性值,实现多背景效果*/
                        background:
                        url(img/background01.jpg)no-repeat scroll 0px 0px/300px 150px,
                        url(img/background02.jpg) no-repeat scroll 0px 150px/300px 150px
                }
            </style>
        </head>
        <body>
            <div id="example-div">
                简单的 CSS3 示例
            </div>
        </body>
    </html>
```

这段代码运行后结果如图 7-1 所示。

图 7-1　简单的 CSS3 示例效果

7.2　CSS3 新增选择器

通过使用选择器，可不需要在编辑样式时使用多余的没有任何语义的 class 属性，而是直接将样式和元素绑定起来，从而使网页结构代码变得更简洁，网站或 Web 应用程序完成之后修改样式所花费的时间也大大减少。

在第 5 章中已经介绍了 CSS 中的标签选择器、类选择器、id 选择器、派生选择器等基础的选择器，CSS3 在 CSS2 的基础上，追加了关系选择器、属性选择器和伪类选择器，让开发变得更加灵活，下面依次介绍。

7.2.1　关系选择器

CSS2 中已经定义了后代选择器（E 和 F）、子元素选择器（E>F）和相邻兄弟选择器（E+F）三个关系选择器。为了在开发过程中，能够更加灵活地定位到某个元素的兄弟元素，在 CSS3 中，新增加了兄弟选择器（E~F）。

关系选择器

兄弟选择器的语法：

```
E~F{ sRules }
```

兄弟选择器选择 E 元素后面的所有兄弟元素 F，元素 E 和 F 必须同属一个父级，这里需要注意以下两点。

（1）选择的只是与 E 同级的元素 F，后代中的元素 F 不会被选择。代码执行效果如图 7-2 所示。

在图 7-2 中可以看出，通过兄弟元素 div~p 设置的样式只作用在 p3 上，并没有作用在 p1 和 p2 上。在左侧代码中可以看出这几个元素的关系，定义 p3 的 p 元素和 div 元素是同级的兄弟元素，而定义 p1 和 p2 的 p 元素是 div 元素的后代元素，即兄弟选择器（E~F）只能选择与 E 元素同一父级的兄弟元素 F。

```
<!DOCTYPE html>
<html>
    <head>
        <meta charset="utf-8" />
        <title></title>
        <style type="text/css">
            div~p{
                color: red;
            }
        </style>
    </head>
    <body>
        <div>

            <p>p1</p>
            <p>p2</p>
        </div>
        <p>p3</p>
    </body>
</html>
```

图 7-2　兄弟选择器效果 1

（2）只选择 E 元素之后的元素 F，出现在 E 元素之前的元素 F，不会被选择。代码执行效果如图 7-3 所示。

在图 7-3 中可以看出，通过兄弟元素 div~p 设置的样式作用在了 p2 和 p3 上，并没有作用在 p1 上。在左侧代码中可以看出，定义 p1、p2、p3 的 p 元素和 div 元素是同级的兄弟元素，但是定义 p1 的 p 元素位于 div 元素的前面，而定义 p2 和 p3 的 p 元素位于 div 元素的后面，即兄弟选择器（E~F）只能选择 E 元素之后的 F 元素，位于 E 元素之前的 F 元素无法被选择。

图 7-3　兄弟选择器效果 2

```
<!DOCTYPE html>
<html>
    <head>
        <meta charset="utf-8" />
        <title></title>
        <style type="text/css">
            div~p{
                color: red;
            }

        </style>
    </head>
    <body>
        <p>p1</p>
        <div>
            div1
        </div>
        <p>p2</p>
        <p>p3</p>
    </body>
</html>
```

7.2.2 属性选择器

在 CSS3 中新增加了三个属性选择器，它们与 CSS2 中的属性选择器共同构成了 CSS 的功能强大的标签属性过滤体系。CSS3 中增加的属性选择器如表 7-2 所示。

表 7-2　CSS3 新增的属性选择器

选择器	描述
E[attr^="val"]	选择具有 attr 属性且属性值为以 val 开头的字符串的 E 元素
E[attr$="val"]	选择具有 attr 属性且属性值为以 val 结尾的字符串的 E 元素
E[attr*="val"]	选择具有 attr 属性且属性值为包含 val 的字符串的 E 元素

1. E[attr^="val"]属性选择器

E[attr^="val"]属性选择器选择的是所有设置了 attr 属性，并且 attr 属性的属性值是以 val 开头或者属性值是 val 的 E 元素。当然，也可以省略 E 选择器（[attr^="val"]），如果省略的话，会选择当前 CSS 样式表作用域中所有设置了 attr 属性，并且 attr 属性的属性值是以 val 开头或是 val 的所有元素。下面通过一个示例来介绍 E[attr^="val"]属性选择器，示例代码如下。

```html
<!DOCTYPE html>
<html>
    <head>
        <meta charset="UTF-8">
        <title></title>
            <style type="text/css">
            [class^="a"]{
                border: 1px solid blue;
            }
            li[class^="a"] {
                color: red;
            }
        </style>
    </head>

    <body>
        <ul>
            <li class="a">列表项目</li>
            <li class="abc">列表项目</li>
            <li class="bac">列表项目</li>
            <li class="cab">列表项目</li>
            <li class="abc">列表项目</li>
        </ul>
        <div class="adiv">这是一个 div</div>
    </body>
</html>
```

在上面的代码中，使用了 E[attr^="val"]和 [attr^="val"]两种用法，目的是给网页上所有设置了 class 属性，并且 class 属性值以 a 开头或 a 的元素添加蓝色的边框，设置其中的 li 元素的字体颜色为红色。执行效果如图 7-4 所示。

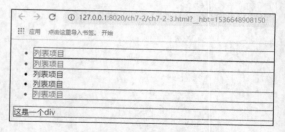

图 7-4　[attr^=val]属性选择器示例效果

2. E[attr$="val"]属性选择器

E[attr$="val"]属性选择器选择的是所有设置了 attr 属性，并且 attr 属性的属性值以 val 结尾或者属性值是 val 的 E 元素，同样 E 选择器也可以省略。E[attr$="val"]属性选择器示例代码如下。

```
<!DOCTYPE html>
<html>
    <head>
        <meta charset="UTF-8">
        <title></title>
        <style>
            /*选择设置了class属性，并且class的属性值以c结尾或是c的div元素*/
            div[class$="c"] {
                border: 2px solid red;    /*添加红色边框*/
            }
        </style>
    </head>
    <body>
        <div class="abc">1</div>      <!--class属性值以c结尾-->
        <div class="acb">2</div>
        <div class="bac">3</div>      <!--class属性值以c结尾-->
        <div class="c">4</div>        <!--class属性值为c-->
    </body>
</html>
```

上面的代码选择设置了 class 属性，并且 class 的属性值以 c 结尾或是 c 的 div 元素，给选中的元素添加红色的宽度为 2px 的实线边框，执行效果如图 7-5 所示。

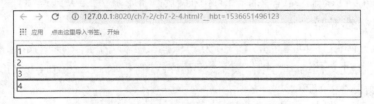

图 7-5　[attr$=val]属性选择器示例效果

3. E[attr*="val"]属性选择器

E[attr*="val"]属性选择器选择的是所有设置了 attr 属性，并且 attr 属性的属性值包含 val 或者属性值是 val 的 E 元素，同样 E 选择器也可以省略。可以直接把上面代码中的 div[attr$="val"] 修改为 div[attr*="val"]，然后看其效果与上面的代码有何不同。修改后的代码如下。

```
<!DOCTYPE html>
<html>
    <head>
        <meta charset="UTF-8">
        <title></title>
        <style>
            div[class*="c"] { /*选择设置class属性，class的属性值包含c的div元素*/
                border: 2px solid red;    /*添加红色边框*/
            }
        </style>
    </head>
    <body>
```

```
                    <div class="abc">1</div>       <!--class 属性值以 c 结尾-->
                    <div class="acb">2</div>       <!--class 属性值 c 位于中间-->
                    <div class="cba">3</div>       <!--class 属性值以 c 开始-->
                    <div class="c">4</div>         <!--class 属性值为 c-->
            </body>
    </html>
```

执行效果如图 7-6 所示。

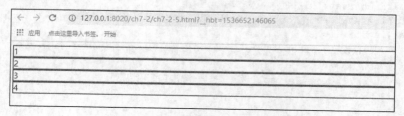

图 7-6　[attr*=val]属性选择器示例效果

在图 7-6 中可以看到，只要设置了 class 属性，而且 class 的属性值中包含 c，则不管 c 在开头位置还是在结尾位置，都可以选中该元素。

7.2.3　伪类选择器

有关伪类的概念和伪类选择器的用法等相关知识点，在 5.3.4 节有详细的讲解，此处不再赘述。本节重点介绍 CSS3 中常用的伪类选择器。通过元素的特征可把伪类选择器大体分为结构性伪类选择器、UI 元素状态伪类选择器、目标伪类选择器和否定伪类选择器。

1. 结构性伪类选择器

结构性伪类选择器的共同特征是允许开发者根据文档树中的结构来指定元素的样式，也就是说通过文档结构的相互关系来匹配特定的元素。CSS3 中主要的结构性伪类选择器如表 7-3 所示。

结构性伪类
选择器

表 7-3　CSS3 中的结构性伪类选择器

选择器	描述
E:root	匹配 E 元素所在文档的根元素，在 HTML 中，根元素永远是 HTML
E:empty	匹配没有任何子元素（包括 text 节点）的 E 元素
E:last-child	匹配父元素的最后一个子元素 E
E:only-child	匹配父元素仅有的一个子元素 E
E:nth-child(n)	匹配父元素的第 n 个子元素 E，假设该子元素不是 E，则选择器无效
E:nth-last-child(n)	匹配父元素的倒数第 n 个子元素 E，假设该子元素不是 E，则选择器无效

（1）root 选择器

root 选择器将样式绑定到页面的根元素中，也就是位于文档树中最顶层结构的元素。HTML 页面中的根元素是指包含着整个页面的"<html></html>"元素。下面使用 root 选择器为一个 HTML 页面指定背景颜色为黄色，页面字体颜色为红色，其效果如图 7-7 所示。

```
<!DOCTYPE html>
<html>
    <head>
        <meta charset="UTF-8">
```

```
        <title>结构性伪类选择器 E:root</title>
        <style type="text/css">
            html:root{
                background: yellow;
                color: red;
            }
        </style>
    </head>
    <body>
        <p>示例元素 P</p>
        <div>示例元素 div</div>
        <ul>
            <li>示例元素 ul-li-1</li>
            <li>示例元素 ul-li-2</li>
        </ul>
    </body>
</html>
```

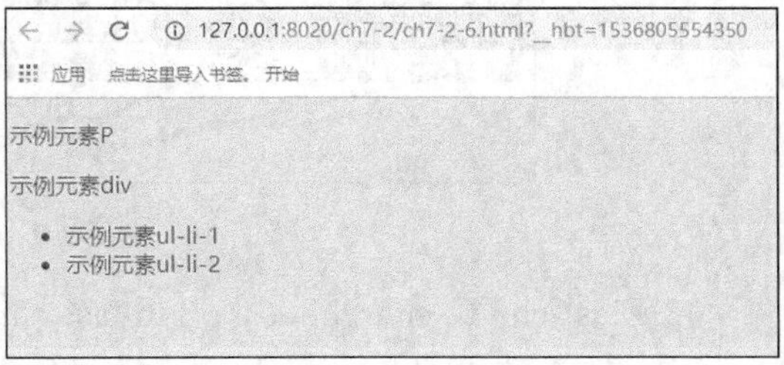

图 7-7　root 选择器效果图

（2）empty 选择器

empty 选择器指定当元素内容为空时使用的样式。例如，有一个表格，可以使用 empty 选择器指定当前表格中某个单元格内容为空时，该单元格背景为灰色，详细代码如下。

```
<html>
    <head>
        <meta charset="UTF-8">
        <title>结构性伪类选择器 E:empty</title>
        <style type="text/css">
            td:empty{
                background-color: darkgray;
            }
        </style>
    </head>
    <body>
        <table border="1px" cellpadding="0" cellspacing="0">
            <tr>
                <td>第一行第一列</td>
                <td>第一行第二列</td>
                <td></td>
            </tr>
            <tr>
                <td>第二行第一列</td>
                <td></td>
                <td>第二行第三列</td>
            </tr>
            <tr>
                <td></td>
                <td>第三行第二列</td>
                <td>第三行第三列</td>
            </tr>

        </table>
    </body>
```

执行效果如图 7-8 所示，可以看出设置的样式作用在了第一行的第三列、第二行的第二列和第三行的第一列。

163

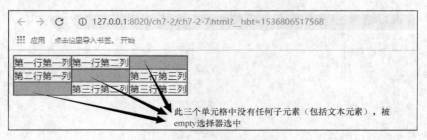

图 7-8　empty 选择器效果

（3）last-child、nth-child(n)、nth-last-child(n)、only-child 伪类选择器

last-child、nth-child(n)、nth-last-child(n)选择器能够特别针对一个父元素中的最后一个子元素、指定序号的子元素、第偶数个子元素或是第奇数个子元素进行样式的指定，only-child 选择器能够针对父元素中仅有的一个子元素进行样式的指定。下面通过一个综合的示例来对比介绍这几个结构性伪类选择器，示例代码如下。

```html
<!DOCTYPE html>
<html>
    <head>
        <meta charset="UTF-8">
        <title>结构性伪类选择器 E:empty</title>
        <style type="text/css">
            div{                        /*设置父级元素 div 的样式*/
                border: 1px solid;
                width: 250px;
                margin-top: 10px;
            }
            p{                          /*设置子元素 p 的共同的样式*/
                border: 1px solid;
                width: 200px;
                margin-left: 10px;
            }
            p:last-child{               /*设置子元素 p 的边框颜色为红色*/
                border-color: red;
            }
            p:nth-child(1){             /*设置第 1 个子元素 p 的背景颜色为黄色*/
                background: yellow;
            }
            p:nth-last-child(2){        /*设置倒数第 2 个子元素 p 的字体为楷体*/
                font-family: "楷体";
            }
            p:only-child{               /*设置该元素是唯一子元素的 p 的字体颜色为红色*/
                color: red;
            }
        </style>
    </head>
    <body>
        <div>
            <p>div1 中的第一个子元素</p>
            <p>div1 中的第二个子元素</p>
            <p>div1 中的第三个子元素</p>
```

```
            <p>div1 中的第四个子元素</p>
        </div>
        <div>
            <p>div2 中的第一个子元素</p>
            <p>div2 中的第二个子元素</p>
            <p>div2 中的第三个子元素</p>
        </div>
        <div>
            <p>div3 中的第一个子元素</p>
            <p>div3 中的第二个子元素</p>
        </div>
        <div>
            <p>div4 中的第一个子元素</p>
        </div>
    </body>
</html>
```

上面的代码执行效果如图 7-9 所示。

图 7-9　last-child、nth-child(n)、nth-last-child(n)、only-child 选择器效果

2. UI 元素状态伪类选择器

UI 元素状态伪类选择器的特点是，指定的样式只有当元素处于某种状态时才起作用，在默认的状态下不起作用。在 CSS3 中新增加了三个 UI 元素状态伪类选择器，分别是 checked 选择器、enabled 选择器和 disabled 选择器。

UI 元素状态
伪类选择器

165

（1）checked 选择器。

checked 选择器匹配用户界面上处于选中状态的元素，主要用于单选按钮（radio）和复选框（checkbox）。下面通过一个示例来学习 checked 选择器，该示例的网页有两个单选按钮和四个复选框，当选中某个单选按钮或是复选框时，对应的后面的文字变成红色字体，示例代码如下。

```html
<!DOCTYPE html>
<html>
    <head>
        <meta charset="UTF-8">
        <title>UI 元素状态伪类选择器</title>
        <style type="text/css">
            input:checked+span{
                color: red;
            }
        </style>
    </head>
    <body>
     <form>
      <ul>
      <li><input type="radio" name="r1"><span>被选中的变红色</span></li>
      <li><input type="radio" name="r1"><span>被选中的变红色</span></li>
      </ul>
      <ul>
      <li><input type="checkbox" name="c1"><span>被选中的变红色</span></li>
      <li><input type="checkbox" name="c1"><span>被选中的变红色</span></li>
      <li><input type="checkbox" name="c1"><span>被选中的变红色</span></li>
      <li><input type="checkbox" name="c1"><span>被选中的变红色</span></li>
      </ul>
     </form>
    </body>
</html>
```

执行效果如图 7-10 所示。

现在选中网页上的第二个单选框和第二、三个复选框，再来看看网页有什么变化吧？从图 7-11 中可以看出，被选中的元素后面对应的文字都变成了红色。

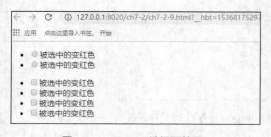

图 7-10　checked 选择器效果 1

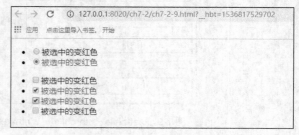

图 7-11　checked 选择器效果 2

（2）enabled 选择器和 disabled 选择器。

这两个伪类选择器主要通过元素的可用或禁用状态进行匹配，enabled 选择器匹配用户界面上处于可用状态的元素，disabled 选择器匹配用户界面上处于禁用状态的元素。下面通过一个示例对比介绍这两个伪类选择器，示例代码如下。

```
<!DOCTYPE html>
<html>
    <head>
        <meta charset="UTF-8">
        <title>UI 元素状态伪类选择器</title>
        <style type="text/css">
            input:enabled{    /*设置可用状态的 input 元素的文字颜色为绿色*/
                color: green;
            }
            input:disabled{    /*设置禁用状态的 input 元素的文字颜色为红色*/
                color: red;
            }
        </style>
    </head>
    <body>
        <form>
            <!--可用的 input 的元素-->
            <input type="text" value="可用状态的" /><br />
        <!--通过 disabled 禁用 input 元素-->
            <input type="text" value="禁用状态的" disabled="disabled" />
        </form>
    </body>
</html>
```

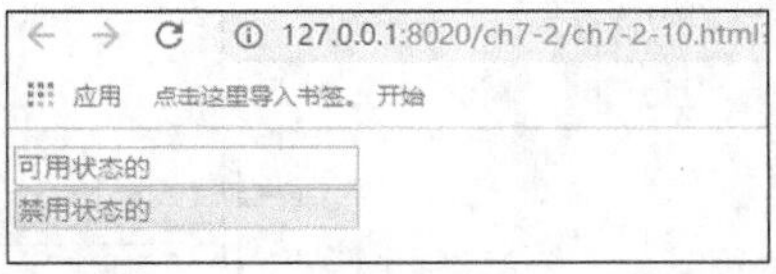

示例代码运行效果如图 7-12 所示，可用的元素的文字颜色为绿色，禁用元素的文字颜色为红色。

图 7-12　enabled 和 disabled 选择器效果

3. 目标伪类选择器

目标伪类选择器 E:target 匹配相关 URL 指向的 E 元素。URL 后面跟锚点#，指向文档内某个具体的元素。这个被链接的元素就是目标元素（target element），:target 用于选取当前活动的目标元素。下面为目标伪类选择器示例代码。

目标伪类选择器和否定伪类选择器

```
<!DOCTYPE html>
<html>
    <head>
        <meta charset="UTF-8">
        <title>目标伪类选择器</title>
        <style type="text/css">
            div{
                margin: 10px;
                border: 1px solid;
                width: 300px;
                line-height:100px;
                text-align: center;
                font-size: 20px;
            }
            .panel:target{    /*设置当前的目标元素的背景颜色为黄色,字体颜色为红色*/
                background: yellow;
                color: red;
            }
        </style>
    </head>
    <body>
        <a href="#div1">链接第一个 div</a>
        <a href="#div2">链接第二个 div</a>
```

```
        <a href="#div3">链接第三个 div</a>
        <div class="panel" id="div1">
            第一个 div 元素
        </div>
        <div class="panel" id="div2">
            第二个 div 元素
        </div>
        <div class="panel" id="div3">
            第三个 div 元素
        </div>
    </body>
</html>
```

当初次打开上述代码定义的网页时，页面效果如图 7-13 所示。

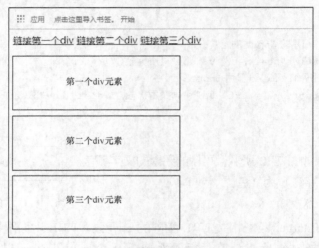

图 7-13　target 选择器效果 1

依次单击网页上的三个超链接，看看网页会有什么变化。首先单击"链接第一个 div"，网页变化如图 7-14 所示，在 CSS 中定义的样式作用在第一个 div 元素上，它的背景颜色变成了黄色，并且该元素中的文字变成了红色字体。

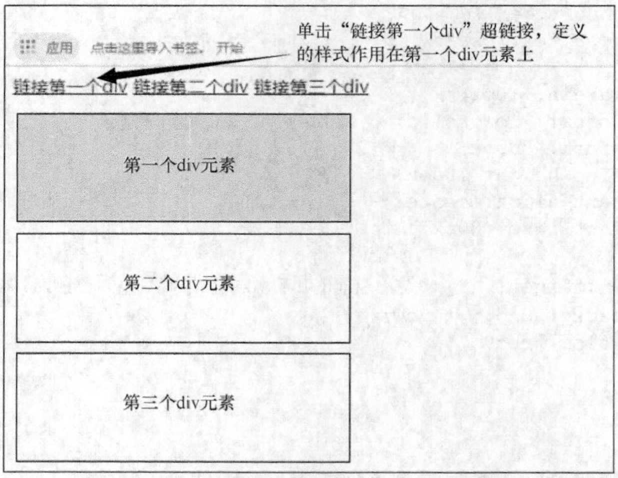

图 7-14　target 选择器效果 2

然后试着单击"链接第二个 div"，网页变化如图 7-15 所示，在 CSS 中定义的样式在第一个 div 元素中失效并且直接作用在第二个 div 元素中。

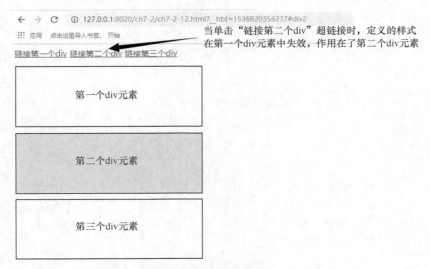

图 7-15　target 选择器效果 3

最后单击"链接第三个 div"，网页变化如图 7-16 所示，CSS 中定义的样式又在第二个 div 元素中失效并且作用在第三个 div 元素中。

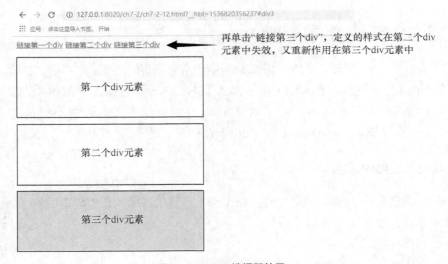

图 7-16　target 选择器效果 4

从上面的示例可以看出，当超链接链接到哪个 div 元素时，这个 div 元素就是当前页面活动的目标元素，在 CSS 中使用 target 选择器定义的样式会作用在当前的目标元素上。

4. 否定伪类选择器

否定伪类选择器 E:not(s)匹配不含有 s 选择器的元素 E。有了这个选择器，开发者可以很好地处理类似下面的场景：假定有个列表，每个列表项都有一条底边线，但是最后一项不需要底边线，代码如下。

```
<!DOCTYPE html>
<html>
    <head>
        <meta charset="UTF-8">
        <title>否定伪类选择器</title>
        <style type="text/css">
            ul li{
                width: 200px;
            }
            ul li:not(:last-child){
                border-bottom: 1px solid;
            }
        </style>
    </head>
    <body>
        <ul>
            <li>第一项列表</li>
            <li>第二项列表</li>
            <li>第三项列表</li>
            <li>最后一项列表</li>
        </ul>
    </body>
</html>
```

代码执行效果如图 7-17 所示，除了最后一个列表外的其他列表都添加了底边线。

图 7-17　not(s)选择器效果

7.3　CSS3 新增文本属性

设置文本样式是 CSS 的基本使命。在 CSS1 中，W3C 初步制定了文本样式的基本体系，在 CSS2.1 中适当地进行了完善，在 CSS3 中，加大了对文本样式控制方面的革新力度，新增了文本属性。作为 CSS3 入门的内容，本节对 CSS3 中新增加的文本属性不做赘述，主要介绍 text-shadow、text-overflow、word-wrap 和 word-break 四个属性。

7.3.1　text-shadow 属性

text-shadow 属性是在 CSS2 中定义的，在 CSS2.1 中被删除，在 CSS3 中恢复并重新定义了它，增加了不透明度效果。

text-shadow 属性的语法：

```
text-shadow:none | <shadow> [ , <shadow> ]*;
<shadow> = <length>{2,3} && <color>?
```

text-shadow 属性的取值如下。

① none（默认值）：无阴影。

② <length>：第 1 个长度值用来设置对象的阴影水平偏移值。可以为负值。

③ <length>：第 2 个长度值用来设置对象的阴影垂直偏移值。可以为负值。

④ <length>：如果提供了第 3 个长度值，则用来设置对象的阴影模糊值。该值不允许为负值，如果仅需要模糊效果，将前两个 length 全部设置为 0 即可。

text-shadow 属性

170

⑤ <color>：设置对象的阴影的颜色。

下面通过简单的示例来进行介绍，如图 7-18 所示。

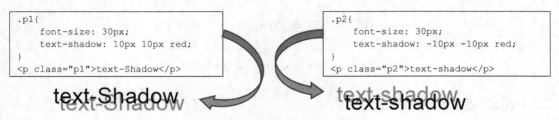

图 7-18　文字阴影示例 1

从图 7-18 的示例中可以看出红色（浅色）的 text-shadow 为文字阴影，text-shadow 属性的第一个值表示水平位移，第二个值表示垂直位移，正值表示偏右或偏下，负值表示偏左或偏上。

第二组示例，如图 7-19 所示。

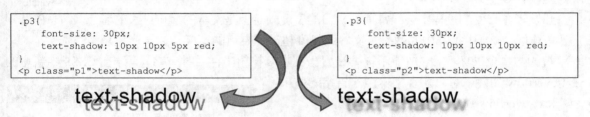

图 7-19　文字阴影示例 2

从图 7-19 的示例中可以看出 text-shadow 属性的第三个值表示文字阴影的模糊值，值越大，阴影越模糊。

另外，也可以给 text-shadow 设置多组属性，实现为文本设置多个阴影的效果，示例代码如下所示。

```
<!DOCTYPE html>
<html>
    <head>
        <meta charset="utf-8" />
        <title>text-shadow</title>
        <style type="text/css">
            .p1{
                font-size: 30px;
                margin-left:50px;
                /*为 p 设置多个属性值，实现多个阴影*/
                text-shadow: 30px 10px 10px red,
                             -30px -10px 10px blue,
                             30px -10px 10px yellow,
                             -30px 10px 10px green;
            }
        </style>
    </head>
    <body>
        <p class="p1">text-shadow</p>
    </body>
</html>
```

上述代码执行效果如图 7-20 所示，在 "text-shadow" 文本的上下左右分别形成了不同的阴影。

图 7-20　text-shadow 属性实现多阴影

7.3.2　text-overflow 属性

text-overflow
属性

在学习 text-overflow 属性之前，先来看图 7-21 所示的贴图。这张贴图是在百度新闻中截取的体育方面的图片，可以看到图片中被方框选中的两行文字后面都带有省略号。为什么这两行会有省略号呢？省略号是如何实现的呢？下面就带着这两个问题进入下面的学习。

开发者在开发的过程中会经常遇到栏目的宽度固定但是文本的字符过长的矛盾，就像图 7-21 中被选中的两行，文本的长度超过了栏目的宽度，为了避免超长字符的文本项破坏栏目的布局，需要设置当文本字符超出栏目时省略显示。在 CSS3 中新增的 text-overflow 属性就可以实现文本溢出省略的效果。

text-overflow 属性的语法：

```
text-overflow: clip | ellipsis;
```

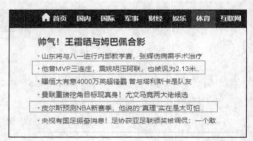

图 7-21　文本溢出省略效果

text-overflow 属性的取值如下。

① clip（默认值）：当内联内容溢出块容器时，将溢出部分裁切掉。

② ellipsis：当内联内容溢出块容器时，将溢出部分替换为（...）。

下面通过一个示例来介绍 text-overflow 属性，需要注意的是 text-overflow 属性不具备样式定义的功能，只是用于决定当文本溢出时是否显示省略标记，因此它必须与 overflow 属性和 white-space 属性联合使用。其中 overflow 属性的属性值应设为 hidden，把溢出的内容设为隐藏，white-space 属性的属性值设为 nowrap，强制文本在一行内显示，核心示例代码如下。

```html
<!DOCTYPE html>
<html>
    <head>
        <meta charset="utf-8" />
        <title>text-overflow</title>
        <style type="text/css">
            div{
                float: left;
                width: 300px;
            }
            .ul1 li p{
                width: 200px;
                overflow: hidden;          /*设置溢出隐藏*/
                white-space:nowrap;        /*设置段落文本不进行换行*/
                text-overflow: clip;       /*设置溢出内容裁剪*/
            }
```

```
            .ul2 li p{
                width: 200px;
                overflow: hidden;              /*设置溢出隐藏*/
                white-space:nowrap;            /*设置段落文本不进行换行*/
                text-overflow: ellipsis;      /*设置溢出内容替换为（...）*/
            }
        </style>
    </head>
    <body>
        <div>
            <p>clip:溢出裁剪</p>
            <ul class="ul1">
                <li><p>火箭跟安东尼决裂？哈登保罗发飙了，韦德站出来为甜瓜说话</p></li>
              <li><p>火箭战绩不佳的真凶浮现，无视替补、迷信跑轰的他迟早毁了火箭</p></li>
              <li><p>新消息，安东尼自己申请要走？</p></li>
              <li><p>为付家人巨额开支，中国传奇中锋今瘦骨嶙峋，38 岁仍打球赚钱</p></li>
              </ul>
        </div>
        <div>
            <p>ellipsis:溢出替换为...</p>
            <ul class="ul2">
              <li><p>火箭跟安东尼决裂？哈登保罗发飙了，韦德站出来为甜瓜说话</p></li>
              <li><p>火箭战绩不佳的真凶浮现，无视替补、迷信跑轰的他迟早毁了火箭</p></li>
              <li><p>新消息，安东尼自己申请要走？</p></li>
              <li><p>为付家人巨额开支，中国传奇中锋今瘦骨嶙峋，38 岁仍打球赚钱</p></li>
              </ul>
        </div>
    </body>
</html>
```

　　在图 7-22 中可以看出，当 text-overflow 的属性值设置为 clip 时，超出的文本会在栏目的边界处直接被裁剪掉，而如果将 text-overflow 的属性值设置为 ellipsis 时，超出的文本会被替换为省略号（...）显示。

图 7-22　text-overflow 属性效果

7.3.3　文本自动换行

　　在 CSS3 中，新增加了 word-wrap 和 word-break 两个属性让文字自动换行。它们原本是在 IE 中独自发展出来的文本换行属性，在 CSS3 中被 text 模块采用为标准属性，现在也得到了 Chrome 浏览器及 Safari 浏览器的支持。

word-wrap 属性语法：

```
word-wrap: normal | break-word;
```

word-wrap 属性取值如下。

① normal（默认值）：允许内容顶开或溢出指定的容器边界。

② break-word：内容在边界内换行，如果需要，单词内部允许断行。它要求一个不允许内部断行的单词，必须保持为一个整体单位，如果当前行无法放下整个单词，为了保证完整性，会将整个单词放到下一行进行展示。

　　下面通过一个示例介绍 word-wrap 属性，示例核心代码如下。

173

```
<!DOCTYPE html>
<html>
    <head>
        <meta charset="utf-8" />
        <title>text-overflow</title>
        <style type="text/css">
            .test p {
                width: 100px;
                border: 1px solid #000;
                background-color: #eee;
            }
            .normal p {
                word-wrap: normal;
            }
            .break-word p {
                word-wrap: break-word;
            }
        </style>
    </head>

    <body>
        <ul class="test">
            <li class="normal">
                <strong>normal: </strong>
                <p>aaabbbcccdddeeefffggghhhiiijjjkkklllmmmnnn</p>
            </li>
            <li class="break-word">
                <strong>break-word: </strong>
                <p>aaabbbcccdddeeefffggghhhiiijjjkkklllmmmnnn</p>
            </li>
            <li class="break-word">
                <strong>break-word: </strong>
                <p>中英混排的时候 abcdefghijklmnopqrst</p>
            </li>
        </ul>
    </body>
</html>
```

从图 7-23 中可以看出，如果将文本的 word-wrap 属性的属性值设置为 normal，则文本并没有换行，而是溢出了 ul 的边界；如果将文本的 word-wrap 属性值设置为 break-word，对于中文和英文语句换行是没有问题的，但是对于长串的英文就不起作用了，也就是说 word-wrap 属性控制是断词语，而不是断字符。

接下来我们再看 word-break 属性。有关属性的取值和含义请参见 5.6.2 节相关内容，此处不再赘述。

下面通过一个示例来介绍 word-break 属性的三个属性值，示例代码如下。

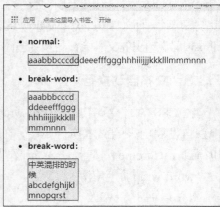

图 7-23　word-wrap 属性示例效果

```
<!DOCTYPE html>
<html>
    <head>
        <meta charset="utf-8" />
        <title>text-overflow</title>
        <style type="text/css">
```

```
            .test p {
                width: 100px;
                border: 1px solid #000;
                background-color: #eee;
            }
            .normal p {
                word-break: normal;
            }
            .keep-all p{
                word-break: keep-all;
            }
            .break-all p {
                word-break: break-all;
            }
        </style>
    </head>

    <body>
        <ul class="test">
            <li class="normal">
                <strong>normal: </strong>
                <p>OpenVZ is a container-based virtualization for Linux.</p>
            </li>
            <li class="keep-all">
                <strong>keep-all: </strong>
                <p>OpenVZ is a container-based virtualization for Linux.</p>
            </li>
            <li class="break-all">
                <strong>break-all: </strong>
                <p>OpenVZ is a container-based virtualization for Linux.</p>
            </li>
        </ul>
    </body>
    </html>
```

示例效果如图 7-24 所示。

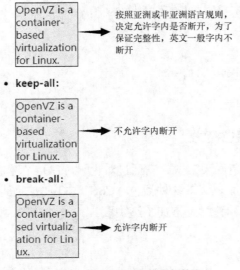

图 7-24　word-break 属性示例效果

7.4　CSS3 新增颜色模式

CSS3 新增颜色模式

在 CSS1 和 CSS2 中，主要通过颜色的名称、HEX 或 RGB 来定义网页元素的颜色样式。CSS3 完善了颜色控制功能，实现了对不透明效果的支持。CSS3 中新增的颜色模式如表 7-4 所示。

表 7-4　CSS3 中新增的颜色模式

属性	类型	说明
RGBA	颜色表示方式	RGBA 即在 RGB 的基础上增加一个透明度的设置
HSL	颜色表示方式	通过对色调（H）、饱和度（S）、亮度（L）三个颜色通道的改变控制以及它们相互之间的叠加来表示各式各样的颜色
HSLA	颜色表示方式	HSLA 即在 HSL 的基础上增加一个透明度的设置
opacity	颜色	定义颜色的不透明度

7.4.1　RGBA 颜色模式

RGBA 颜色模式是 RGB 模式的扩展，它在 RGB 模式上新增了 Alpha 透明度。

RGBA 语法：

```
rgba(r,g,b,a);
```

RGBA 模式的取值如下。

r：红色值，正整数或百分数。

g：绿色值，正整数或百分数。

b：蓝色值，正整数或百分数。

a：透明度，取值为 0～1。

如果 r、g、b 的值为正整数的话，取值范围为 0～255，如果是百分数的话，取值范围是 0.0%～100.0%。a 的取值范围为 0～1，如果值是 0 的话则完全透明，反之，如果值是 1 的话，则完全不透明，0～1 的任何值都表示该元素的不透明程度。下面为一个 div 元素设置透明度为 0.3 的红色背景，核心代码如下，执行效果如图 7-25 所示。

```
div{
    width: 300px;
    height: 300px;
    background: rgba(255,0,0,0.3);
}
<div>CSS3 中的颜色模式</div>
```

7.4.2　HSL 与 HSLA 颜色模式

图 7-25　执行效果

CSS3 新增加了 HSL 颜色表现方式，它通过对色调（H）、饱和度（S）、亮度（L）三个颜色通道的改变及其相互之间叠加来获得各种颜色。CSS3 中也增加了以 HSL 为基础扩展的 HSLA 颜色模式，在色调、饱和度和亮度上增加了透明度。

HSL 语法：

```
hsl(h,s,l);
```

HSLA 语法：

```
hsl(h,s,l,a);
```

HSLA 取值如下。

h 表示色调（Hue），取值为 0~360。其中 0、360 表示红色，60 表示黄色，120 表示绿色，180 表示青色，240 表示蓝色。

s 表示饱和度，取值为 0%~100%。其中 0%表示没有使用该颜色，100%表示颜色最为鲜艳。

l 表示亮度，取值为 0%~100%。其中 0%最暗，显示为黑色，50%为均值，100%最亮，显示为白色。

a 表示透明度，取值为 0~1。0 到 1 之间的任何值都表示该元素的不透明程度。

下面通过 HSLA 颜色模式实现为 div 元素设置透明度为 0.3 的红色背景的示例，核心代码如下，执行效果如图 7-26 所示。

```
div{
    width: 200px;
    height: 200px;
    /*HSLA: 设置为红色，透明度为 0.3*/
    background:hsla(360,100%,50%,0.3);
}
<div>CSS3 中的颜色模式</div>
```

图 7-26　执行效果

7.4.3　opacity 属性

CSS3 不仅增加了 HSLA 和 RGBA 颜色模式，还单独定义了 opacity 属性，通过该属性可以设置任何元素的不透明度，从而实现元素的半透明效果。opacity 的取值为 0~1，如果是 1，则元素是完全不透明的；若值为 0 时，元素是完全透明的。0 到 1 之间的任何值都表示该元素的不透明程度。

下面通过 opacity 属性修改 7.4.2 节的代码，看是否能实现同样的效果。核心代码如下，示例效果如图 7-27 所示。

```
div{
    width: 200px;
    height: 200px;
    /*采用 hsl 模式设置背景颜色为红色*/
    background: hsl(360,100%,50%);

    /*也可采用 rgb 的颜色模式设置背景颜色为红色*/
    /*background: rgb(250,0,0);*/

    /*也可采用颜色名称的方式设置背景颜色为红色*/
    /*background: red;*/

    opacity: 0.3;/*设置背景颜色的不透明度为 0.3*/
}

<div>CSS3 中的颜色模式</div>
```

将效果图进行对比可以看出，通过 opacity 属性设置的透明度同时作用在了 div 元素的背景颜色和 div 元素中的文本上，所以在实际的开发过程中要恰当地选择适合的颜色模式或属性。

图 7-27　示例效果

7.5 CSS3 新增边框属性

CSS3 中新增了两个边框属性，扩充了原盒模型的功能，分别是 border-radius 和 border-image 属性。

7.5.1 border-radius 属性

绘制圆角边框是 Web 网站或 Web 应用程序中经常用来美化页面效果的手法之一。在 CSS3 之前，需要使用图像文件才能达到这种效果。如果只靠样式就能完成圆角边框的绘制，对开发者来说无疑是一件可喜的事情。在 CSS3 中，只要使用 border-radius 属性指定好圆角的半径，就可以绘制圆角边框了。

border-radius
属性

border-radius 属性的语法：

```
border-radius:[<length>|<percentage>]{1,4}[/[ <length> | <percentage> ]{1,4} ]?;
```

border-radius 属性的取值如下。

* <length>：用长度值设置对象的圆角半径长度，不允许负值。
* <percentage>：用百分比设置对象的圆角半径长度，不允许负值。

border-radius 属性值提供 2 个参数（可设置为长度，也可以设置为百分比），2 个参数以 "/" 分隔，每个参数允许设置 1~4 个参数值，第 1 个参数表示水平半径，第 2 个参数表示垂直半径，如第 2 个参数省略，则默认其等于第 1 个参数。

当水平半径或垂直半径分别设置 1 个、2 个、3 个或 4 个参数值的情况如下。

① 如果提供全部 4 个参数值，则其参数值将按上左（top-left）、上右（top-right）、下右（bottom-right）、下左（bottom-left）的顺序作用于 4 个角。

② 如果提供 2 个参数值，则第 1 个参数值作用于上左（top-left）、下右（bottom-right），第 2 个参数值作用于上右（top-right）、下左（bottom-left）。

③ 如果提供 3 个参数值，则第 1 个参数值作用于上左（top-left），第 2 个参数值作用于上右（top-right）、下左（bottom-left），第 3 个参数值作用于下右（bottom-right）。

④ 如果只提供 1 个参数值，则将其作用于全部的 4 个角。

下面通过一个综合示例来验证上面所说的 4 种情况，示例代码如下。

```
<!DOCTYPE html>
<html>
    <head>
        <meta charset="utf-8" />
        <title>border-radius</title>
        <style type="text/css">
            ul {
                margin: 0;
                padding: 0;
            }
            li {
                list-style: none;
                margin: 10px 0 0 0;
                padding: 10px;
```

```
            background: #bbb;
            width: 300px;
        }
        .test .one {
            border-radius: 10px;
        }
        .test .two {
            border-radius: 10px 20px;
        }
        .test .three {
            border-radius: 10px 20px 30px;
        }
        .test .four {
            border-radius: 10px 20px 30px 40px;
        }
        .test2 .one {
            border-radius: 10px/5px;
        }
        .test2 .two {
            border-radius: 10px 20px/5px 10px;
        }
        .test2 .three {
            border-radius: 10px 20px 30px/5px 10px 15px;
        }
        .test2 .four {
            border-radius: 10px 20px 30px 40px/5px 10px 15px 20px;
        }
    </style>
</head>
<body>
    <h2>水平与垂直半径相同时：</h2>
    <ul class="test">
        <li class="one">提供 1 个参数<br />border-radius:10px;</li>
        <li class="two">提供 2 个参数<br />border-radius:10px 20px;</li>
        <li class="three">提供 3 个参数<br />border-radius:10px 20px 30px;</li>
        <li class="four">提供 4 个参数<br />border-radius:10px 20px 30px 40px;</li>
    </ul>
    <h2>水平与垂直半径不同时：</h2>
    <ul class="test2">
        <li class="one">提供 1 个参数<br />border-radius:10px/5px;</li>
        <li class="two">提供 2 个参数<br />border-radius:10px 20px/5px 10px;</li>
        <li class="three">提供 3 个参数<br />border-radius:10px 20px 30px/5px 10px
15px;</li>
        <li class="four">提供 4 个参数<br />border-radius:10px 20px 30px 40px/5px 10px
15px 20px;</li>
    </ul>
</body>
</html>
```

上述代码执行效果如图 7-28 所示。

水平与垂直半径相同时：

提供1个参数 border-radius:10px;	参数作用在四个边角
提供2个参数 border-radius:10px 20px;	第一个参数分别作用在上左、下右边角 第二个参数分别作用在上右、下左边角
提供3个参数 border-radius:10px 20px 30px;	第一个参数作用在上左边角 第二个参数作用在上右、下左边角 第三个参数作用在下右边角
提供4个参数 border-radius:10px 20px 30px 40px;	四个参数依次作用在上左、上右、下右、下左边角

水平与垂直半径不同时：

提供1个参数 border-radius:10px/5px;	参数作用在四个边角，其中10px为水平半径，5px为垂直半径
提供2个参数 border-radius:10px 20px/5px 10px;	/前的10px和20px两个参数为水平半径，其中10px作用在上左和下右边角，20px作用在上右和下左边角 /后的5px和10px两个参数为垂直半径，其中5px作用在上左和下右边角，10px作用在上右和下左边角
提供3个参数 border-radius:10px 20px 30px/5px 10px 15px;	/前的10px、20px和30px三个参数为水平半径，其中10px作用在上左边角，20px作用在上右和下左边角，30px作用在下右边角， /后的5px、10px、15px三个参数为垂直半径，其中5px作用在上左边角，10px作用在上右和下左边角，15px作用在下右边角
提供4个参数 border-radius:10px 20px 30px 40px/5px 10px 15px 20px;	/前的10px、20px、30px、40px四个参数为水平半径，依次作用在上左、上右、下右、下左边角。/后的5px、10px、15px、20px四个参数为垂直半径，依次作用在上左、上右、下右、下左边角

图 7-28　border-radius 属性示例效果

另外，为了方便开发者灵活地定义元素的四个顶角圆角，派生了下面 4 个子属性。

border-top-right-radius：定义右上角的圆角。

border-bottom-right-radius：定义右下角的圆角。

border-top-left-radius：定义左上角的圆角。

border-bottom-left-radius：定义左下角的圆角。

7.5.2　border-image 属性

在 CSS3 之前，要使用图像边框且元素的长或宽随时可变时，开发者通常采用的做法是让元素的每条边单独使用一幅图像文件，开发比较麻烦，而且页面上使用的元素比较多。针对这种情况，CSS3 中增加了 border-image 属性，可以让元素的长或宽处于随时变化状态的边框统一使用一个图像文件进行绘制。

border-image
属性

border-image 属性的语法：

```
<' border-image-source '> || <' border-image-slice '> [ /
<' border-image-width '> | / <' border-image-width'>? /
<' border-image-outset '> ]? || <' border-image-repeat '>
```

border-image 属性的取值也是 border-image 的派生属性，具体如下。

① border-image-source：边框图像来源路径。

② border-image-slice：边框背景图的分割方式，该参数指定从上、右、下、左方位分隔图像，将图像分为 4 个角、4 条边和中间区域共 9 份，中间区域始终是透明的（即没有图像填充），

除非加上关键字 fill。

③ border-image-width：边框的厚度。

④ border-image-outset：边框图像向外扩展的像素。

⑤ border-image-repeat：边框图像的平铺方式，该参数可以定义 2 个参数值，即水平和垂直方向，如果 2 个值相同，可合并为 1 个。可取如下 4 个参数值。

- stretch：指定用拉伸方式来填充边框背景。
- repeat：指定用平铺方式来填充边框背景，当图片碰到边界时，如果超出则被截断。
- round：指定用平铺方式来填充边框背景，会根据边框的尺寸动态调整图片的大小直至正好铺满整个边框。
- space：指定用平铺方式来填充边框背景，会根据边框的尺寸动态调整图片的间距直至正好铺满整个边框。

下面通过一个简单示例来看如何给元素设置边框图像，示例代码如下。

```
<!DOCTYPE html>
<html>
    <head>
        <meta charset="UTF-8">
        <title></title>
        <style type="text/css">
            div{
                height: 300px;
                width: 500px;
                text-align: center;
                line-height: 300px;
                font-size: 30px;
                border-image: url(img/border.jpg) 7 20 fill round;
            }
        </style>
    </head>
    <body>
        <div>边框图像</div>
    </body>
</html>
```

在此示例中，border-image-slice 分隔方式属性的值采用了默认值 100%，border-image-width 设置边框图像的厚度为 10px，border-image-outset 设置边框背景图扩展 20px，border-image-repeat 设置边框水平和垂直平铺方式为 repeat。代码执行效果如图 7-29 所示。

图 7-29　border-image 属性示例效果

border-image 设置边框图像的取值方式多样，尤其是在分隔方式和平铺方式上，作为 CSS3 入门的内容，此处不再赘述。

7.6　本章小结

本章首先对 CSS 的发展史进行了简单说明，并对 CSS3 的模块化结构以及 CSS3 新增的特性进行了详细的介绍，让读者可以清晰地了解和认识 CSS3。接下来通过案例对 CSS3 中新增加的关系选择器 E~F，属性选择器 E[attr^="val"]、E[attr$="val"]、E[attr*="val"]以及伪类选择器 E:root、E:empty、E:last-child、E:only-child、E:target、E:checked、E:enabled、E:disabled 等进行了详细讲解。本章还对 text-shadow、text-overflow、word-wrap、word-break 等新增文本属性和 border-radius、border-image 等新增边框属性进行了详细介绍，读者通过对本章的学习可以掌握和应用 CSS3 中新增加的选择器和属性，并且可以掌握 RGBA、HSL 和 HSLA 等颜色模式，设计出更加绚丽的网页。

习　题

1. CSS3 遵循了_____开发模式。
2. 在 CSS3 中增加的设置元素不透明度的属性是_____。
3. CSS3 中新增加的选择器分别是_____、_____和_____。
4. CSS3 中设置边框圆角的属性是_____，设置文本阴影的属性是_____。
5. CSS3 中新增加的颜色模式有_____、_____和_____。
6. 在 CSS3 中，为某元素设置 border-radius：20px 25px 的圆角样式，其中 20px 作用在该元素的_____、_____，25px 作用在该元素的_____、_____。
7. CSS3 中，新增加的 UI 元素状态伪类选择器有_____、_____和_____。
8. 在 CSS3 中，text-overflow 属性的取值可以为_____和_____。
9. RGBA 颜色模式的语法为 rgba(r,g,b,a)，其中 a 代表_____，取值范围为_____。

上　机　指　导

1. 使用 CSS3 制作图 7-30 所示的导航菜单。

图 7-30　导航菜单效果

要求如下。

（1）导航条设置圆角效果。

（2）导航菜单选项之间设置分隔线（第一个选项前不设置，最后一个选项后不设置）。

（3）当鼠标悬停到任意的菜单选项时，该菜单选项右下方出现紫色阴影效果，当鼠标移开后，阴影效果消失，如图 7-31 所示。

图 7-31　阴影效果

2. 为下面代码添加 CSS 样式，实现图 7-32 所示的效果。

```
<body>
        <div class="yue">
        </div>
        <div class="text">
            <span>中</span>
            <span>秋</span>
            <span>佳</span>
            <span>节</span>
        </div>
    </body>
```

图 7-32　上机指导第 2 题

要求如下。

（1）class="yue"的 div 元素，宽度为 300px，高度为 300px，背景为素材 bg7-7.jpg，设置圆角实现月亮效果。

（2）使用伪类选择器分别设置"中""秋""佳""节"字体的位置以及阴影效果。

183

第 8 章　JavaScript 基础知识

学习目标
- 了解 JavaScript 的起源、特征
- 掌握 JavaScript 程序的开发工具、运行环境、运行机制等
- 掌握 JavaScript 语言规范：变量、常量、变量类型、流程处理语句、函数定义声明、对象的创建等
- 掌握 JavaScript 常用的 API：JavaScript 函数、JavaScript 对象等

8.1　JavaScript 概述

本章将介绍 JavaScript 的前世今生、JavaScript 语言的特征、JavaScript 的开发工具和运行环境等。希望通过本章的学习，读者能够掌握 JavaScript 语言基础知识，并能够利用 JavaScript 语言在网页中开发脚本程序，使网页具备动态交互效果。

JavaScript
概述

8.1.1　JavaScript 的应用场景

JavaScript 脚本语言在 Web 开发中大显身手，能对 HTML 文档进行各种操作，实现很多特效，如表单数据合法性验证、交互式菜单、动态页面、数值计算等。JavaScript 的常用功能介绍如下。

1. 表单数据合法性验证

使用 JavaScript 脚本程序能有效验证客户端表单提交数据的合法性，如数据合法则执行下一步操作，否则返回错误提示，如图 8-1 所示。

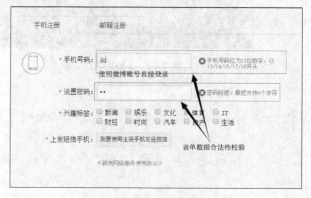

图 8-1　表单数据合法性校验

2.　网页特效

使用 JavaScript 脚本语言，结合 DOM 和 CSS 能创建绚丽多彩的网页特效，如火焰状闪烁文字、文字环绕光标旋转等。如图 8-2 所示为济南市住房公积金网站首页截图，漂浮的公告窗口就是通过 JavaScript 实现的。

图 8-2　漂浮的公告窗口

3.　交互式菜单

使用 JavaScript 脚本可以创建具有动态效果的交互式菜单，完全可以与使用 Flash 制作的页面导航菜单相媲美。图 8-3 所示为浪潮集团官方网站首页的截图，鼠标移至菜单"浪潮商城"时，菜单颜色变为红色，原有宣传图片偏下移，菜单栏和图片之间自动加载商城分项目。

图 8-3　动态菜单栏

4.　动态页面

使用 JavaScript 脚本可以对 Web 页面的所有元素进行访问，并使用对象的方法修改其属性实现动态页面效果，典型应用如网页版俄罗斯方块、扑克牌游戏等。仍然以浪潮集团的官方网站为例，首页宣传图片每隔 1 秒左右自动进行刷新，如图 8-4 所示。

5.　数值计算

JavaScript 脚本提供丰富的数据操作方法，能开发出网页计算器等应用。

JavaScript 脚本的应用远非这些，JavaScript 能与 XML 有机结合，并嵌入 Java Applet 和 Flash 等小插件，实现功能强大的 HTML 网页，吸引更多的用户浏览网站。

图 8-4　图片动态刷新

8.1.2　JavaScript 的发展历程

了解了 JavaScript 的使用场景，下面来回顾 JavaScript 的发展历程。

1. JavaScript 的诞生

1994 年，网景（Netscape）公司发布了历史上第一个比较成熟的网络浏览器——Navigator 浏览器 0.9 版，轰动一时。但是，这个版本的浏览器只能用来浏览页面，不具备与访问者互动的能力。例如，网页上有一栏"用户名"要求填写，浏览器无法判断访问者是否真的填写了，只能让服务器端判断。如果没有填写，服务器端返回错误，要求用户重新填写，这太浪费时间和服务器资源了。

网景公司意识到他们急需一种网页脚本语言，使得浏览器可以与网页互动。这时，恰逢 Java 语言正式推出并迅速占领市场。网景公司于是决定与 Sun 公司结盟，开发一种全新的网页脚本语言，允许 Java 程序以 applet（小程序）的形式直接在浏览器中运行。

1995 年，网景公司录用了 34 岁的系统程序员布兰登·艾奇（Brendan Eich），并指定他为这种语言的设计师（图 8-5）。

艾奇只用 10 天时间就设计出了 JavaScript，他的设计思路如下。

（1）借鉴 C 语言的基本语法。

（2）借鉴 Java 语言的数据类型和内存管理。

（3）借鉴 Scheme 语言，将函数提升到"第一等公民"（first class）的地位。

（4）借鉴 Self 语言，使用基于原型（prototype）的继承机制。

艾奇设计的这个脚本语言，最开始被称为 LiveScript，就在 Netscape

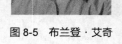

图 8-5　布兰登·艾奇

Navigator 2.0 正式发布前，网景公司将其更名为 JavaScript，即 JavaScript 1.0 版本，目的是利用 Java 这个因特网的时髦词汇。JavaScript 1.0 的成功，让 Netscape 乘胜追击，并在 Netscape Navigator 3.0 中发布了 JavaScript 1.1 版。

这时，微软公司决定进军浏览器市场，发布了 Internet Explorer 3.0 并搭载了一个 JavaScript 的克隆版，叫作 JScript。同时，一家称作 Nombas 的公司也开发了一种可嵌入网页的脚本语言——ScriptEase。

市面上有 3 种不同的 JavaScript 版本同时存在，却没有一个标准来统一其语法或特性，而这 3 种不同的版本恰恰突出了没有统一标准这个问题。随着业界担心的增加，这个语言的标准化显然已经势在必行。

2. ECMAScript 的发展

1996 年 11 月，Netscape 公司将 JavaScript 提交给国际标准化组织 ECMA（欧洲计算机制造商协会），希望这种语言能够成为国际标准。1997 年，ECMA 发布 262 号标准文件（ECMA-262）

的第一版，规定了浏览器脚本语言的标准，并将这种语言称为 ECMAScript。

ECMAScript 和 JavaScript 的关系是，前者是后者的标准，后者是前者的一种实现。JScript 和 ActionScript 也算是 ECMAScript 的一种实现。

从 1997 年至今，JavaScript 已经经过了 20 多年的发展。

1997 年 ECMAScript 1.0 版发布。

1998 年 6 月，ECMAScript 2.0 版发布。

1999 年 12 月，ECMAScript 3.0 版发布，取得了巨大的成功，因此成为世界通行标准。

2007 年 10 月，ECMAScript 4.0 版草案发布。

2008 年 7 月，ECMA 决定中止 ECMAScript 4.0 版的开发，发布 ECMAScript 3.1 项目，不久，ECMAScript 3.1 改名为 ECMAScript 5。

2009 年 12 月，ECMAScript 5.0 版正式发布。

2011 年 6 月，ECMAscript 5.1 版发布，并且成为 ISO 国际标准（ISO/IEC 16262:2011）。

2013 年 12 月，ECMAScript 6 草案发布。

2015 年 6 月，ECMAScript 6 正式通过，成为国际标准。

2016 年，ECMAScript 7.0 版正式发布。

2017 年，ECMAScript 8.0 版正式发布。

8.1.3　JavaScript 的特点

JavaScript 是一种基于对象和事件驱动并具有相对安全性的客户端脚本语言。它是为适应动态网页制作的需要而诞生的一种新的编程语言。如今，JavaScript 在网页制作上的应用越来越广泛。

Javascript 的特点如下。

1. 简单性

JavaScript 是一种基于 Java 基本语句和控制流之上的简单而紧凑的设计，对于学习 Java 是一种非常好的过渡。它的变量类型采用弱类型，并未使用严格的数据类型，极大地方便了用户的开发工作。

2. 动态性

JavaScript 是动态的，可以直接对用户或客户输入做出响应，无须经过 Web 服务程序。它对用户反馈的响应，是以事件驱动的方式进行的。所谓事件驱动，就是指执行了某种操作所产生的动作。如图 8-6 所示，在浪潮集团首页单击"了解更多"按钮，就会打开右边的页面，鼠标单击按钮即一个事件，而打开了新窗口则是响应。

图 8-6　鼠标单击事件

3. 跨平台性

JavaScript 依赖于浏览器运行，与操作系统无关，只要在浏览器能正常运行的计算机上都可正确执行，真正实现了"编写一次，走遍天下"的梦想。

4. 安全性

JavaScript 是一种安全性语言，它不允许访问本地硬盘，不能将数据存入到服务器上，不允许对网络文档进行修改和删除，只能通过浏览器实现信息浏览或动态交互，从而能有效地防止数据丢失。

JavaScript 的这些特点使其在 Web 编程领域中得到了广泛的运用，具有广阔的发展前景。

8.1.4　JavaScript 的开发与运行

前面介绍了如何建立一个基本的 HTML 页面，并使用 CSS 美化它，然而它始终是一个静态的页面，经过本章的介绍，借助 JavaScript 就能使网页更加炫酷。那么，让我们一起来开发一段 JavaScript 程序吧！

JavaScript 的
开发与运行

1. 环境准备

普通的文本编辑器就可以进行 JavaScript 代码的编写，比如系统自带的记事本，或者 Notepad++（一款开源的文本编辑软件，不仅有语法高亮显示，还有语法折叠功能，并且支持宏及扩充基本功能的外挂模组）。在日常的开发过程中。一般开发人员大多使用集成开发环境 IDE，IDE 包含代码编辑器、编译器、调试器和图形用户界面等工具，集成了代码编写、分析、编译、调试等一系列功能，如 Eclipse 系列、Dreamweaver 等。本书中的案例都是通过 Dreamweaver 编写的。

JavaScript 设计的初衷是实现浏览器与用户的交互和网页的特效来弥补 HTML 和 CSS 的不足，因此 JavaScript 通常在客户端浏览器中运行。由于火狐浏览器兼容性比较好，而且 Firebug 这个插件可以帮助用户在程序运行时快速地发现问题、定位问题，所以推荐使用火狐浏览器。

2. 编写一段 JavaScript 程序

下面介绍 JavaScript 是如何嵌入网页中，并与静态内容产生互动的。

（1）将 JavaScript 嵌入网页

将 JavaScript 嵌入网页中主要有两种方式：使用<script>标签将语句嵌入文档和将 JavaScript 源文件链接到 HTML 文档中。

① 使用<script>标签将语句嵌入文档。

可以将<script>标签对嵌入 HTML 文件中，并在<script>标签对之间加入代码，实现将 JavaScript 脚本嵌入网页的目的。

```
<head>
<script type="text/javascript">
    alert("Welcome to inspur!");
</script>
</head>
<body>
    <h1>这里是浪潮! </h1>
</body>
```

实际上，也可以将<script>标签对放在<body>标签中，或者是网页的其他位置，但通常情况下，建议放在<head>标签中，或者网页文档的尾部。

② JavaScript 源文件链接到 HTML 文档中。

这种方式要求将 JavaScript 脚本写入一个以.js 为扩展名的外部文件之中，然后将源文件链接到 HTML 文档中。当程序规模非常大时，这种方式具有很大的优势。

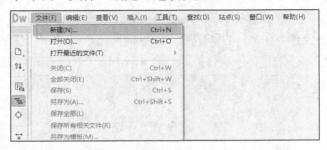

JavaScript 源
文件链接到
HTML 文档中

* 可维护性：遍布不同 HTML 页面的 JavaScript 会给后期的系统维护带来困扰，但把所有.js 文件都放在一个文件夹中维护起来就轻松多了，同时开发人员也能在不触及 HTML 标记的情况下集中精力编写 JavaScript 代码。

* 可缓存：浏览器能够根据具体的设置缓存链接的所有外部 JavaScript 源文件，也就是说，如果有 2 个页面使用同一个文件，那么这个文件只需下载一次。因此，最终效果就是加快页面加载速度。

下面通过一个案例来演示如何将外部 JavaScript 源文件链接到 HTML 文档中。

首先使用 Dreamweaver 工具创建一个 JavaScript 文件。

打开 Dreamweaver，单击"文件→新建"选项，如图 8-7 所示。

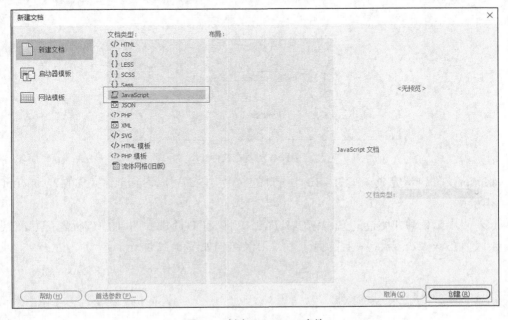

图 8-7　新建 JavaScript 文件

在弹出的窗口中选择"JavaScript"，并单击"创建"按钮，如图 8-8 所示。

图 8-8　创建 JavaScript 文件

创建完成后，Dreamweaver 打开了一个 JavaScript 的编辑窗口，如图 8-9 所示。

189

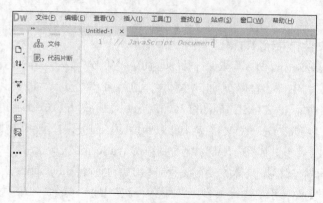

图 8-9　JavaScript 编辑窗口

在这个窗口中输入需要编写的 JavaScript 代码：

```
alert(" Welcome to inspur! ");
```

单击"文件→保存"选项，或使用 Ctrl+S 组合键保存 JavaScript 文件，我们通常会单独创建一个文件夹存放纯 JavaScript 文件，在打开的保存窗口中选择要存放的文件夹，修改 JavaScript 文件名，通常文件名要求能够表达本文件的作用，文件扩展名为.js，单击"保存"按钮保存文件，如图 8-10 所示。

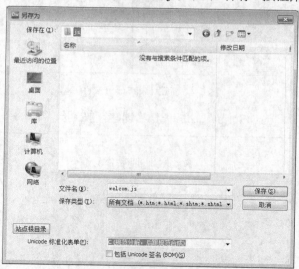

图 8-10　保存文件

JavaScript 文件创建完成，在图 8-10 中选择的文件夹内，可以看到创建完成的 JavaScript 文件，如图 8-11 所示。

接下来使用第 2 章介绍过的知识创建 HTML 文件，在 HTML 文件中添加标题"浪潮欢迎您"，并将文件保存在 welcom.js 上一层的目录下，目录结构如图 8-12 所示。

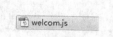

图 8-11　JavaScript 文件　　　　　图 8-12　目录结构

在 HTML 文件中引入 JavaScript 文件，代码如下。

```
<!DOCTYPE html PUBLIC "-//W3C//DTD XHTML 1.0 Transitional//EN"
"http://www.w3.org/TR/xhtml1/DTD/xhtml1-transitional.dtd">
<html xmlns="http://www.w3.org/1999/xhtml">
<head>
<meta http-equiv="Content-Type" content="text/html; charset=utf-8" />
<title>Inspur</title>
<script src = "js/welcom.js"> </script>
</head>

<body>
<h1>浪潮欢迎您! </h1>
</body>
</html>
```

保存文件。直接在文件夹下单击 HTML 文件运行，或者在 Dreamweaver 中预览，如图 8-13 所示。

图 8-13　预览

程序执行时，浏览器会首先弹出提示窗口 "Welcome to inspur!"，单击 "确定" 按钮后，页面加载 "浪潮欢迎您"，如图 8-14 所示。

图 8-14　运行结果

（2）事件的触发

让 JavaScript 程序 "跑起来" 有两种方式。第一种方式是页面中的脚本在页面载入浏览器后立即执行，像前面案例一样，只需在<script>标签中加入要执行的脚本就能做到；第二种方式是将要执行的脚本定义在一个方法内部，等待用户通过按钮、链接等页面元素发出指令时触发。

事件的触发

下面的案例中，在页面上定义了一个普通的按钮，按钮的 "onClick" 属性规定了按钮被单击时触发的操作：调用 JavaScript 脚本中 message 方法。

```
<head>
    <meta http-equiv="Content-Type" content="text/html; charset=utf-8" />
    <script type="text/javascript">
            function message(){
                    alert("Welcome to inspur!")
            }
    </script>
</head>
<body>
    <h1>这里是浪潮! </h1>
    <input type="button" value="欢迎您" onClick="message()"/>
</body>
```

此时，当单击"欢迎您"按钮时，才会弹出"Welcome to inspur!"。关于事件，本书会在后面进行详细介绍。

3. JavaScript 的运行原理

在讲解 JavaScript 的运行原理之前，先介绍 JavaScript 引擎和运行环境等相关概念。

浏览器可分为两部分：Shell 和内核。浏览器内核又可以分成两部分：渲染引擎（Layout Engineer 或 Rendering Engine）和 JavaScript 引擎。渲染引擎负责网页语法的解释（如 HTML、JavaScript）并渲染网页，决定了浏览器如何显示网页的内容以及页面的格式信息。不同的浏览器内核对网页编写语法的解释有所不同，因此同一网页在不同内核的浏览器里的渲染（显示）效果也可能不同，这也是网页编写者需要在不同内核的浏览器中测试网页显示效果的原因。JavaScript 引擎有很多种，这些解析引擎大都存在于浏览器内核之中，JavaScript 不一定非要在浏览器中运行，只要有 JavaScript 引擎即可，最典型的如 Node.js 采用了谷歌的 V8 引擎，使 JavaScript 完全脱离浏览器运行。那么什么是 JavaScript 引擎呢？JavaScript 引擎就是能够"读懂"JavaScript 代码，并准确给出代码运行结果的程序。例如，有 var a = 1 + 1;这样一段代码，JavaScript 引擎做的事情就是看懂（解析）这段代码，并且将 a 的值变为 2。而 JavaScript 运行环境包括 JavaScript 引擎，并提供了一些类库，让 JavaScript 代码能够在其上运行。

下面介绍 JavaScript 的执行步骤和过程。

当网页文档加载过程中遇到 JavaScript 文件，HTML 文档会立刻挂起渲染的线程（加载、解析、渲染同步进行）。挂起后，要等 JavaScript 文件加载且解析执行完成，才恢复 HTML 文档的渲染线程。这是因为 JavaScript 可能会修改 DOM 结构，最明显的例子就是 document.write，一条语句就可能让开发者前功尽弃。这也意味着在 JavaScript 执行完成前，后续所有资源的下载都可能没有意义，这也就是 JavaScript 阻塞后续资源下载的根本原因。所以，开发过程中常把 JavaScript 代码放到 HTML 文档末尾。

JavaScript 是单线程运行，也就是同一时间只做一件事，所有的任务都要排队，前面一个任务结束，后面一个任务才能开始。所以，当遇到很耗费时间的任务（如 I/O 读写等），就需要一种机制能够先执行后面的任务，这就有了同步和异步。于是，所有任务可以分成两种，一种是同步（Synchronous）任务，另一种是异步（Asynchronous）任务。

同步任务是指在主线程上排队执行的任务，只有前一个任务执行完毕，才能执行后一个任务；异步任务是指不进入主线程而进入"任务队列"（Task Queue）的任务，只有"任务队列"通知主线程，某个异步任务可以执行，该任务才会进入主线程执行。异步任务有了运行结果会在任务队列中放置一个事件，如定时 2s，到 2s 后才能放进任务队列（callback 放进任务队列，而不是 setTimeout 函数放进队列）。脚本运行时，先依次运行执行栈，然后从队列中提取事件来运行任务队列中的任务，这个过程是不断重复的，所以叫事件循环（Event Loop）。"任务队列"中的事件，除了 I/O 设备的事件以外，还包括一些用户产生的事件（如鼠标点击、页面滚动等）。只要指定过回调（Callback）函数，这些事件发生时就会进入"任务队列"，等待主线程读取。所谓"回调函数"就是那些会被主线程挂起来的代码。异步任务必须指定回调函数，主线程开始执行异步任务，就是执行对应的回调函数。其中"任务队列"是一个先进先出的数据结构，排在前面的事件，优先被主线程读取。主线程的读取过程基本上是自动的，只要执行栈一清空，排在"任务队列"上第一位的事件就自动进入主线程。

有关 JavaScript 运行原理的知识点很多，读者掌握以上几点即可，目的是为后续灵活运用 JavaScript 打好基础。如果读者感觉学习这部分内容有难度，可以学完 JavaScript 再来进行学习。

【案例 8-1】 第一个 JavaScript 程序。

编写 JavaScript 脚本程序实现弹出提示窗口，提示窗口中显示的文本信息为"Hello world!"，运行结果如图 8-15 所示，代码如下。

```
<!DOCTYPE html PUBLIC "-//W3C//DTD XHTML 1.0 Transitional//EN"
"http://www.w3.org/TR/xhtml1/DTD/xhtml1-transitional.dtd"><html xmlns="http://www.w3
.org/1999/xhtml">
<head>
    <script language="javascript">
            alert("Hello world!");
    </script>
</head>

<body>
</body>
</html>
```

图 8-15　弹出窗口

8.2　JavaScript 基本语法

前面介绍了 JavaScript 语言的应用场景、发展历程、运行环境、开发工具和运行原理，那么用 JavaScript 语言进行客户端脚本程序的编写，需要遵循什么样的语法规范呢？下面讲解 JavaScript 的基本语法。

JavaScript 基本语法

JavaScript 基本语法的相关知识点主要包含变量、数据类型、运算符号、注释、控制语句等，如图 8-16 所示。

图 8-16　JavaScript 的基本语法

8.2.1　JavaScript 语句和代码块

JavaScript 语句和代码块

能够解释执行的 JavaScript 程序最基本的组成部分是 JavaScript 语句，JavaScript 语句是发给浏览器的命令，这些命令的作用是告诉浏览器要做的事情。例如，以下 JavaScript 语句告诉浏览器向网页输出 "Hello inspuruptec"。

```
document.write("Hello inspuruptec");
```

需要注意的是：很多浏览器能够自动识别回车结束 JavaScript 语句，但是为了保证程序严格按照计划进行，建议每行语句以分号结束。

JavaScript 代码是 JavaScript 语句的序列，浏览器按照编写顺序依次执行每条语句。例如，以下 JavaScript 代码告诉浏览器向网页依次输出 "Hello inspur" 及 "Hello inspuruptec"。

```
<script type="text/javascript">
        document.write("<p>Hello inspur</p>");
        document.write("<p>Hello inspuruptec </p>");
</script>
```

JavaScript 代码块是一段 JavaScript 代码的集合，这段集合以左花括号开始，右花括号结束，代码块用于在函数或条件语句中把若干语句组合起来，作用是一并地执行语句序列。

例如，以下关于上班时间段提示的案例中，片段 1 与片段 2 都属于代码块。若当前时间为上班时间，则片段 1 中的所有 JavaScript 语句一并执行，否则一并不执行；若当前为休息时间，则片段 2 中所有 JavaScript 语句一并执行，否则一并不执行。该案例的详细代码参照 ch8 文件夹下的 ch8-2.html。

```
<head>
<meta http-equiv="Content-Type" content="text/html; charset=utf-8" />
        <script language="javascript">
                var time = new Date().getHours();
                if (time>=8&&time<17){
                        // 片段1
                        document.write("<b>您好! </b><br/>");
                        document.write("<b>当前为工作时间</b><br/>");
                        document.write("<b>浪潮欢迎您</b>");
                }else{
                        // 片段2
                        document.write("<b>很抱歉! </b><br/>");
                        document.write("<b>当前为休息时间</b><br/>");
                        document.write("<b>请明天再来</b>");
                }
        </script>
</head>
```

8.2.2　标识符和变量

标识符和变量

1. 标识符

任何一种计算机语言都离不开标识符和关键字，通俗地说，标识符就是给变量、函数和对象等指定的名字。

在 JavaScript 中，标识符不可以随意命名，需要遵守一定的规范。JavaScript 语言中标识符的命名规则如下。

- JavaScript 语言区分大小写，Name 与 name 是两个不同的标识符。
- 标识符首字符可以是下画线（_）、美元符（$）或者字母，不可以是数字。
- 标识符中的其他字符可以是下画线（_）、美元符（$）、字母或数字。
- 标识符不能是 JavaScript 中的关键字。

关键字是 JavaScript 语言中定义的具有特殊含义的标识符，它们对于 JavaScript 语言的解析器具有特殊的用途，不能作为标识符使用。除关键字之外，JavaScript 语言还存在一些保留字，它们是为 JavaScript 预留的关键字，虽然现在没有作为关键字使用，但在以后的升级版本中有可能成为关键字。保留字也不可以作为标识符使用。

JavaScript 语言的保留字和关键字如表 8-1 所示。

表 8-1　JavaScript 的保留字和关键字

保留字		关键字	
break	switch	abstract	int
case	this	boolean	interface
catch	throw	byte	long
continue	try	char	native
default	typeof	class	package
delete	var	const	private
do	void	debugger	protected
else	while	double	public
finally	with	enum	short
for		export	static
function		extends	super
if		final	synchronized
in		float	throws
instanceof		goto	transient
new		implements	volatile
return		import	

JavaScript 采用 Unicode 编码，Unicode 叫作统一编码制，是国际上通用的 16 位编码制，它包含了亚洲文字编码，如中文、日文、韩文等字符。JavaScript 中的字母可以是中文、日文等亚洲字母，因此 identifier、userName、User_Name、_sys_val、身高、$change 等都是合法的标识符。

2. 变量

在程序中存在大量的数据来代表程序运行中的状态，这些数据在程序的运行过程中值会发生改变，通常会将这些数据赋值给一个变量，以便程序对其进行操作。就像我们的名字一样，变量是一个值的符号名称，可以通过名称来获取对值的引用。

（1）变量的声明

从内存的角度来说，变量是一种引用内存位置的容器，用于保存在执行脚本时可以更改的值。在 JavaScript 中创建变量通常称为"声明"变量，变量必须先声明才能够使用。JavaScript 是一种弱类型的语言，使用 var 关键词来声明变量，变量的声明格式为：var 变量名。例如：

```
var name;
```

在该语法格式中，声明了一个变量名为"name"的变量，需要注意的是变量不可随意命名，需要符合标识符的命名规则，最好能表达变量代表的实际意义。var 关键字和变量名之间有一个空格，语句以";"结束。变量声明之后没有值，是空的，可以使用等号给变量赋值。

```
name="tom";
```

此外，也可以在声明变量的同时为它赋值，语法格式为：var 变量名=值。

```
var age = 18;
```

为变量赋值之后，可以通过重新赋值改变它的值。JavaScript 是弱类型的语言，甚至可以改变变量的数据类型。

```
age="20 岁";
```

在声明变量的时候，设定了 age 是数字型的变量，通过重新赋值，将它设置成字符串类型。

（2）变量的命名约定

在变量的声明过程中需要使用变量名，变量名其实就是标识符，所以需要遵循 JavaScript 标识符的命名规则，要点如下。

- 变量名必须是合法的标识符。
- 变量名最好可以表达变量代表的实际意义或与之相关。
- 变量名对大小写敏感（如 name 和 Name 是不同的变量）。

（3）变量的作用域

声明变量之后，并不是所有位置都可以访问到它。一个变量的作用域（scope）是程序源代码中定义这个变量的区域。简单来说，作用域就是变量与函数的可访问范围。变量的作用域由声明变量的位置决定。变量根据作用域的不同分为全局变量和局部变量。

全局变量声明在方法体外，拥有全局作用域，其值能被所在 HTML 文件中的任何脚本命令访问和修改。局部变量定义在方法体内，只能在函数内部访问。从内存的角度来说，当函数被执行时，变量被分配临时空间，函数结束后，变量所占据的空间被释放。所以局部变量只对该函数是可见的，只能被函数内部的语句访问。

在下面的案例中，变量 a 在函数外部声明，是全局变量；变量 b 在函数 fun1()内部声明，是局部变量，只能被函数 fun1()内部的语句访问；变量 c 只能被函数 fun2 内部的语句访问。

```
<script type="text/javascript">
        var a= 1;
        function fun1(){
                var b = 2;
        }
        function fun2(){
                var c = 3;
        }
</script>
```

可以通过图 8-17 来说明全局变量与局部变量的作用域。全局变量 a 的作用域为整个 HTML，包括函数 fun1 和 fun2。局部变量 b 的作用域仅为 fun1，fun1 外部的部分和 fun2 内部都不能访问。同理，局部变量 c 的作用域仅为函数 fun2 内部，其他位置不能访问。

在方法体内，局部变量的优先级高于全局变量，也就是说，当方法体内某个变量与全局变量重名时，在该方法体内使用变量名访问的是局部变量。

图 8-17　全局变量与局部变量

如果在上面的案例中，再定义一个全局变量 b，并使它等于 4，那么在 fun1 函数内部访问变量 b 的时候，由于局部变量的优先级较高，因此得到的值是 2，而在 fun1 函数外任意位置访问变量 b，得到的值是 4。

```
<script type="text/javascript">
        var a= 1;
        var b = 4;
        fun1();
        fun2();
        function fun1(){
                var b = 2;
                document.write("fun1 :b="+b+"<br>")
        }
        function fun2(){
                var c = 3;
                document.write("fun2 :b="+b+"<br>")
        }
        document.write("script:b="+b+"<br>")
</script>
```

程序执行结果如下。

```
fun1 :b=2
fun2 :b=4
script:b=4
```

（4）变量的数据类型

JavaScript 是弱类型的语言，可以自由地进行数据类型转换。JavaScript 的数据类型有字符串型、数字型、布尔型、数组、对象、Null、Undefined。

- 基本的数据类型：数字型、字符串型、布尔型。
- 复杂的数据类型：数组、对象。
- 特殊的数据类型：Null、Undefined。

① 数字型。

与其他编程语言不同的是，JavaScript 并不区分整数值和浮点数值，JavaScript 能表示的整数范围为$-2^{53} \sim 2^{53}$。通常认为一个数字序列就是一个十进制的整数。JavaScript 同样支持十六进制的数字。十六进制的数字以"0x"或"0X"开头，后面跟随十六进制的数字序列（0～9，A～F），下面是一个十六进制整数的例子。

0xff 转化成十进制数：

$$0xff=15 \times 16+15=255$$

ECMAScript 标准是不支持八进制数字的。

浮点型数字可以采用传统的实数写法，含有小数点。一个浮点型数字由整数部分、小数点和小数部分组成。也可以采用指数记数法，即在实数后面跟字母 E 或 e，后面再跟正负号，其后再加一个整型的指数，这种记数方法表示的数值，是前面的实数乘以 10 的指数次幂，下面是几个浮点型的例子。

3.1415

0.66666

1.46783E-32

其中指数记数法表示的数字为：

$1.46783E-32=1.46783 \times 10^{-32}$

197

② 字符串型。

字符串型是使用单引号或双引号括起来的字符，单引号与双引号必须成对出现，而且单双引号可嵌套使用。例如需要打印：这是"单双引号嵌套"实例，可以在待打印内容的外部使用单引号。

```
document.write('这是"单双引号嵌套"实例');
```

但是在 JavaScript 程序设计中，有些特殊的符号不能通过使用单引号引起来的方式赋值给一个字符串变量。例如，使用 char c='';将单引号"'"赋值给一个字符串 a，这种写法会在程序运行时出错。这时，必须使用反斜线"\"来转义。

```
char c='\'';
```

这里的反斜线"\"称为转义字符。由于一些字符在屏幕上不能显示，或者在 JavaScript 语法上已经有了特殊用途，因此在要用这些字符时，就要使用"转义字符"。转义字符用斜线"\"开头。例如\'表示单引号、\"表示双引号。

此外，转义字符还有一些特殊的应用，如表 8-2 所示。

表 8-2　常见的转义字符

字符	说明
\b	后退一格，相当于 BackSpace 键
\t	制表符，相当于 Table 键
\n	换行
\f	换页
\r	接受键盘输入，相当于按回车键
\\	表示一个斜线\
\'	表示单引号
\"	表示双引号

③ 布尔型。

布尔型又称为逻辑类型，只有 true 和 false 两个值，分别代表逻辑中的"真"和"假"。boolean 值只能用作布尔运算。

```
var a= 4>3;
```

因为 4>3 是成立的，这时 a 的值为 true。布尔型变量通常用在流程控制结构中作为判断条件。例如：

```
Var max;
if(a>b){
        max=a;
}else{
        max=b;
}
```

这段代码用来获取 a 和 b 之间的较大值，a>b 成立时，将 a 的值赋给 max，否则将 b 的值赋给 max。

④ 特殊类型 Null、Undefined。

Null、Undefined 和空字符串''都可以表示"空"的含义，但它们是不同的。空字符串是长度为 0 的字符串，null 可以认为是一种特殊的对象，它是"无值"的，而 Undefined 是变量的一种取值，表示变量还没有初始化。

分别定义 3 个变量：

```
var a='';
var b=null;
var c;
```

a 是空字符串，说明 a 是字符串类型的变量，长度为 0。

b 是一个等于 null 的变量，可以认为它是无值的。

c 表示一个没有初始化的变量。如果打印 c 的值，就会得到 Undefined。

⑤ 数组。

前面介绍了几种基本的数据类型，接下来介绍复合数据类型——数组。数组是值的有序集合，每个值叫作一个元素。数组的赋值非常简单，在方括号中将数组元素用逗号隔开即可。

```
var arr=[1,2,3];
```

JavaScript 中的数组是无类型的，数组中的元素可以是任意类型，甚至也可以是数组或对象。

```
var arr=[1,true,'a',[3,4]];
```

数组中的每个元素都有一个位置，称为索引，索引从 0 开始。当需要对数组中的元素进行访问时，可以使用元素下标定位到数组中的元素，如 **arr[0]**表示数组中第一个位置的元素，也可以对数组中的元素进行编辑。

```
arr[1]=false;
```

上述示例将数组中第二个位置的元素设置为 false。

⑥ 对象。

关于对象，将在 8.2.5 节进行详细讲解。

8.2.3 运算符和表达式

1. 运算符

运算符和表达式

用 4 + 5 能很快得到 4 和 5 这两个数的和为 9。这里 4 和 5 被称为运算数，+ 称为运算符。运算符指的是表示各种不同运算的符号，JavaScript 也提供了一套丰富的运算符来操纵变量进行运算。根据作用的不同，JavaScript 中的运算符可以分为算术运算符、比较运算符、赋值运算符、逻辑运算符等。

（1）算术运算符（见表 8-3）。

表 8-3 算术运算符

运算符	说明	示例

+	如果操作数都是数字时执行加法运算，如果其中的操作数有字符串时，会执行连接字符串的操作	A = 5 + 8 //结果是 13
		A = "5" + 8 //结果是"58"

-	减法	A = 8 − 5
*	乘法	A = 8 * 5
/	除法	A = 20 / 5
%	取余，相除之后的余数	10 % 3 = 1

续表

运算符	说明	示例
++	一元递增。此运算符只计算一个操作数，将操作数的值加 1。返回的值取决于++运算符与操作数的先后顺序	++x 返回递增后的 x 值 x++返回递增前的 x 值
--	一元递减。此运算符只计算一个操作数。返回的值取决于--运算符是位于操作数之前还是位于操作数之后	--x 返回递减后的 x 值 x--返回递减前的 x 值
-	一元求反。此运算符返回操作数的相反数	a 等于 5，则-a =-5

"+"运算符比较特别，它的作用取决于操作数的类型，两个数字相加时，表达式的结果是两个数字之和，而当两个操作数中的任何一个是字符串时，得到的结果是两个字符串的连接。

"+"运算符

```
document.write(8+3);
document.write(8+"abc");
```

上述案例中，表达式 8+3 的两个操作数都是数字，得到的结果是 11，而 8+"abc"中第二个操作数是字符串，得到的结果是"8abc"。

一元递增（++）和一元递减（－－）是一种特殊的算术运算符，一般的算术运算符需要两个操作数来进行运算，但是自增自减运算符是针对一个操作数进行的运算。注意++和－－与操作数的前后位置不同，其计算方式也不同。

- 前缀自增自减法(++a,--a)：先进行自增或者自减运算，再进行表达式运算。
- 后缀自增自减法(a++,a--)：先进行表达式运算，再进行自增或者自减运算。

```
var num1 = 1;
var num2 = 1;
document.write("num1++="+num1++);
document.write("<br>");
document.write("++num2="+ ++num2);
document.write("<br>");
document.write("num1="+ ++num1+";num2="+ ++num2);
```

运算结果如下。

```
num1++=1
++num2=2
num1=3num2=3
```

比较运算符

可以认为一元递增表达的值符合"就近原则"，当操作数位置靠前时，表达式的返回值为操作数的值，运算符位置靠前时，表达式返回值为运算后的值。

（2）比较运算符（见表 8-4）。

表 8-4　比较运算符

运算符	说明	示例
==	等于。如果两个操作数相等，则返回 True	a == b
!=	不等于。如果两个操作数不等，则返回 True	var2 != 5
>	大于。如果左操作数大于右操作数，则返回 True	var1 > var2
>=	大于或等于。如果左操作数大于或等于右操作数，返回 True	var1 >= 5 var1 >= var2
<	小于。如果左操作数小于右操作数，则返回 True	var2 < var1
<=	小于或等于。如果左操作数小于或等于右操作数，返回 True	var2 <= 4 var2 <= var1

比较运算符的使用，请看下面代码。

```
var num1=10;
var num2=20;
document.write("num1==num2="+(num1==num2)+"<br>");
document.write("num1!=num2="+(num1!=num2)+"<br>");
document.write("num1>num2="+(num1>num2)+"<br>");
document.write("num1<num2="+(num1<num2)+"<br>");
document.write("num2>=num1="+(num2>=num1)+"<br>");
document.write("num2<=num1="+(num2<=num1)+"<br>");
```

输出如下。

```
num1==num2=false
num1!=num2=true
num1>num2=false
num1
num2>=num1=true
num2<=num1=false
```

（3）赋值运算符（见表 8-5）。

表 8-5　赋值运算符

运算符	描述	例子
=	简单赋值运算符，将右边运算数的值赋给左边运算数	C = A + B 将 A+B 的值赋给 C
+=	加等赋值运算符，将右边运算符与左边运算符相加并将运算结果赋给左边运算数	C += A 相当于 C = C + A
-=	减等赋值运算符，将左边运算数减去右边运算数并将运算结果赋给左边运算数	C -= A 相当于 C = C - A
*=	乘等赋值运算符，将右边运算数乘以左边运算数并将运算结果赋给左边运算数	C *= A 相当于 C = C * A
/=	除等赋值运算符，将左边运算数除以右边运算数并将运算结果赋值给左边运算数	C /= A 相当于 C = C / A
%=	模等赋值运算符，用两个运算数做取模运算并将运算结果赋值给左边运算数	C %= A 相当于 C = C % A

与 Java 语言类似的是，JavaScript 也提供加等、减等运算符，下面介绍 JavaScript 赋值运算符的使用。

```
var a=10;
var b= 20;
var c=0;
c=a+b;
document.write("c=a+b="+c+"<br>");
c+=a;
document.write("c+=a="+c+"<br>");
c-=a;
document.write("c-=a="+c+"<br>");
c*=a;
document.write("c*=a="+c+"<br>");
c/=a;
document.write("c/=a="+c+"<br>");
c%=a;
document.write("c%=a="+c+"<br>");
```

（4）逻辑运算符（见表 8-6）。

表 8-6　逻辑运算符

运算符	说明	例子
&&	逻辑与，左操作数与右操作数同为 True 时，返回 True	expr1 && expr2
||	逻辑或，左操作数与右操作数有一个为 True 时，返回 True	expr1 || expr2
!	逻辑非，操作数为 True 时，返回 False，否则返回 True	!expr

我们常常遇到一些"是"与"非"的选择，逻辑运算符的操作数便是一些这样的表达式，逻辑运算符对一些"是"或"非"的表达式进行组合运算，运算结果也是"是"或"非"。

逻辑运算符

```
var flag1 = true;
var flag2 = false;
document.write("flag1 && flag2 = " + (flag1&&flag2)+"<br>");
document.write("flag1 || flag2 = " + (flag1||flag2)+"<br>");
document.write("!(flag1 && flag2) = " + !(flag1 && flag2));
```

执行结果如下。

```
flag1 && flag2 = false
flag1 || flag2 = true
!(flag1 && flag2) = true
```

逻辑与运算符，左操作数与右操作数同为 true 时，返回 true，当左操作数为 false 时，无论右操作数的值是 true 还是 false，表达式的结果都为 false，所以当左操作数为 false 时，不再对右操作数进行判断，直接返回 false。

```
var a=1;
var b=1;
if(a>10&&b++>1){
        document.write("a="+a+"<br/>");
}
document.write("b="+b+"<br/>");
```

上面这个案例的执行结果为"b=1"，原因是表达式 a>10 不成立，逻辑与运算符的左操作数为 false。b++没有被执行，所以 b 的值仍然为 1。

同理，逻辑或运算符左操作数与右操作数有一个为 true 时，返回 true，左操作数为 true 时，无论右操作数的值是 true 还是 false，表达式的结果都为 true，所以当左操作数为 true 时，不再对右操作数进行判断，直接返回 true。

在以下案例中，模拟了一个超市的收银场景，根据单价与数量的乘积计算商品总价，商品总价减去优惠额度的最终结果就是成交价，在本案例中用到了"*"和"-"两个运算符，大家来试一试吧！

```
<head>
        <script language="javascript">
                function clacfinal(){
                        var n1 = document.f1.price.value;
                        var n2 = document.f1.num.value;
                        var n3 = document.f1.disc.value;
                        var n4 = n1*n2;
                        document.f1.sum.value=n4;
                        var n5 = n4-n3;
                        document.f1.final.value=n5;
```

```
            }
        </script>
</head>
<body>
        <form name="f1">
                单价: <input type="text" name="price" /><br/>
                数量: <input type="text" name="num"/><br/>
                优惠: <input type="text" name="disc"/><br/>
                <input type="button" name="Submit" value="结算"
onClick="clacfinal()"/> <br/>
                总价: <input type="text" name="sum" /><br/>
                成交价: <input type="text" name="final" />
        </form>
</body>
```

2.　表达式

表达式是任意一组有效的文字、变量和运算符，按一定的语法形式通过运算符组合成的符号序列，其计算结果为一个值，用于在不同上下文中操作和计算变量。

根据表达式的计算结果对表达式进行分类。

- 算术表达式：计算结果为一个数字，例如 3+2 和 var i =8。
- 逻辑表达式：计算结果为一个布尔值，例如 a>3 和 b==5。
- 字符串表达式：计算结果为一个字符串，例如'a'+'bc'。

8.2.4　流程控制语句

程序在执行过程中一般按照线性顺序从上往下依次执行，然而有些时候需要让其依据用户的输入决定程序执行某部分、不执行某部分或者反复执行某部分，这时候就需要用到流程控制语句。流程控制语句是指使用控制语句产生执行流，从而完成程序状态的改变。流程控制语句对于任何一门编程语言都是必不可少的。根据作用的不同，流程控制语句分为以下三种。

① 条件语句：if 语句，if…else 语句，if…else if…else 语句，switch…case 语句。

② 循环语句：for 语句，while 语句，do…while 语句。

③ 跳转语句：break 语句，continue 语句，return 语句。

1.　条件语句

在编写代码时，经常需要根据不同的条件完成不同的行为。选择语句允许程序根据表达式的结果或变量的状态选择不同的执行路径。条件语句有 if 语句、if…else 语句、if…else if…else 语句、switch…case 语句等。

条件语句

（1）if 语句

if 语句是一个非常重要的条件分支语句，用于告诉程序在某个规定的条件成立时执行的操作。语法如下。

```
if (condition) {
    当条件为 true 时执行的代码

}
```

注意：由于 JavaScript 对大小写敏感，因此请使用小写字母"if"，否则会生成 JavaScript 错误。

condition 可以是一个布尔型常量、变量或表达式。在条件成立时执行的代码只有一行时，省略"{}"不会产生语法错误，但是，省略"{}"非常不利于程序的扩展，容易出错，所以建议不要省略。

（2）if…else 语句

if…else 语句是 if 语句的扩展，它表示在 if 条件成立时执行一段代码，否则执行另外一段代码。语法格式如下。

```
if (condition) {
    当条件为 true 时执行的代码
} else {
    当条件为 false 时执行的代码
}
```

if…else 的用法比较简单，多用于条件成立与否的两个分支的情况，例如以下比较两个数大小的操作。

```
if (a>=b) {
    var max = a;
} else {
    var max = b;
}
```

（3）if…else if…else 语句

if…else if…else 语句是 if…else 语句的进化，if…else if…else 语句的作用是在多个程序分支中择一执行。语法格式如下。

```
if (condition1) {
    当条件 1 为 true 时执行的代码
} else if (condition2) {
    当条件 2 为 true 时执行的代码
} else {
    当条件 1 和 条件 2 都不为 true 时执行的代码
}
```

当程序有多个分支时，可以通过 if…else if…else 语句的组合，实现不同的操作，例如以下将分数转化为等级的案例。

```
var score, grade;
if (score >= 90) {
    grade = 'A';
} else if (score >= 80) {
    grade = 'B';
} else if (score >= 70) {
    grade = 'C';
} else if (score >= 60) {
    grade = 'D';
} else){
    grade = 'E';
}
```

（4）switch…case 语句

需要从程序的多个分支中择一执行时，可以使用前面介绍的 if…else if…else 语句，除此之外，JavaScript 还提供了 switch…case 语句来处理这种情况。当程序的所有分支都依赖一个表达式的值时，这样做的效率远高于重复使用 if…else if…else 语句。

switch…case
语句

switch…case 语句的基本语法是给定一个判断表达式及若干不同语句，根据表达式的值来执行这些语句。case 后面跟随的是数字或字符串，编译器检查每个 case 是否与表达式的值相匹配。如果没有与值相匹配的，则执行默认条件。

语法格式如下。

```
switch (expression) {
    case condition 1: statement(s)
            break;
    case condition 2: statement(s)
            break;
    ...
    case condition n: statement(s)
            break;
    default: statement(s)
}
```

这里，break 语句用于在特殊 case 的最后终止程序。如果省略 break，编译器将继续执行下面每个 case 里的语句。

使用 switch 语句编写上面的分数转化为等级的案例。

```
switch (score%10) {
    case 10:
            grade = 'A';
            break;
    case 9:
            grade = 'A';
            break;
    case 8:
            grade = 'B';
            break;
    case 7:
            grade = 'C';
            break;
    case 6:
            grade = 'D';
            break;
     default: grade = 'E';
}
```

2. 循环语句

在日常的开发过程中，经常遇到需要反复执行相同操作的情况，如果直接编写多次代码，将会造成极大的资源浪费，而且十分不利于程序的扩展和维护。循环语句即在满足一定条件的情况下反复执行某一个操作。所有的循环语句都包含以下几个部分。

- 初始化部分（initialize）：初始化循环变量。
- 循环条件部分（test condition）：布尔表达式，判断是否满足循环条件。
- 循环体部分（body statement）：需要重复执行的代码块。
- 循环部分（iteration statement）：控制循环变量值的更改。

JavaScript 支持所有必要的循环语句：for 语句、while 语句、do…while 语句。

（1）for 语句

for 语句是一种最简洁的循环模式，一般在脚本的运行次数已确定的情况下使用，语法格式如下。

for 语句

205

```
for(initialize;test condition;iteration statement) {
    body statement;
}
```

for 语句包括三个重要部分。

- initialize：初始化表达式，初始化计数器一个初始值，在循环开始前计算初始状态。
- test condition：判断条件表达式，判断给定的状态是否为真。如果条件为真，则执行循环体 "{}" 中的代码，否则跳出循环。
- iteration statement：循环操作表达式，改变循环条件，修改计数器的值。
- body statement：需要重复执行的代码块。

例如，以下案例展示打印 1～10 的数字。

```
for(var i=1;i<=10;i++){
    document.write(i+" ");
}
```

（2）while 语句

while 语句

while 语句是 JavaScript 中最基本的循环模式，多用于已知循环终止条件的情况，语法如下。

```
initialize
while(test condition){
    body statement;
    iteration statement;
}
```

对于 while 语句，当条件表达式 expression 的返回值为真时，则执行 "{}" 中的语句，当执行完 "{}" 中的语句后，重新判断 expression 的返回值，直到表达式返回值为假时，退出循环。

例如，以下案例展示打印从 1 开始的 5 个奇数。

```
var i=0,num=1;
while(i<5){
    document.write(num+" ");
    num=num+2;
    i++;
}
```

（3）do…while 语句

do…while 语句和 while 语句非常相似，它们之间的区别是 while 语句先判断条件是否成立再执行循环体，而 do…while 语句则先执行一次循环后，再判断条件是否成立。也就是说，即使判断条件不成立，do…while 语句中 "{}" 中的程序段也至少要被执行一次。语法如下。

```
initialize
do{
    body statement;
    iteration statement;
}while(test condition);
```

注意：do…while 语句在结尾处多了一个分号 ";"。

以下案例使用 do…while 语句实现打印从 1 开始的 5 个奇数。

```
var i=0,num=1;
do{
    document.write(num+" ");
```

```
    num=num+2;
    i++;
}while(i<5);
```

3. 跳转语句

跳转语句可以让解释器跳转到程序的其他部分继续执行，包括 break 语句、continue 语句和 return 语句。

（1）break 语句

break 语句经常用来中止 switch 语句的执行，或用于打破封闭的花括号，终止某个语句块的执行，或者提早退出循环。

```
for(var i=1;i<10;i++){
    if(i%5==0){
            break;
    }
    document.write("i="+i+";<br/>");
}
```

由于在执行至 i==5 时遇到 break 跳出循环，所以程序执行结果如下。

```
i=1;
i=2;
i=3;
i=4;
```

（2）continue 语句

continue 语句告诉解释器跳过本轮循环剩余的代码块，立即开始下一次的循环。当遇到 continue 时，程序流将立即检查循环表达式，如果条件保持真，那么开始下个迭代，否则跳出循环体。

将上个案例中的 break 换成 continue 看看效果。

```
for(var i=1;i<10;i++){
    if(i%5==0){
            continue;
    }
    document.write("i="+i+";<br/>");
}
```

由于程序运行至 i=5 时，程序终止本轮循环，继续执行下一次迭代，所以程序的运行结果如下。

```
i=1;
i=2;
i=3;
i=4;
i=6;
i=7;
i=8;
i=9;
```

下面来分析 continue 和 break 的区别，如图 8-18 所示。

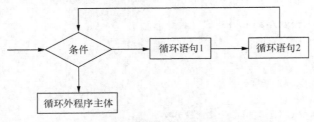

图 8-18　continue 与 break 的区别

图 8-18 中，在循环语句 1 处执行 break 操作时，程序会跳过循环语句 2，结束整个循环过程，直接执行循环外程序主体；在循环语句 1 处执行 continue 操作时，程序会跳过循环语句 2，判断此时循环条件是否成立，若成立，继续执行循环语句 1、语句 2，否则结束循环，执行循环外程序主体。

（3）return 语句

return 语句从当前方法中退出，返回到调用该方法的语句处，并从紧跟该语句的下一条语句继续程序的执行。除非用在条件语句或迭代语句内部，return 必须用在一个方法体的最后，否则会产生编译错误。

【案例 8-2】 使用 switch 语句根据学生等级判断学生成绩的实例。

学生成绩分为 A、B、C、D、E 五个等级，其中 90～100 分为 A 级，80～89 分为 B 级，70～79 分为 C 级，60～69 分为 D 级，60 分以下为 E 级，请使用 switch 语句根据学生等级判断学生分数段。

```html
<html>
<head>
<meta http-equiv="Content-Type" content="text/html; charset=utf-8" />
</head>
<script language="text/javascript">
    function getScore(level){
            switch (level){
                    case 'A': return "该学生成绩高于 90 分";
                    case 'B': return "该学生成绩为 80~89 分";
                    case 'C': return "该学生成绩为 70~79 分";
                    case 'D': return "该学生成绩为 60~69 分";
                    case 'E': return "该学生成绩低于 60 分";
                    default: return "等级输入有误! ";
            }
    }
    document.write(getScore("C"));
</script>
<body>
</body>
</html>
```

【案例 8-3】 使用 while 语句计算 1～100 的自然数之和实例。

编写 JavaScript 程序，计算 1～100 的自然数之和。

```html
<html>
<head>
<meta http-equiv="Content-Type" content="text/html; charset=utf-8" />
</head>
<script language="text/javascript">
    var m=1,sum=0;
    while(m<=100){
      sum=sum+m;
      m++;
    }
    document.write("1 到 100 的和是: "+sum);
</script>
```

```
<body>
</body>
</html>
```

8.2.5　JavaScript 的核心对象

JavaScript 的
核心对象

对象是 JavaScript 的数据类型，是一种复合值，它将很多值（原始值或者其他对象）聚合在一起，可通过名字访问这些值。对象是拥有属性和方法的数据。属性是与对象相关的值，方法是能够在对象上执行的动作。例如，汽车就是现实生活中的对象，如图 8-19 所示。其中型号、颜色是汽车的属性，所有汽车都有这些属性，但是每款车的属性都不尽相同；汽车具有的方法有前进、刹车、倒车等，所有汽车都拥有这些方法，但是它们被执行的时间不尽相同。

JavaScript 中的几乎所有事物都是对象：字符串、数字、数组、日期、函数等。当声明如下的一个 JavaScript 变量时：

```
var txt = "Hello";
```

实际已经创建了一个 JavaScript 字符串对象。字符串对象拥有内建的属性 length。对于上面的字符串来说，length 的值是 5。字符串对象同时拥有若

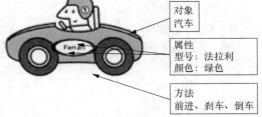

图 8-19　汽车对象

干个内建的方法。属性：txt.length=5；方法：txt.indexOf()、txt.replace()、txt.search()。

在 ECMAScript 中，所有对象并非同等创建的。一般来说，可以创建并使用的对象有三种：本地对象、内置对象和宿主对象。

ECMA-262 把本地对象（Native Object）定义为"独立于宿主环境的 ECMAScript 实现提供的对象"。简单来说，本地对象就是 ECMA-262 定义的类（引用类型）。它们包括：Object、Function、Array、String、Boolean、Number、Date、RegExp、Error、EvalError、RangeError、ReferenceError、SyntaxError、TypeError、URIError 等。本节重点讲解其中的 String、Array 和 Date 三个常用对象。

ECMA-262 把内置对象（Built-in Object）定义为"由 ECMAScript 实现提供的、独立于宿主环境的所有对象，在 ECMAScript 程序开始执行时出现"。这意味着开发者不必明确实例化内置对象，它已被实例化。ECMA-262 只定义了两个内置对象，即 Global 和 Math（它们也是本地对象，根据定义，每个内置对象都是本地对象）。本节重点讲解 Math 对象。

所有非本地对象都是宿主对象（Host Object），即由 ECMAScript 实现的宿主环境提供的对象。所有 BOM 和 DOM 对象都是宿主对象。有关宿主对象，本书第 10 章将详细讲解。

1. String 对象

String 对象主要用于处理字符串，其声明主要有以下两种形式。

String 对象

```
var myString="Hello inspur!";
var myString=new String("Hello inspur!");
```

当 String()和运算符 new 一起作为构造函数使用时，它返回一个新创建的 String 对象，存放的是字符串 "Hello inspur!"。当不用 new 运算符调用 String()时，它只把"Hello inspur!"转换成原始的字符串，并返回转换后的值。

209

下面通过几个案例介绍 String 对象的使用。

（1）charAt()：返回指定位置的字符。

在字符串"Hello inspur!"中，返回位置 1 的字符。

```
<script type="text/javascript">
    var str="Hello world!"
    document.write(str.charAt(1))
</script>
```

字符串的下标和数组一样，从 0 开始，所以位于位置 1 的字符串是第二个字符 e，以上代码的输出如下。

```
e
```

（2）indexOf()：返回某个指定的字符串值在字符串中首次出现的位置。指定字符串在字符串中不存在时返回-1。

在"Hello inspur!"字符串内进行不同的检索。

```
<script type="text/javascript">
    var str="Hello inspur!"
    document.write(str.indexOf("Hello") + "<br />")
    document.write(str.indexOf("Inspur") + "<br />")
    document.write(str.indexOf("inspur"))
</script>
```

字符串的下标从 0 开始编码，字串"Hello"位于字符串"Hello inspur!"第一个位置上，所以 str.indexOf("Hello")打印出的下标位置是 0，当要检索的字串不存在时，返回-1，所以以上代码的输出如下。

```
0
-1
6
```

（3）replace()：在字符串中用一些字符替换另一些字符。

使用"Inspur"替换字符串中的"inspur"。

```
<script type="text/javascript">
    var str="Welcom to inspur!";
    document.write(str.replace("inspur", "Inspur"));
</script>
```

输出如下。

```
Welcom to Inspur!
```

（4）toLocaleLowerCase()：把字符串转换为小写。

将"Hello inspur!"以小写字母显示。

```
<script type="text/javascript">
var str=" Hello inspur!"
document.write(str.toLocaleLowerCase())
</script>
```

（5）substring()：提取字符串中介于两个指定下标之间的字符，返回的子串包括 start 处的字符，但不包括 stop 处的字符。如果参数 start 与 stop 相等，那么该方法返回的就是一个空串（即长度为 0 的字符串）。如果 start 比 stop 大，那么该方法在提取子串之前会先交换这两个参数。

使用 substring() 从字符串中提取一些字符。

```
<script type="text/javascript">
    var str="Hello inspur!"
    document.write(str.substring(3, 6))
</script>
```

该案例提取字符串"Hello inspur!"中下标为 3~5 的字串，也就是说提取出来的是位置 4~6 的字符串。

```
lo i
```

2．Math 对象

Math 对象用于执行数学任务。Math 对象并不像 Date 和 String 那样是对象的类，因此没有构造函数 Math()，像 Math.sin() 这样的函数只是函数，不是某个对象的方法。使用时无须创建它，通过把 Math 作为对象使用就可以调用其所有属性和方法。

Math 对象

```
var pi_value=Math.PI;
var sqrt_value=Math.sqrt(15);
```

Math 对象的常用方法可以参照 8.4 节，接下来通过案例介绍 Math 对象的使用。

```
<script type="text/javascript">
    document.write("7.25 的绝对值: "+Math.abs(7.25) + "<br />")
    document.write("-7.25 的绝对值: "+Math.abs(-7.25) + "<br />")
    document.write("7.25-10 的绝对值: "+Math.abs(7.25-10))
    document.write("5,7,8 中较大的数: "+Math.max(5,7,8) + "<br />")
    document.write("最接近 0.60 的整数: "+Math.round(0.60) + "<br />")
    document.write("最接近 0.50 的整数: "+Math.round(0.50) + "<br />")
    document.write("最接近 0.49 的整数: "+Math.round(0.49) + "<br />")
    document.write("最接近-4.40 的整数: "+Math.round(-4.40) + "<br />")
    document.write("最接近-4.60 的整数: "+Math.round(-4.60))
</script>
```

输出如下。

```
7.25 的绝对值: 7.25
-7.25 的绝对值: 7.25
7.25-10 的绝对值: 2.75
5,7,8 中较大的数: 8
最接近 0.60 的整数: 1
最接近 0.50 的整数: 1
最接近 0.49 的整数: 0
最接近-4.40 的整数: -4
最接近-4.40 的整数: -5
```

【案例 8-4】　自动刷新图片效果实例。

```
<!DOCTYPE html PUBLIC "-//W3C//DTD XHTML 1.0 Transitional//EN"
"http://www.w3.org/TR/xhtml1/DTD/xhtml1-transitional.dtd">
<html xmlns="http://www.w3.org/1999/xhtml">
<head>
<meta http-equiv="refresh" content="2">
<title>自动刷新</title>
    <script language="text/javascript">
```

自动刷新图片效果实例

```
            document.write("2 秒自动刷新，随机显示图片<br>");
            var i=0;
            i=Math.round(Math.random()*8+1);
      document.write("<img width=417 height=250 src=image/"+i+".jpg>");
        </script>
    </head>
    <body>
    </body>
    </html>
```

3. Date 对象

Date 对象用于处理日期和时间，Date 对象的声明和生成如下。

```
var myDate=new Date()
```

通过 new Date()获取的是当前时间。下面通过案例来看 Date 对象的几个常用方法，其他方法可以参照本章 8.4 节。下面的案例是获取当前时间的几种方法。

Date 对象

```
<script language="text/javascript">
        var now = new Date();
        document.write("<p>当前年份:"+now.getFullYear()+"</p>");
        document.write("<p>当前月份:"+now.getMonth()+"</p>");
        document.write("<p>当前日期:"+now.getDate()+"</p>");
        document.write("<p>今天星期:"+now.getYear()+"</p>");
        document.write("<p>当前完整时间:"+now+"</p>");
</script>
```

输出如下。

```
当前年份: 2018
当前月份: 8
当前日期: 19
今天星期: 3
当前完整时间: Wed Sep 19 2018 12:07:08 GMT+0800 (中国标准时间)
```

4. 数组对象

Array 对象用于在单个的变量中存储多个值。Array 对象的声明和创建有以下三种方式。

```
new Array();
new Array(size);
new Array(element0, element1, ..., elementn);
```

数组对象

第一种方式创建了一个数组对象；第二种方式规定了数组对象的大小；第三种方式在声明数组对象的同时，为数组对象增加了元素。在创建数组对象时，可以根据实际需要选择合适的方式。

下面来看数组对象常用函数的使用。

（1）concat()：连接两个或多个数组。

把 concat()中的参数连接到数组 a 中。

```
<script type="text/javascript">
        var a = [1,2,3];
        document.write(a.concat(4,5));
</script>
```

输出如下。

```
1,2,3,4,5
```

（2）join()：把数组中的所有元素放入一个字符串。

创建一个数组，然后把它的所有元素放入一个字符串。

```
<script type="text/javascript">
        var arr = new Array(3)
        arr[0] = "George"
        arr[1] = "John"
        arr[2] = "Thomas"
        document.write(arr.join())
</script>
```

输出如下。

```
George,John,Thomas
```

（3）sort()：对数组的元素进行排序。

创建一个数组，并按字母顺序进行排序。

```
<script type="text/javascript">
        var arr = new Array(6)
        arr[0] = "George"
        arr[1] = "John"
        arr[2] = "Thomas"
        arr[3] = "James"
        arr[4] = "Adrew"
        arr[5] = "Martin"
        document.write(arr + "<br />")
        document.write(arr.sort())
</script>
```

输出如下。

```
George,John,Thomas,James,Adrew,Martin
Adrew,George,James,John,Martin,Thomas
```

（4）toString ()：把数组转换为字符串，并返回结果。

创建一个数组，并转换为字符串输出。

```
<script type="text/javascript">
        var arr = new Array(3)
        arr[0] = "George"
        arr[1] = "John"
        arr[2] = "Thomas"
        document.write(arr.toString())
</script>
```

输出如下。

```
George,John,Thomas
```

8.2.6　JavaScript 函数

JavaScript
函数

函数是由事件驱动的或者当它被调用时执行的可重复使用的代码块。它只定义一次，但可能被执行或调用任意次。在 JavaScript 里，函数的定义通常会包括一个形参列表，这些形参在函数内部作为局部变量来工作。在调用这些函数时，调用者会为形参提供实参的值，函数使用它们实参的值来计算返回值，作为该函数调用表达式的值。

1. 内置函数

JavaScript 定义了非常多的内置函数（可参照 8.4 节），下面以 eval 函数和 isNaN 函数为例，说明内置函数的调用方法。

- eval 函数：用于计算字符串表达式的值。
- isNaN 函数：用于验证参数是否为 NaN（非数字）。

（1）eval 函数

eval(String)函数常用来计算某个字符串，并执行其中的 JavaScript 代码。该方法的参数为字符串，返回值由作为参数的 JavaScript 代码的运算结果决定。

【案例 8-5】 eval 函数的使用。

下面来演示 eval 函数的使用。

```
<html>
    <body>
        <script type="text/javascript">
            document.write(eval('3+5'));
            document.write("<br />");
            eval("x=10;y=20;document.write(x*y)")
            document.write("<br />");
            eval("alert('Hello world')");
        </script>
    </body>
</html>
```

在上面的案例中，eval('3+5')的返回值是 8，可以将 eval('3+5')作为一个值进行运算或操作。在函数 eval("x=10;y=20;document.write(x*y)")中，函数 eval 的参数是一段 JavaScript 代码，这段代码的执行结果是打印出 200，所以函数 eval("x=10;y=20;document.write(x*y)")的运行结果是打印 200，但是这个函数没有返回值。同样地，eval("alert('Hello world')")没有返回值，函数运算结果是弹出带有文本消息"Hello World"的提示窗口。

（2）isNaN 函数

isNaN(String)函数用于检查其参数是否是非数字值。NaN 表示非数值（not a number），如果函数的参数是非数字值，返回的值就是 true。如果参数是数字值，则返回 false。

下面来演示 isNaN 函数的使用。

```
<script language="text/javascript">
    document.write("isNaN(13):"+isNaN(13)+"<br>");
    var a=10;
    var b=20
    document.write("isNaN(a+b):"+isNaN(a+b)+"<br>");
    document.write("isNaN(a+''a''):"+isNaN(a+'a')+"<br>");
</script>
```

程序的执行结果如下。

```
isNaN(13):false
isNaN(a+b):false
isNaN(a+"a"):true
```

在上面的案例中由于 13 和 a+b 的值都是数字，所以 isNaN 函数的返回值是 false，而 a+"a" 的计算结果是字符串"10a"，所以，isNaN 函数的返回值是 true。

【案例 8-6】 不同数据类型之间数据的转换。

请读者自行查阅 API，完成将字符串 "123" 转换为数字，将数字 234 转换为字符串的练习。

```html
<html>
        <body>
                <script type="text/javascript">
                        // 字符串转数字
                        var str="123";
                        var i1 = Number(str);
                        var i2 = parseInt(str);
                        document.write("i1="+i1+"; i2="+i2+";");
                        document.write("<br/>");
                        // 数字转字符串
                        var num = 234;
                        var s1 = String(num);
                        var s2 = num.toString();
                        document.write("s1="+s1+"; s2="+s2);
                </script>
        </body>
</html>
```

2. 定义函数

（1）函数定义

使用一个函数之前需要定义该函数。在 JavaScript 中最常见的定义一个函数的方式是使用函数关键字、函数名、参数列表和被花括号包围的函数体。语法格式如下。

```
funciton 函数名（参数1, 参数2, …）{
    函数体;
}
```

参数列表可以为空，存在多个参数时，参数之间使用逗号隔开。这里的参数列表称为形式参数，通常简称为形参，只是作为局部变量使用，用来接收调用该函数时传递的参数（实参）。形参只有在被调用时才分配内存单元，这时程序将实参的引用地址传给形参进行运算，在调用结束后，程序返回函数的计算结果，并即刻释放形参所分配的内存单元。

如果函数需要有返回值，则使用 return 语句。需要注意的是，如果使用了 return 语句从一个函数中返回一个值，那么这个语句应该是函数里的最后一个语句。

（2）函数调用

函数在页面中的调用一般和表单元素的事件一起使用，调用格式为：事件名="函数名"。

```html
<input name="add" type="button" value="add" onClick="sum(2,5)">
```

而在脚本中调用某个函数时，简单地编写函数名称即可。

```
sum(2,5);
```

下面通过一个函数来介绍如何使用自定义函数。

```html
<script type="text/javascript">
        var sum = add(3,5);
        document.write(sum);
        function add(x, y){
                return x+y;
        }
</script>
```

在上面的案例中，add 函数定义语句中的 x 和 y 是形参，调用语句 add(3,5)内的数字 3 和 5 是实参。在这个案例中直接在 JavaScript 脚本中调用了函数 add。

在页面中调用函数，编写一个简易版的网页计算器，实现图 8-20 所示的效果。

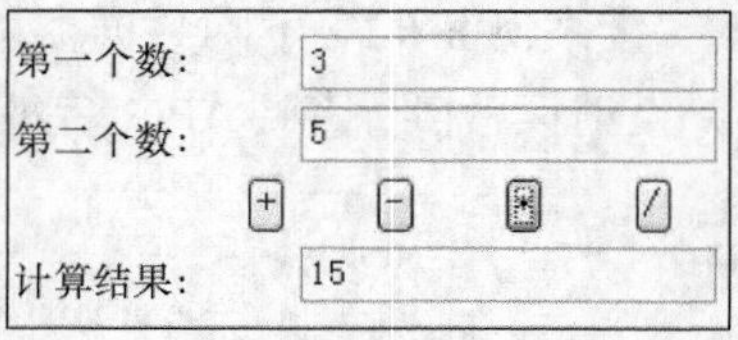

图 8-20 简易版计算器

【案例 8-7】 编写一个简单的网页计算器。

```html
<!DOCTYPE html PUBLIC "-//W3C//DTD XHTML 1.0 Transitional//EN"
"http://www.w3.org/TR/xhtml1/DTD/xhtml1-transitional.dtd">
<html xmlns="http://www.w3.org/1999/xhtml">
<head>
<meta http-equiv="Content-Type" content="text/html; charset=utf-8" />
<title>无标题文档</title>
</head>
        <script language="text/javascript">
                function compute(op){
                        var num1,num2;
                        num1 = parseFloat(document.myform.num1.value);
                        num2 = parseFloat(document.myform.num2.value);
                        if(op=="+"){
                                document.myform.result.value=num1+num2;
                        }else if(op=="-"){
                                document.myform.result.value=num1-num2;
                        }else if(op=="*"){
                                document.myform.result.value=num1*num2;
                        }else if(op=="/"&&num2!=0){
                                document.myform.result.value=num1/num2;
                        }
                }
        </script>
<body>
        <form name="myform" action="" method="post">
                <table width="400" border="0">
                <tr><td>第一个数：</td>
                        <td><input name="num1" type="text"></td>
                </tr>
                        <tr><td>第二个数：</td>
                        <td><input name="num2" type="text"></td>
                </tr>
                        <tr>
                        <td colspan="2"><div align="center">
                                <input name="addBtn" type="button" id="add" value="+"
onClick="compute('+')">
                                  
                                <input name="subBtn" type="button" id="sub" value="-"
onClick="compute('-')">
                                  
                                <input name="mulBtn" type="button" id="mul" value="*"
onClick="compute('*')">
                                  
                                <input name="divBtn" type="button" id="div" value="/"
onClick="compute('/')">
                        </div></td>
                        </tr>
                <tr>
```

```
                        <td>计算结果：</td>
                        <td><input type="text" name="result"></td>
                    </tr>
                </table>
            </form>
    </body>
</html>
```

8.3　语法规范

在软件的生命周期中，系统设计、编码只占了非常小的一部分，软件的运行与维护才是软件生命周期中持续时间最长的阶段。软件开发完成并投入使用后，要延续软件的使用寿命，就必须对软件进行维护。良好的代码语法规范对于保持代码的可读性、可维护性、保持代码风格的一致性是至关重要的。一套完整的系统往往不是一个人开发出来的，为了保持代码风格的统一性，提高软件维护效率，必须制订一套统一的标准，使大家都按照标准进行软件开发，这套标准就称为编码约定。

8.3.1　命名规范

JavaScript 语言标识符的命名规则可参照 8.2.2 节，此外，还有一些约定俗成的规范，帮助用户开发出更高质量的代码。

（1）变量的命名：除临时使用的变量外，JavaScript 语言中的变量名应能表达变量所代表的实际意义。当变量名仅由一个单词构成时，使用小写字母，如 page、count 等。变量名包含多个单词时，使用驼峰命名法（单词小写，除第一个单词外其他单词首字母大写），如 userName、myPhoneNumper 等。

（2）常量的命名：常量使用全大写的格式，如 PAGECOUNT 等。

（3）函数的命名：方法名尽量以动词开头，使用驼峰命名法，说明方法的作用，例如queryPerInfo、savePerModi 等。

8.3.2　编码规范

1.　变量的声明放在方法顶部

处理复杂的业务逻辑时，我们常常会用到许多的变量。代码量非常大时，将变量的声明放到方法顶部，能够很清楚地看到在方法中定义的所有变量，有利于变量的重复使用，防止内部变量的重复定义。

2.　使用高效的循环

定义 for 循环有两种方式，第一种方式如下。

```
var arr[]={1,2,3};
for(var i;i<arr.length;i++){
}
```

在这种方式中，数组 arr 的长度为 3，每迭代一次，arr[]的长度就要被重新计算一次，这是重复无意义的，再来看第二种方式。

```
var arr[]={1,2,3};
for(var i,n=arr.length;i<n;i++){
}
```

在这种方式中，arr 的长度只在循环开始计算了一次，有效地减少了运算次数。在 JavaScript 中使用 for 循环时，应尽量采用第二种方式。

3. 避免隐式类型转换

JavaScript 是一种弱类型的语言，即使定义了一个变量的数据类型，仍然可以重新给它赋值。

```
var age="18 岁";
age = 18;
```

这对于程序的稳健性是非常不利的，应尽量避免隐式类型转换，如果需要一个其他的类型来表示原来的含义，可以重新定义一个变量。

8.3.3　格式规范

1. 缩进规范

首先请看下面的代码。

```
function show(){
document.getElementById("uname").setAttribute("value","tom");
var info = document.getElementsByTagName("input");
var username, goodsname;
for(var i=0;i<info.length;i++)
{
if("username"==info[i].getAttribute("name"))
{
username = info[i].getAttribute("value");
}
if("goodsname"==info[i].getAttribute("name"))
{
goodsname = info[i].getAttribute("value");
}
}
alert("用户名: "+username+";商品名:"+goodsname);
}
```

初学者看完上面的代码都会一头雾水，很难一眼看出上面的代码包含了几个方法，代码中的前后花括号是否对应。接下来再看下面的一段缩进后的代码。

```
function show(){
    document.getElementById("uname").setAttribute("value","tom");
    var info = document.getElementsByTagName("input");
    var username, goodsname;
    for(var i=0;i<info.length;i++){
            if("username"==info[i].getAttribute("name")){
                    username = info[i].getAttribute("value");
            }
            if("goodsname"==info[i].getAttribute("name")){
                    goodsname = info[i].getAttribute("value");
            }
    }
    alert("用户名: "+username+";商品名:"+goodsname);
}
```

我们能够很容易地得出结论：这是一个函数，函数中包含了一个迭代语句和两个条件语句。

根据上面的两个案例，能够很直观地看出，规范地使用缩进能够帮助用户尽快理解代码结构。用户可以使用 Tab 键或者空格键来调整代码缩进量。什么情况下应该使用缩进呢？

简单来说就是花括号里的内容使用缩进。如果左花括号前包含与花括号相关的内容，如条件语句的 if 语句、迭代语句的 for 语句等，那么左花括号与前面的内容在同一行，花括号内的所有语句体内容整体向右缩进，右花括号单独一行。

```
var sum;
for(var i=0;i<10;i++){
 sum +=i;
}
```

如果左花括号前的内容与括号内的语句体无明显关联，花括号仅表示括号内的内容为作为一个整体执行，那么左、右花括号各占一行。

```
var a=3,b=4,c;
{
 c=a;
 a=b;
 b=a;
}
```

2. 注释规范

注释可以提高代码的可读性，对于严格遵守规范的代码，阅读者可以仅仅根据注释和函数属性名即可理解代码。注释也有相关的规范，并不是每一行代码都需要添加注释，一般一个函数、一个方法、一个类，或者完成一定功能的一段代码，可以适当添加注释。

通常代码编写者使用注释来记录函数的功能，或者记录其中一部分代码块所完成的一个特殊功能，尤其是在逻辑较为复杂的时候，清晰的注释能够帮助读者理解程序。另外，在修改原有代码时，修改人也可以添加注释，说明修改的原因，并注明修改人、修改时间等信息。

JavaScript 支持两种不同类型的注释：单行注释和多行注释。

（1）单行注释以两个斜线开始，以行尾结束，双斜线与注释内容之间保留一个空格。

```
// 这是单行注释
```

（2）多行注释以/*开头，以*/结尾，若所有注释内容不在一行时，第一行为/*，最后一行为*/，其他行以*开始，并且注释文字与*之间保留一个空格。

```
/*
 * 注释说明
 */
```

8.4　JavaScript 常用 API

API（Application Programming Interface，应用程序编程接口）是一些预先定义好的函数、方法、类、接口等，目的是提供给开发人员已经封装好的、具有一定功能的程序，供其在代码中进行调用，提高解决实际问题的能力。

几乎每一种计算机语言都为学习者准备了 API，初学者无法在初学时就完全掌握计算机语言的方方面面，所以学会使用 API 是计算机语言学习中非常重要的一环。

JavaScript 提供了非常多的内置函数，我们将常用函数制作成 API，方便读者在需要的时候进行查阅（见表 8-7～表 8-13）。

表 8-7　全局函数

函数	说明
alert()	显示一个警告对话框，包括一个 OK 按钮
confirm()	显示一个确认对话框，包括 OK、Cancel 按钮
escape()	将字符转换成 Unicode 码
eval()	计算表达式的结果
isNaN()	测试是（true）否（false）不是一个数字
parseFloat()	将字符串转换成浮点数形式
parseInt()	将字符串转换成整数形式（可指定几进制）
prompt()	显示一个输入对话框，提示等待用户输入

表 8-8　数组函数

方法	描述
concat()	连接两个或更多的数组，并返回结果
length()	返回数组长度
join()	把数组的所有元素放入一个字符串，元素通过指定的分隔符进行分隔
pop()	删除并返回数组的最后一个元素
push()	向数组的末尾添加一个或更多元素，并返回新的长度
reverse()	颠倒数组中元素的顺序
shift()	删除并返回数组的第一个元素
slice()	从某个已有的数组返回选定的元素
sort()	对数组的元素进行排序
splice()	删除元素，并向数组添加新元素
toSource()	返回该对象的源代码
toString()	把数组转换为字符串，并返回结果
toLocaleString()	把数组转换为本地数组，并返回结果
unshift()	向数组的开头添加一个或更多元素，并返回新的长度
valueOf()	返回数组对象的原始值

表 8-9　Boolean 对象函数

方法	描述
toSource()	返回该对象的源代码
toString()	把逻辑值转换为字符串，并返回结果
valueOf()	返回 Boolean 对象的原始值

表 8-10　Date 对象函数

方法	描述
Date()	返回当前的日期和时间
getDate()	从 Date 对象返回一个月中的某一天（1～31）
getDay()	从 Date 对象返回一周中的某一天（0～6）

方法	描述
getMonth()	从 Date 对象返回月份（0～11）
getFullYear()	从 Date 对象返回四位数字年份
getYear()	请使用 getFullYear()方法代替
getHours()	返回 Date 对象的小时（0～23）
getMinutes()	返回 Date 对象的分钟数（0～59）
getSeconds()	返回 Date 对象的秒数（0～59）
getMilliseconds()	返回 Date 对象的毫秒数（0～999）
getTime()	返回 1970 年 1 月 1 日 0 时 0 分 0 秒至今的毫秒数
getTimezoneOffset()	返回本地时间与格林尼治标准时间（GMT）的分钟差
getUTCDate()	根据世界时从 Date 对象返回月中的一天（1～31）
getUTCDay()	根据世界时从 Date 对象返回周中的一天（0～6）
getUTCMonth()	根据世界时从 Date 对象返回月份（0～11）
getUTCFullYear()	根据世界时从 Date 对象返回四位数字年份
getUTCHours()	根据世界时返回 Date 对象的小时（0～23）
getUTCMinutes()	根据世界时返回 Date 对象的分钟数（0～59）
getUTCSeconds()	根据世界时返回 Date 对象的秒数（0～59）
getUTCMilliseconds()	根据世界时返回 Date 对象的毫秒数（0～999）
parse()	返回 1970 年 1 月 1 日 0 时 0 分 0 秒到指定日期（字符串）的毫秒数
setDate()	设置 Date 对象中月的某一天（1～31）
setMonth()	设置 Date 对象中月份（0～11）
setFullYear()	设置 Date 对象中的四位数字年份
setHours()	设置 Date 对象中的小时（0～23）
setMinutes()	设置 Date 对象中的分钟数（0～59）
setSeconds()	设置 Date 对象中的秒数（0～59）
setMilliseconds()	设置 Date 对象中的毫秒数（0～999）
setTime()	以毫秒设置 Date 对象
setUTCDate()	根据世界时设置 Date 对象中月份的一天（1～31）
setUTCMonth()	根据世界时设置 Date 对象中的月份（0～11）
setUTCFullYear()	根据世界时设置 Date 对象中的四位数字年份
setUTCHours()	根据世界时设置 Date 对象中的小时（0～23）
setUTCMinutes()	根据世界时设置 Date 对象中的分钟数（0～59）
setUTCSeconds()	根据世界时设置 Date 对象中的秒数（0～59）
setUTCMilliseconds()	根据世界时设置 Date 对象中的毫秒数（0～999）
toSource()	返回该对象的源代码
toString()	把 Date 对象转换为字符串
toTimeString()	把 Date 对象的时间部分转换为字符串
toDateString()	把 Date 对象的日期部分转换为字符串
toUTCString()	根据世界时，把 Date 对象转换为字符串
toLocaleString()	根据本地时间格式，把 Date 对象转换为字符串
toLocaleTimeString()	根据本地时间格式，把 Date 对象的时间部分转换为字符串
toLocaleDateString()	根据本地时间格式，把 Date 对象的日期部分转换为字符串
UTC()	根据世界时返回 1970 年 1 月 1 日 0 时 0 分 0 秒到指定日期的毫秒数
valueOf()	返回 Date 对象的原始值

表 8-11　Math 对象函数

方法	描述
abs(x)	返回 x 的绝对值
acos(x)	返回 x 的反余弦值
asin(x)	返回 x 的反正弦值
atan(x)	以介于–PI/2 与 PI/2 弧度之间的数值返回 x 的反正切值
atan2(y,x)	返回从 x 轴到点(x,y)的角度（介于–PI/2 与 PI/2 弧度之间）
ceil(x)	对 x 进行上舍入
cos(x)	返回 x 的余弦
exp(x)	返回 e 的 x 次幂的值
floor(x)	对 x 进行下舍入
log(x)	返回 x 的自然对数（底为 e）
max(x,y)	返回 x 和 y 中的最大值
min(x,y)	返回 x 和 y 中的最小值
pow(x,y)	返回 x 的 y 次幂
random()	返回 0～1 的随机数
round(x)	把 x 四舍五入为最接近的整数
sin(x)	返回 x 的正弦
sqrt(x)	返回 x 的平方根
tan(x)	返回 x 的正切
toSource()	返回该对象的源代码
valueOf()	返回 Math 对象的原始值

表 8-12　Number 对象函数

方法	描述
toString()	把数字转换为字符串，使用指定的基数
toLocaleString()	把数字转换为字符串，使用本地数字格式顺序
toFixed()	把数字转换为字符串，结果的小数点后有指定位数的数字
toExponential()	把对象的值转换为指数计数法
toPrecision()	把数字格式化为指定的长度
valueOf()	返回一个 Number 对象的基本数字值

表 8-13　String 对象函数

方法	描述
anchor()	创建 HTML 锚
big()	用大号字体显示字符串
blink()	显示闪动字符串
bold()	使用粗体显示字符串
charAt()	返回在指定位置的字符
charCodeAt()	返回指定位置字符的 Unicode 编码
concat()	连接字符串
fixed()	以打字机文本显示字符串
fontcolor()	使用指定的颜色显示字符串
fontsize()	使用指定的尺寸显示字符串

续表

方法	描述
fromCharCode()	从字符编码创建一个字符串
indexOf()	检索字符串
italics()	使用斜体显示字符串
lastIndexOf()	从后向前搜索字符串
link()	将字符串显示为链接
localeCompare()	用本地特定的顺序来比较两个字符串
match()	找到一个或多个正则表达式的匹配
replace()	替换与正则表达式匹配的子串
search()	检索与正则表达式相匹配的值
slice()	提取字符串的片段,并在新的字符串中返回被提取的部分
small()	使用小字号来显示字符串
split()	把字符串分割为字符串数组
strike()	使用删除线来显示字符串
sub()	把字符串显示为下标
substr()	从起始索引号提取字符串中指定数目的字符
substring()	提取字符串中两个指定的索引号之间的字符
sup()	把字符串显示为上标
toLocaleLowerCase()	把字符串转换为小写
toLocaleUpperCase()	把字符串转换为大写
toLowerCase()	把字符串转换为小写
toUpperCase()	把字符串转换为大写
toSource()	代表对象的源代码
toString()	返回字符串
valueOf()	返回某个字符串对象的原始值

8.5　本章小结

　　本章主要介绍 JavaScript 技术的起源发展及语言基础,重点需要掌握 JavaScript 语言中的数据类型、变量及运算符和表达式的知识。另外,对于一门计算机语言来讲,流程控制语句也是非常重要的,需要读者多加练习巩固。对于计算机语言初学者来说,学会使用 API 是非常重要的,本章并没有对 JavaScript 各种对象的内置函数做出非常全面的阐述,需要读者自己查询 API 并动手练习。本章内容均为 JavaScript 的基础知识,希望读者能够多加练习,熟练掌握,为灵活应用 JavaScript 打下坚实的基础。

习　　题

1. 以下代码运行后的结果是输出(　　　)。

```
var a=[1, 2, 3];
console.log(a.join());
```

A. 123　　　　　　　　B. 1,2,3　　　　　　　　C. 1 2 3　　　　　　　　D. [1,2,3]

2. 在 JavaScript 中，'1555'+3 的运行结果是（   ）。

    A. 1558   B. 1552   C. 15553   D. 1553

3. 以下代码运行后弹出的结果是（   ）。

```
var a = 888;
++a;
alert(a++);
```

    A. 888   B. 889   C. 890   D. 891

4. 关于变量的命名规则，下列说法正确的是（   ）。

    A. 首字符必须是大写或小写的字母、下画线（ _ ）或美元符（ $ ）

    B. 除首字母以外的字符可以是字母、数字、下画线或美元符

    C. 变量名称不能是保留字

    D. 长度是任意的

    E. 区分大小写

5. 下列（   ）表达式的返回值为假。

    A. !(3<=1)   B. (4>=4)&&(5<=2)

    C. ("a"=="a")&&("c"!="d")   D. (2<3)||(3<2)

6. Boolean 类型的值有_____和_____。

7. 在 HTML 文件中引入 JavaScript 的两种方式是_____和_____。

8. 下面代码执行完成后，k 的结果是_____。

```
var i = 0,j = 0;
for(;i<10,j<6;i++,j++){
k = i + j;
}
```

上 机 指 导

1. 请编写程序，在网页上打印输出杨辉三角形，如图 8-21 所示。

2. 编写一个函数，在页面上输出 1~1000 中所有能同时被 3、5、7 整除的整数，并要求每行显示 6 个这样的数，如图 8-22 所示。

```
1
1  1
1  2  1
1  3  3  1
1  4  6  4  1
1  5  10  10  5  1
1  6  15  20  15  6  1
1  7  21  35  35  21  7  1
1  8  28  56  70  56  28  8  1
1  9  36  84  126  126  84  36  9  1
```

图 8-21　上机指导题图 1

```
105, 210, 315, 420, 525, 630
735, 840, 945

共有9个数
```

图 8-22　上机指导题图 2

第 9 章 JavaScript 事件处理

学习目标
- 了解事件相关的概念和作用
- 掌握常用的事件类型、事件处理机制和原理及三种注册事件处理程序的方式
- 能够灵活地运用事件来实现 HTML 网页中某些功能的扩展

9.1 JavaScript 事件概述

事件是可以被 JavaScript 侦测到的行为，可以是浏览器行为，也可以是用户行为，如 HTML 页面完成加载（浏览器行为）、HTML input 字段值被改变（用户行为）、HTML 按钮被单击（用户行为）等。换句话说，事件是文档或浏览器中发生的特定交互瞬间，它是 JavaScript 和 HTML 交互的基础，任何文档或者浏览器窗口发生的交互，都要通过绑定事件进行。通过使用 JavaScript，可以监听特定事件的发生，来实现某些功能的扩展。例如监听 load 事件，显示欢迎信息，那么当浏览器加载完一个网页之后，就会显示欢迎信息；监听提交按钮事件，检验用户输入的表单数据是否合法等。

JavaScript 事件概述

9.1.1 事件类型

事件类型是用来说明发生什么类型事件的字符串，即事件名。Web 浏览器可能发生的事件类型有很多。不同的事件类型具有不同的信息，而"DOM3 级事件"规定了以下几种事件类型。
- UI（User Interface，用户界面）事件，当用户与页面上的元素交互时触发。
- 焦点事件，当元素获得或失去焦点时触发。
- 鼠标事件，当用户通过鼠标在页面执行操作时触发。
- 滚轮事件，当使用鼠标滚轮（或类似设置）时触发。
- 文本事件，当在文档中输入文本时触发。
- 键盘事件，当用户通过键盘在页面上执行操作时触发。
- 合成事件，当为 IME（Input Method Editors，输入法编辑器）输入字符时触发。
- 变动（Mutation）事件，当底层 DOM 结构发生变化时触发。
- 变动名称事件，当元素或属性名变动时触发。此类事件已经被废弃，没有

任何浏览器实现它们，因此本章不做介绍。

除了这几类事件之外，HTML5 也定义了一组事件，而有些浏览器还会在 DOM 和 BOM 中实现其他专有事件。这些专有事件一般都是根据开发人员的需求定制的，并没有什么规范，因此不同浏览器的实现有可能不一致。本章重点讲解 UI 事件、鼠标事件、键盘事件、表单事件（9.2.4 节重点介绍）等常用的事件类型，其他事件不做详细讲解。

1. UI 事件

UI 事件指的是那些不一定与用户操作有关的事件。UI 事件详细信息描述如表 9-1 所示，这些事件多数与 window 对象有关。

表 9-1　UI 事件信息描述

事件	描述
load	当页面加载后在 window 上触发，当所有框架加载完成后在框架上触发，当图像加载完成后在 img 元素上触发
unload	当页面卸载后在 window 上触发
abort	当用户停止下载过程时，如果嵌入的内容没有加载完，则在 object 元素上触发
error	当发生 JavaScript 错误时在 window 上触发
select	当用户选择文本框（input 或 textarea）或一个字符串时触发
resize	当窗口或框架大小变化时在 window 上触发
scroll	当用户滚动带滚动条的元素中的内容时，在元素上触发

2. 焦点事件

焦点事件会在页面得到焦点或失去焦点时触发。所谓的焦点，在 HTML 页面上最直观的表现形式是屏幕中闪动的小竖线（光标），单击鼠标可获得光标（即获得焦点），Tab 键可按照设置的 Tabindex 切换焦点。焦点事件详细信息描述如表 9-2 所示。

表 9-2　焦点事件信息描述

事件	描述
focus	在得到焦点的元素上触发，这个事件不会冒泡（常用）
focusin	在得到焦点的元素上触发，这个事件会冒泡
DOMFocusIn	在得到焦点的元素上触发，这个事件会冒泡，DOM 3 级事件废弃了 DOMFocusIn，选择了 focusin
DOMFocusOut	在失去焦点的元素上触发，DOM 3 级事件废弃了 DOMFocusOut，选择了 focusout
blur	在失去焦点的元素上触发，这个事件不会冒泡（常用）
focusout	在失去焦点的元素上触发，这个事件会冒泡

3. 鼠标事件和滚轮事件

鼠标事件和滚轮事件详细信息描述如表 9-3 所示。

表 9-3　鼠标和滚轮事件信息描述

事件	描述
click	鼠标单击事件，当单击鼠标（一般为左键）或按回车键时，会触发事件
dblclick	鼠标双击事件，当双击鼠标时，会触发事件
mousedown	当任意按鼠标键时，会触发事件
mouseup	当释放鼠标键时，会触发事件
mouseover	当鼠标移动进入当前元素的区域就会触发事件
mouseout	当鼠标移出当前元素的区域就会触发事件
mousemove	当鼠标在当前元素区域内不断移动时，会重复触发事件
mousewheel	当用户通过鼠标滚轮在垂直方向上滚动页面时（向上或向下），就会触发事件

假设为一个按钮绑定 mousedown、mouseup、click 和 dblclick 四种事件，当双击该按钮时，事件触发顺序为：mousedown、mouseup、click、mousedown、mouseup、click、dblclick。

4. 文本和键盘事件

文本和键盘事件详细信息描述如表 9-4 所示，这几个事件在用户通过文本框输入文本时最常用到。

表 9-4　文本和键盘事件信息描述

事件	描述
keydown	按下键盘上的任意按键会触发事件，如果按住按键不放，则会重复触发事件
keyup	当释放键盘按键时会触发事件
keypress	当用户按住键盘上的字符键时会触发事件，如果按住不放，则会重复触发事件
textInput	这是唯一的文本事件，用意是将文本显示给用户之前更容易拦截文本

9.1.2　事件处理

要讲解事件处理，需要提前了解几个基础概念。

① 事件类型（event type）：前面已经介绍，此处不再赘述。

② 事件目标（event target）：即发生事件或与之相关的对象。window、document 和 element（元素）对象是最常见的事件目标。当然，Ajax 中的 XMLHttpRequest 对象也是一个事件目标。

③ 事件处理程序（event handler）：它是处理或响应事件的函数，也叫事件监听程序（event listener）。应用程序通过指明事件类型和事件目标，在 Web 浏览器中注册它们的事件处理程序。事件处理程序的名字以 on 开头，因此 click 事件的事件处理程序就是 onclick，load 事件的事件处理程序就是 onload。每一个事件均对应一个事件处理程序（也称事件句柄），在程序执行浏览器检测到某事件发生时，便查看该事件对应的事件句柄有没有被赋值，如果有，则执行该事件句柄。JavaScript 常见的事件句柄如表 9-5 所示。

表 9-5　JavaScript 常见的事件句柄

事件	事件句柄	说明
change	onchange	当元素改变时执行 JavaScript 代码
submit	onsubmit	当表单被提交时执行 JavaScript 代码
reset	onreset	当表单被重置时执行 JavaScript 代码
select	onselect	当元素被选取时执行 JavaScript 代码
blur	onblur	当元素失去焦点时执行 JavaScript 代码
focus	onfocus	当元素获得焦点时执行 JavaScript 代码
click	onclick	当鼠标被单击时执行 JavaScript 代码
dblclick	ondblclick	当鼠标被双击时执行 JavaScript 代码
mousedown	onmousedown	当鼠标按钮被按下时执行 JavaScript 代码
mousemove	onmousemove	当鼠标指针移动时执行 JavaScript 代码
mouseover	onmouseover	当鼠标指针悬浮于某元素之上时执行 JavaScript 代码
mouseout	onmouseout	当鼠标移出某元素时执行 JavaScript 代码
mouseup	onmouseup	当鼠标按钮被松开时执行 JavaScript 代码
keydown	onkeydown	当键盘被按下时执行 JavaScript 代码

续表

事件	事件句柄	说明
keypress	onkeypress	当键盘被按下后又松开时执行 JavaScript 代码
keyup	onkeyup	当键盘被松开时执行 JavaScript 代码
load	onload	当文档载入时执行 JavaScript 代码
unload	onunload	当文档卸载时执行 JavaScript 代码

④ 事件对象（event object）：即与特定事件相关且包含有关该事件详细信息的对象。事件对象有 2 个属性，用来指定事件类型的 type 属性和指定事件目标的 target 属性，但是在 IE 8 及其之前版本中，使用的是 srcElement 而非 target。当然，不同类型的事件还会为其相关事件对象定义一些另外的独有属性。例如，鼠标事件的相关对象会包含鼠标指针的坐标，而键盘事件的相关对象会包含按下的键和辅助键的详细信息。

学习完上面四个基本概念后，问题来了：如果在一个 Web 页面上用鼠标单击一个元素 a 的某一子元素 b，在元素 a 及其子元素 b 都已注册鼠标单击事件处理程序的情况下，应该先执行元素 b 注册的事件处理程序，还是先执行元素 a 注册的事件处理程序呢？这个问题涉及浏览器中的事件传播（event propagation）机制，此概念比较重要，相关内容请参照 JavaScript 相关技术教材自学，本书作为 Web 前端开发技术的入门级教材不再涉及。本节重点介绍如何注册事件处理程序，注册事件处理程序有如下三种常用方式。

（1）设置 HTML 标签属性为事件处理程序

设置 HTML 标签属性为事件处理程序即直接在 HTML 代码中添加事件处理程序，这种形式只能为 DOM 元素注册事件处理程序。JavaScript 支持在标签中直接绑定事件，语法为：onXXX="JavaScript Code"。

① XXX 为事件名称。例如，鼠标单击事件 onclick、鼠标双击事件 ondblclick、鼠标移入事件 onmouseover、鼠标移出事件 onmouseout 等。

② JavaScript Code 为处理事件的 JavaScript 代码，一般是函数。

【案例 9-1】 在该 HTML 网页中，存在 3 个嵌套的 div，分别给 3 个 div 元素注册相应的事件处理程序，事件类型为鼠标单击事件（click 事件）。在本案例中直接在 HTML 代码中通过设置属性的方式添加事件处理程序。详细代码如图 9-1 所示。详细代码参见文件：\案例\ch9\ ch9-1.html。

```
<!DOCTYPE HTML PUBLIC "-//W3C//DTD HTML 4.01 Transitional//EN"
"http://www.w3.org/TR/html4/loose.dtd">
<html>
<head>
    <meta http-equiv="Content-Type" content="text/html; charset=utf-8"/>
    <title>test</title>
    <style type="text/css">
        #div1{width: 300px; height: 300px; background: red; overflow:hidden;}
        #div2{margin:50px auto; width: 200px; height: 200px; background: green; overflow:hidden;}
        #div3{margin:50px auto; width: 100px; height: 100px; background: blue;}
    </style>
</head>
<body>
    <div id="div1" onclick="alert('div1');">div1
        <div id="div2" oNclick="alert('div2');">div2
            <div id="div3" onclick="alert('div3');" onclick="alert('div3333');">div3
            </div>
        </div>
    </div>
</body>
</html>
```

设置HTML标签属性为事件处理程序

图 9-1　案例代码说明

读者可以自行体会该案例的运行效果，从结果中可以看出以下几点。

① 因为 HTML 里面不区分大小写，所以事件处理程序属性名大写、小写、大小写混合均可，属性值就是相应事件处理程序的 JavaScript 代码。

② 若给同一元素写多个 onclick 事件处理属性，则浏览器只执行第一个 onclick 里面的代码，后面的会被忽略。

③ 这种形式是在事件冒泡过程中注册事件处理程序的。

（2）设置 JavaScript 对象属性为事件处理程序

可以通过设置某一事件目标的事件处理程序属性来为其注册相应的事件处理程序。事件处理程序属性名由 "on" 后面跟着事件名组成，例如 onclick、onmouseover 等。

【案例 9-2】　HTML 网页显示的内容和案例 9-1 是相同的，区别是注册事件处理程序的方式不同，本案例先通过 DOM（DOM 会在本书第 10 章进行讲解）分别获取 div1、div2 和 div3 三个对象，这三个对象是事件目标，然后调用事件目标的 onclick 属性，对其进行赋值，属性值为事件处理函数。详细代码参见文件：\案例\ch9\ ch9-2.html。

```html
<!DOCTYPE HTML PUBLIC "-//W3C//DTD HTML 4.01 Transitional//EN"
"http://www.w3.org/TR/html4/loose.dtd">
<html>
<head>
    <meta http-equiv="Content-Type" content="text/html; charset=utf-8"/>
    <title>事件处理案例</title>
    <style type="text/css">
        #div1{width: 300px; height: 300px; background: red; overflow:hidden;}
        #div2{margin:50px auto; width: 200px; height: 200px; background: green; overflow:
hidden;}
        #div3{margin:50px auto; width: 100px; height: 100px; background: blue;}
    </style>
</head>
<body>
    <div id="div1">div1
        <div id="div2">div2
            <div id="div3">div3
            </div>
        </div>
    </div>
</body>
<script type="text/javascript">
    var div1 = document.getElementById('div1');/*获取 id 为 div1 元素的对象,是事件目标对象*/
    var div2 = document.getElementById('div2');/*获取 id 为 div2 元素的对象,是事件目标对象*/
    var div3 = document.getElementById('div3');/*获取 id 为 div3 元素的对象,是事件目标对象*/
    div1.onclick = function(){/*给 div1 对象的 onclick 属性赋值,其值为事件处理函数*/
        alert('div1');
    };
    div2.onclick = function(){/*给 div2 对象的 onclick 属性赋值,其值为事件处理函数*/
        alert('div2');
    };
    div3.onclick = function(){/*给 div3 对象的 onclick 属性赋值,其值为事件处理函数*/
        alert('div3');
    };
    div1.onclick = function(){/*重新给 div1 对象的 onclick 属性赋值,会覆盖掉前面已经赋的值*/
        alert('div11111');
```

229

```
    };
    div1.onclick = function(){/*该属性值是错误的写法*/
        alert('DIV11111');
    };
</script>
</html>
```

读者可以自行体会该案例的运行效果，从结果中可以看出以下几点。

① 因为 JavaScript 是严格区分大小写的，所以，这种形式下的属性名只能按规定小写。

② 若给同一元素对象添加多个 onclick 事件处理属性，则后面的会覆盖前面的，即在修改一个对象属性的值时，属性的值是唯一确定的。

③ 这种形式也是在事件冒泡过程中注册事件处理程序的。

（3）使用 addEventListener 和 attachEvent 函数绑定

前两种方式出现在 Web 初期，众多浏览器都有实现，而 addEventListener 函数是 W3C 标准规定的，IE 8 及 IE 8 以前版本不支持。attachEvent 函数是 IE 特有的，IE 8 以前版本可以使用，可添加多个事件处理函数，只支持冒泡阶段。任何能成为事件目标的对象都定义了一个名叫 addEventListener() 的方法，使用这个方法可以为事件目标注册事件处理程序。

addEventListener() 接受三个参数。第一个参数是要注册处理程序的事件类型，其值是字符串，但并不包括前缀 "on"；第二个参数是当指定类型的事件发生时应该调用的函数；第三个参数是布尔值，可以忽略（某些旧的浏览器上不能忽略这个参数），默认值为 false。当其为 false 时是指在事件冒泡过程中注册事件处理程序；当其为 true 时，就是在事件捕获过程中注册事件处理程序。

【案例 9-3】 HTML 网页显示的内容和案例 9-2 是相同的，区别是注册事件处理程序的方式不同，本案例先通过 DOM（DOM 会在本书第 10 章进行讲解）分别获取 div1、div2 和 div3 三个对象，这三个对象是事件目标，然后调用事件目标的 addEventListener 函数，并给 addEventListener 函数分别传递 3 个参数。详细代码参见文件：\案例\ch9\ ch9-3.html。

```
<!DOCTYPE HTML PUBLIC "-//W3C//DTD HTML 4.01 Transitional//EN"
"http://www.w3.org/TR/html4/loose.dtd">
<html>
<head>
<meta http-equiv="Content-Type" content="text/html; charset=utf-8">
<title>事件处理案例</title>
<style type="text/css">
        #div1{width: 300px; height: 300px; background: red; overflow:hidden;}
        #div2{margin:50px auto; width: 200px; height: 200px; background: green;
overflow:hidden;}
        #div3{margin:50px auto; width: 100px; height: 100px; background: blue;}
</style>
</head>
<body>
    <div id="div1">div1
        <div id="div2">div2
            <div id="div3">div3
            </div>
        </div>
    </div>
</body>
<script type="text/javascript">
    var div1 = document.getElementById('div1');/*获取id为div1元素的对象，是事件目标对象*/
```

```
var div2 = document.getElementById('div2');/*获取id为div2元素的对象,是事件目标对象*/
var div3 = document.getElementById('div3');/*获取id为div3元素的对象,是事件目标对象*/
/*调用div1对象的addEventListener函数,其函数的参数分别为:第一个参数指定事件类型(鼠标单击事件)
  第二个参数: 事件处理函数
 第三个参数: false,是指在事件冒泡过程中注册事件处理程序。
*/
div1.addEventListener('click', function(){ alert('div1-bubble'); }, false);
div2.addEventListener('click', function(){ alert('div2-bubble'); }, false);
div3.addEventListener('click', function(){ alert('div3-bubble'); }, false);
div3.addEventListener('click', function(){ alert('div3-bubble222'); }, false);
div1.addEventListener('click', function(){ alert('div1-capturing'); }, true);
div2.addEventListener('click', function(){ alert('div2-capturing'); }, true);
div3.addEventListener('click', function(){ alert('div3-capturing'); }, true);
</script>
</html>
```

读者可以自行体会该案例的运行效果，从结果中可以看出以下几点。

① 通过 addEventListener()第三个参数的作用体会事件传播机制，冒泡传递和捕获传递。

② 通过 addEventListener()方法给同一对象注册多个同类型的事件，并不会发生忽略或覆盖，而是按顺序依次执行。

③ IE 8 及其之前版本的浏览器并不支持 addEventListener()，因为 IE 8 及其之前版本的浏览器也不支持事件捕获，所以 attachEvent()并不能注册捕获过程中的事件处理函数。因此 attachEvent()只有两个参数：事件类型和事件处理函数。而且，第一个参数使用了带"on"前缀的事件处理程序属性名。

前面解读了事件注册方式、事件目标、事件类型等相关概念和原理，下面通过案例详细讲解事件对象的概念和使用，更深一步地介绍事件类型、事件目标和事件对象之间的区别和联系。

【案例 9-4】 事件对象的案例。通常事件对象作为参数传递给事件处理函数，但 IE 8 及其之前版本的浏览器中全局变量 event 才是事件对象。所以，在编写相关代码时应该注意兼容性问题。在本案例中，给网页上 id 为 div1 的元素添加单击事件，当单击该元素时在提示窗口显示信息：显示事件对象的事件类型信息和被单击元素本身（事件目标信息），其中事件类型信息为 click，事件目标信息为[object HTMLDivElement]。详细代码参见文件：\案例\ch9\ ch9-4.html。

```
<!DOCTYPE HTML PUBLIC "-//W3C//DTD HTML 4.01 Transitional//EN"
"http://www.w3.org/TR/html4/loose.dtd">
<html>
<head>
<meta http-equiv="Content-Type" content="text/html; charset=utf-8">
<title>事件对象案例</title>
    <style type="text/css">
        #div1{width: 300px; height: 300px; background: red; overflow: hidden;}
    </style>
</head>
<body>
    <div id="div1">div1</div>
</body>
<script type="text/javascript">
        /*获取id为div1元素的对象,是事件目标对象*/
         var div1 = document.getElementById('div1');
        /*考虑浏览器的兼容问题,根据不同的浏览器分别调用addEventListener函数和*attachEvent函数*/
```

231

```
        if(div1.addEventListener){
             div1.addEventListener('click', div1Fun, false);
        }else if(div1.attachEvent){
             div1.attachEvent('onclick', div1Fun);
        }
        /*事件对象(event)作为参数传递给事件处理函数*/
        function div1Fun(event){
             event = event || window.event;
             var target = event.target || event.srcElement;
             alert(event.type);//显示事件对象的事件类型信息
             alert(target);//显示事件对象的事件目标信息
        }
    </script>
</html>
```

9.2 JavaScript 常用事件

JavaScript 事件有很多，本节通过案例驱动的方式讲解项目中经常使用的事件。

9.2.1 获得焦点和失去焦点事件

【案例 9-5】 如图 9-2 所示的网页，针对年龄文本框要求实现以下效果，详
细代码参见文件：\案例\ch9\ ch9-5.html。

（1）年龄未得到焦点时，文本框中显示"年龄必须在 20～40 岁"提示信息。

（2）年龄得到焦点时，文本框中的提示信息清空，以便用户
输入内容。

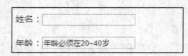

（3）年龄输入完毕离开焦点时，判断年龄必须是数字，且必
须在 20～40。

图 9-2　焦点事件案例网页

```
<!DOCTYPE HTML PUBLIC "-//W3C//DTD HTML 4.01 Transitional//EN"
"http://www.w3.org/TR/html4/loose.dtd">
<html>
<head>
<meta http-equiv="Content-Type" content="text/html; charset=utf-8">
<title>onfocus 和 onblur 事件</title>
<script language="javascript">
    /*checkData 函数，当年龄文本框失去焦点时，会执行该函数体中的代码
    该函数完成年龄文本框信息的校验，校验其合法性
    */
    function checkData(){
        //获取 id 为 age 的 DOM 元素对象的 value 属性值
        var age = document.form1.age.value;
        //判断 value 属性值是否为空，如果是，则为 value 赋值为"年龄必须在 20~40 岁"
        if( age == ""){
            document.form1.age.value = "年龄必须在 20~40 岁";
            return;
        }
        /*判断 value 属性值是否非数字，如果是的话，则弹出提示窗口，同时通过调用 focus()方法使得年龄
        文本框获取焦点
        */
```

```
        if ( isNaN(age) ){
            alert("年龄必须是数字");
            document.form1.age.focus();//调用了文本框对象 focus 方法——获取焦点方法
            return;
        }
        age = parseInt(age);//把年龄字符串类型转换为整型类型
        /*判断年龄是否在 20~40 岁, 如果不符合要求, 则弹出提示窗口, 同时通过调用 focus()方法使得年龄
        文本框获取焦点
        */
        if ( age<20 || age>40 ){
            alert("年龄必须在 20~40 岁");
            document.form1.age.focus();
            return;
        }
    }
    /*clearData 函数, 当年龄文本框获取焦点时, 会执行该函数体中的代码
        该函数完成年龄文本框清空的功能
    */
    function clearData(){
        var age = document.form1.age.value;
        var msg = age;
        if( age == "年龄必须在 20~40 岁"){
            msg = "";
        }
        document.form1.age.value = msg;
    }
</script>
</head>
<body>
 <form name="form1">
  姓名: <input type="text" name="name"><br/><br/>
  <!--设置 HTML 标签属性为事件处理程序, onblur 失去焦点事件, 对应的事件处理函数为 checkData
    onfocus 获取焦点事件, 对应的事件处理函数为 clearData
  -->
  年龄: <input type="text" name="age" value="年龄必须在 20~40 岁" onblur="checkData()"
onfocus="clearData()"/>
</form>
</body>
</html>
```

9.2.2　鼠标移动和鼠标按下事件

【案例 9-6】　如图 9-3 所示的网页, 针对文本框要求实现以下效
果, 详细代码参见文件: \案例\ch9\ ch9-6(1).html。

(1) 鼠标移到姓名文本框时, 文本框改变背景色为黄色。

(2) 鼠标单击姓名文本框时, 文本框改变背景色为蓝色。

(3) 鼠标离开姓名文本框时, 文本框改变背景色为红色。

图 9-3　鼠标移动事件案例网页

```
<!DOCTYPE HTML PUBLIC "-//W3C//DTD HTML 4.01 Transitional//EN"
"http://www.w3.org/TR/html4/loose.dtd">
<html>
<head>
<meta http-equiv="Content-Type" content="text/html; charset=utf-8">
```

```
    <title>onMouseOver 和 onMouseDown 事件</title>
    </head>
    <body>
        <form name="form1">
            姓名: <input type="text" name="name" id="name">
            <br/><br/>
            年龄: <input type="text" name="age" id="age"/>
        </form>
    </body>
    <script type="text/javascript">
        var name = document.getElementById('name');/*获取 id 为 name 元素的对象，是事件目标对象*/
        var age = document.getElementById('age');/*获取 id 为 age 元素的对象，是事件目标对象*/
        name.onmouseover = function(){/*给 name 对象的 onmouseover 属性赋值，其值为事件处理函数*/
            name.style.background="yellow";/*设定 name 文本框的背景颜色为黄色*/
        };
        name.onmousedown = function(){/*给 name 对象的 onmousedown 属性赋值，其值为事件处理函数*/
            name.style.background="blue";/*设定 name 文本框的背景颜色为蓝色*/
        };
        name.onmouseout = function(){/*给 name 对象的 onmouseout 属性赋值，其值为事件处理函数*/
            name.style.background="red";/*设定 name 文本框的背景颜色为红色*/
        };
    </script>
    </html>
```

思考：上面的案例仅给 name 文本框元素绑定了事件，如果 age 文本框也需要绑定同样的三个事件，那么该如何实现？为什么上面的案例用 IE 浏览器可以触发相关事件，而使用其他浏览器则不可以？案例代码如下所示，详细代码参见文件：\案例\ch9\ ch9-6(2).html。

```
<!DOCTYPE HTML PUBLIC "-//W3C//DTD HTML 4.01 Transitional//EN"
"http://www.w3.org/TR/html4/loose.dtd">
<html>
<head>
<meta http-equiv="Content-Type" content="text/html; charset=utf-8">
<title>onMouseOver 和 onMouseDown 事件</title>
<script language="javascript">
    function fn_onMouseOver(ctrl){
        ctrl.style.background="#F8D7CB";
    }
    function fn_onMouseDown(ctrl){
        ctrl.style.background="#FFFFFF";
    }
    function fn_onMouseOut(ctrl){
        ctrl.style.background="#E1E1E1";
    }
</script>
</head>
<body>
    <form name="form1">
        姓名: <input type="text" name="name" onmouseOver="fn_onMouseOver(this)" onmouseDown=
"fn_onMouseDown(this)" onmouseOut="fn_onMouseOut(this)">
        <br/><br/>
        年龄: <input type="text" name="age"  onmouseOver="fn_onMouseOver(this)" onmouseDown=
"fn_onMouseDown(this)" onmouseOut="fn_onMouseOut(this)"/>
```

234

```
        </form>
    </body>
</html>
```

在上面代码中，使用 this 关键字，该 this 代表事件目标对象（即调用事件的对象），在本案例中 this 分别代表 name 文本框对象和 age 文本框对象。

9.2.3　UI 事件

本节重点讲解 UI 事件中的 load 事件，load 事件通常用于检测文档内容或者图片是否加载完毕。本节着重介绍注册在 window 对象上的 load 事件，也就是 window.onload 事件。

网页中的某些 JavaScript 脚本代码往往需要在文档加载完成后才能够执行，否则可能导致无法获取对象的情况，为了避免类似情况的发生，可以使用以下两种方式。

（1）将脚本代码放在网页的底端，这样运行脚本代码的时候，可以确保要操作的对象已经加载完成。

（2）通过 window.onload 执行脚本代码。

window.onload 是一个事件，当文档内容完全加载完成时会触发该事件。可以为此事件注册事件处理函数，并将要执行的脚本代码放在事件处理函数中，以避免获取不到对象的情况。

【案例 9-7】如案例 9-3，就将 JavaScript 脚本代码放到了网页的底端，以确保在执行 JavaScript 脚本程序时能够获取到文档对象。把这个案例的代码通过触发 load 事件进行修改，修改的详细代码如下，详细代码参见文件：\案例\ch9\ ch9-7.html。

```
<!DOCTYPE HTML PUBLIC "-//W3C//DTD HTML 4.01 Transitional//EN"
"http://www.w3.org/TR/html4/loose.dtd">
<html>
<head>
<meta http-equiv="Content-Type" content="text/html; charset=utf-8">
<title>load事件</title>
<style type="text/css">
        #div1{width: 300px; height: 300px; background: red; overflow:hidden;}
        #div2{margin:50px auto; width: 200px; height: 200px; background: green;
overflow:hidden;}
        #div3{margin:50px auto; width: 100px; height: 100px; background: blue;}
</style>
<script type="text/javascript">
    /*使用第二种方式注册事件处理程序的方式（设置 JavaScript 对象属性为事件处理程序）
      事件目标为 window 对象，通过给 window 对象的 onload 属性进行赋值，赋值为事件处理函数
      当文档加载完毕后，会触发 window 对象的 onload 事件，执行事件处理函数体里面代码
    */
    window.onload = function(){
        var div1 = document.getElementById('div1');/*获取 id 为 div1 元素的对象，是事件目标对象*/
        var div2 = document.getElementById('div2');/*获取 id 为 div2 元素的对象，是事件目标对象*/
        var div3 = document.getElementById('div3');/*获取 id 为 div3 元素的对象，是事件目标对象*/
        /*调用 div1 对象的 addEventListener 函数，其函数的参数分别为：第一个参数指定事件类型（鼠标
        单击事件）
        第二参数：事件处理函数
        第三个参数：false，是指在事件冒泡过程中注册事件处理程序
        */
        div1.addEventListener('click', function(){ alert('div1-bubble'); }, false);
```

235

```
                div2.addEventListener('click', function(){ alert('div2-bubble'); }, false);
                div3.addEventListener('click', function(){ alert('div3-bubble'); }, false);
                div3.addEventListener('click', function(){ alert('div3-bubble222'); }, false);
                div1.addEventListener('click', function(){ alert('div1-capturing'); }, true);
                div2.addEventListener('click', function(){ alert('div2-capturing'); }, true);
                div3.addEventListener('click', function(){ alert('div3-capturing'); }, true);
        }
    </script>
</head>
<body>
    <div id="div1">div1
        <div id="div2">div2
            <div id="div3">div3
            </div>
        </div>
    </div>
</body>
</html>
```

注意：在本案例中 onload 事件绑定的是匿名事件处理函数，当然可以绑定具名函数。

9.2.4　表单事件

1. submit 事件

submit 事件通常监测是否提交表单元素，其在提交表单元素时会触发，也就是 form 元素对象 onsubmit 事件。需要注意的是，动态表单提交 form.submit()无法触发 onsubmit 事件。submit 事件常用来进行表单数据验证。

submit 事件

【案例 9-8】　图 9-4 所示的网页中，当提交表单时，实现如下表单验证效果。

- 有两个网页：登录页面和登录成功页面。

- 登录按钮是 submit 按钮。

- 单击"登录"按钮后，只有当账号为 user1，且密码是 123456
时，才将页面提交到登录成功页面，否则继续留在登录页面，并给
出相应的提示窗口。

登录界面源代码如下，详细代码参见文件：\案例\ch9\ ch9-8.html。

图 9-4　submit 事件案例演示页面

```
<!DOCTYPE HTML PUBLIC "-//W3C//DTD HTML 4.01 Transitional/
/EN"
"http://www.w3.org/TR/html4/loose.dtd">
<html>
<head>
<meta http-equiv="Content-Type" content="text/html; charset=utf-8">
<title>登录界面</title>
<script type="text/javascript">
    function check(){
        var loginId = document.myForm.loginId.value;
        var password = document.myForm.password.value;
        if( loginId != "user1" ){
            alert("该用户不存在");
            return false;
        }
        if( password != "123456" ){
            alert("密码错误");
```

```
            return false;
        }
        return true;
    }
</script>
</head>
<body>
<form name="myForm" action="ch9-8(1).html" onsubmit="return check()">
    <p>账号: <input type="text" name="loginId"></p>
    <p>密码: <input type="password" name="password"></p>
    <p><input type="submit" value="登录">  <input type="reset" value="清除"></p>
</form>
</body>
</html>
```

说明：该案例使用了 JavaScript 事件处理函数中的 return，那么 return 返回的是什么？return 返回值实际上是对 window.event.returnvalue 进行设置，而该值决定了当前操作是否继续。

- 当返回是 true 时，将继续操作。
- 当返回是 false 时，将中断操作。

直接执行时（不用 return），将不会对 window.event.returnvalue 进行设置，而会默认继续执行操作。

返回 false 来阻止默认动作是所有浏览器都支持的，这是事件处理程序的基本组成。如今的事件处理程序模型还添加了一些新的方法来阻止默认动作。

W3C 给事件添加了 preventDefalut()方法。如果引用了这个方法，那么默认动作就会被阻止。微软给事件添加了 returnValue 属性。如果设置它的值为 false，那么默认动作也会被阻止。

例如：在<a href="abc.htm" onclick="return add_onclick()">Open</a>中，如果函数 add_onclick()返回 true，那么页面就会打开 abc.htm；否则（返回 false），页面不会跳转到 abc.htm，只会执行 add_onclick()函数里的内容。而<a href="abc.htm"onclick="add_onclick()"> Open</a>中，不管 add_onclick()返回什么值，都会在执行完 add_onclick 函数后打开页面 abc.htm。

2. change 事件

其在作用域的内容被改变时触发，该事件在内容改变且当前元素失去焦点（onblur）时才可以激活，也就是说，在作用域失去焦点的时候才会判断内容是否更改，如果更改才会触发 change 事件。change 事件会被 HTML 的<input>、<select>和<textarea>元素触发。

change 事件

【案例 9-9】　图 9-5 所示的网页中，改变下拉框中的文本域内容，触发 change 事件，动态改变"我是一名大学生"文本的字体、大小、颜色相关样式。

代码如下，详细代码参见文件：\案例\ch9\ch9-9.html。

图 9-5　change 事件演示案例页面

```
<!DOCTYPE HTML PUBLIC "-//W3C//DTD HTML 4.01 Transitional//EN"
"http://www.w3.org/TR/html4/loose.dtd">
<html>
<head>
<meta http-equiv="Content-Type" content="text/html; charset=utf-8">
```

```
<title>change 事件案例演示</title>
<script type="text/javascript">
    function changeFont(){
        var myFont = document.getElementsByTagName("font")[0];
        var myFontFace = document.myform.myFontFace.value;
        var myFontSize = document.myform.myFontSize.value;
        var myFontColor = document.myform.myFontColor.value;
        myFont.face=myFontFace;
        myFont.size=myFontSize;
        myFont.color=myFontColor;
    }
</script>
</head>
<body>
<form action="" method="post" name="myform">
    <p><font>我是一名大学生</font></p>
    <p>字体：
    <select name="myFontFace" onchange="changeFont()">
        <option value="宋体">宋体</option>
        <option value="黑体">黑体</option>
        <option value="楷体">楷体</option>
    </select>
    大小：
    <select name="myFontSize" onchange="changeFont()">
        <option value="2">1</option>
        <option value="4">4</option>
        <option value="7">7</option>
    </select>
    颜色：
    <select name="myFontColor" onchange="changeFont()">
        <option value="red">red</option>
        <option value="blue">blue</option>
        <option value="yellow">yellow</option>
    </select>
    </p>
</form>
</body>
</html>
```

9.3 本章小结

　　本章讲解了 JavaScript 事件的概念和作用，包括事件、事件类型、事件目标、事件对象和事件处理程序等概念。其中事件类型详细罗列了"DOM3 级事件"规定了几类事件（UI 事件、焦点事件、鼠标事件、键盘事件、滚轮事件、文本事件等）。重点介绍了如何注册事件处理程序，注册事件处理程序的常用方式有 3 种：设置 HTML 标签属性为事件处理程序、设置 JavaScript 对象属性为事件处理程序、使用 addEventListener 和 attachEvent 函数绑定。详细介绍了 JavaScript 常用事件：获取焦点事件、失去焦点事件、鼠标移动事件、鼠标按下事件、load 事件、submit 事件、change 事件等。希望读者能够理解事件的传播机制，并能够灵活地运用事件增强网页功能。

习　题

1. 要求用 JavaScript 实现下面的功能：在一个文本框中内容发生改变后，单击页面的其他部分将弹出一个消息框显示文本框中的内容，下面语句正确的是（　　　）。

    A. `<input type="text" onchange="alert(this.value)">`

    B. `<input type="text" onclick="alert(this.value)">`

    C. `<input type="text" onchange="alert(text.value)">`

    D. `<input type="text" onclick="alert(value)">`

2. 下列选项中，（　　　）不是网页中的事件。

    A. onclick　　　　　　B. onmouseover　　　　C. onsubmit　　　　　D. onpressbutton

3. 在 HTML 页面中，不能与 onchange 事件处理程序相关联的表单元素有（　　　）。

    A. 文本框　　　　　　B. 复选框　　　　　　　C. 列表框　　　　　　D. 按钮

4. 以下关于 JavaScript 事件的描述中，不正确的是（　　　）。

    A. click——鼠标单击事件

    B. focus——获取焦点事件

    C. mouseover——鼠标指针移动到事件源对象上时触发的事件

    D. change——选择字段时触发的事件

5. 考察以下代码片段：

```
<script type="text/javascript">
   function handleEvent()     {
   var oTextbox =document.getElementById("txt1");
   oTextbox.value += " " + event.type;//event 是所触发的事件对象
   }
</script>   请在文本框中操作键盘：
<input type="text" id="txt"size="5"
 onkeydown="handleEvent()"
 onkeyup="handleEvent()"
 onkeypress="handleEvent()"/>
<textarea id="txt1" rows="6" cols="30"></textarea>
```

如果光标定位文本框中，按键盘的 Shift 键，文本域中的输出结果为（　　　）。

    A. keydown keyup keypress　　　　　　B. keydown keyup

    C. keydown　　　　　　　　　　　　　　D. keyup

6. 分析下面的代码：

```
<html>
 <body>
  <select type="select" name="s1" onchange=alert("你选择了"+s1.value) >
```

```
    <option selected value=select1 >北京< /option>
     <option value=select2 >上海</option >
     <option value=select3 >广州</option >
    </select>
   </body >
</html>
```

下面对结果的描述正确的是（   ）。

    A. 当选中"上海"时，弹出"你选择了 select2"信息框

    B. 当选中"广州"时，弹出"你选择了广州"信息框

    C. 任何时候选中"北京"时，不弹出信息框

    D. 代码有错误，应该将"onchange"修改为"onclick"

7. 下列（   ）不是 JavaScript 的事件类型。

    A. 动作事件   B. 鼠标事件   C. 键盘事件   D. HTML 页面事件

8. 下列关于鼠标事件描述有误的是（   ）。

    A. click 表示鼠标单击

    B. dblclick 表示单击鼠标右键

    C. mousedown 表示鼠标的按钮被按下

    D. mousemove 表示鼠标进入某个对象范围，并且移动

9. 考察以下代码片段：

```
<form action="#" name="form1">
 <input type="button" name="button1" value="按钮 1"/>
 <input type="button" name="button2" value="按钮 2"/>
</form>
<script type="text/javascript">
function handleEvent1(){
  document.form1.button2.click();
}
function handleEvent2() {
  alert(event.srcElement.name+"的"+event.type+"事件被触发! ");
}
document.form1.button1.onclick = handleEvent1;
document.form1.button2.onclick =handleEvent2;
</script>
```

如果用户单击了按钮 1，此时输出结果为（   ）。

    A. 输出"button2 的 click 事件被触发!"

    B. 输出"button1 的 click 事件被触发!"

    C. 程序出错，没有输出

    D. 依次输出"button1 的 click 事件被触发!"   "button2 的 click 事件被触发!"

10. 下列选项正确的是（   ）。

陈述 1：一个 button 的 click 事件只能添加一个事件处理函数

陈述 2：JavaScript 事件一旦添加就无法销毁

A.　陈述 1 正确，陈述 2 错误　　　　B.　陈述 1 错误，陈述 2 正确

C.　两种陈述都正确　　　　　　　　D.　两种陈述都错误

上 机 指 导

使用 Dreamweaver 创建一个 HTML 文件，文件名为 eventExercise.html，网页显示效果如图 9-6 所示。

图 9-6　上机指导第 1 题网页效果

要求如下。

1.　单击"显示"按钮后，在下边显示已选择的水果。

2.　要求分别用三种事件注册方式进行实现，体会三种事件注册方式的区别。

第 10 章 DOM 和 BOM

学习目标
- 了解 DOM 对象的含义
- 掌握使用 DOM 对象的树结构和节点关系的方法
- 掌握 DOM 对象的访问和修改方法
- 掌握浏览器对象模型的组成
- 掌握 window 对象的常用方法和属性
- 了解 history 对象、location 对象、screen 对象和 navigator 对象的使用

10.1 DOM 对象

DOM 是 "Document Object Model（文档对象模型）" 的首字母缩写。它提供了一种结构化的表示方法，可以改变文档的内容和呈现方式。

10.1.1 DOM 简介

DOM 并不是一种技术，而是由 W3C 组织推荐的标准编程接口，用来处理可扩展标记语言：HTML 或 XML。简单来说，DOM 是用来处理和表示可扩展标记语言的一种方法，通过 DOM 可以读取或改变 HTML 或 XML 文档。DOM 以一种树形结构表示 HTML 文档，所以一般称其为 DOM 树。

DOM 简介

那 DOM 是什么时候被创建的呢？当创建一个网页并把它加载到 Web 浏览器中时，幕后就会创建一个文档对象模型。

10.1.2 DOM 树结构

对于初学者来说，DOM 的概念是非常抽象的。HTML DOM 定义了访问和操作 HTML 文档的标准方法，现在我们以 HTML DOM 为例来介绍 DOM，请看下面的 HTML 片段。

DOM 树结构

```
<html>
    <head>
            <title>Trees, trees, everywhere</title>
    </head>
    <body>
            <h1>Trees, trees, everywhere</h1>
```

```
        <p>Welcome to a <em>really</em> boring page.</p>
        <div>
                Come again soon.
                <img src="come-again.gif" />
        </div>
    </body>
</html>
```

DOM 将上述 HTML 文档表达为树结构，如图 10-1 所示。

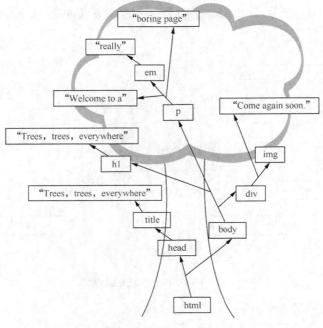

图 10-1　DOM 树结构

DOM 树中的所有元素都是从最外层的 HTML 包含元素——HTML 元素开始的，使用"树"的比喻，叫作根元素（root element）。

从根流出的线表示不同标记部分之间的关系。head 和 body 元素是 HTML 根元素的"孩子"（child）；title 是 head 的"孩子"，而文本"Trees, trees, everywhere"是 title 的"孩子"；相对的，head 是 title 的"父亲"（parent），title 是文本"Trees, trees, everywhere"的"父亲"。处在同一层次且互不包含的两个分支（如 head 和 body）之间称为同胞（sibling）关系。整个树就这样组织下去，直到浏览器获得与图 10-1 类似的结构。

通常把这样的树结构称为节点树。

10.1.3　DOM 节点

HTML 文档中的所有内容都是节点，DOM 文档是由节点构成的集合，DOM 树节点是文档树上的"树枝"或者"树叶"。

DOM 中的节点类型如下。

● 元素节点（element node），如<head>、<p>、<div>等。元素节点可以包含其他的元素，唯一没有被包含在其他元素里的元素是 html，它是根元素。

DOM 节点

243

- 属性节点（attribute node），DOM 中的每个元素或多或少都会有一些属性，属性可以对元素做出一些具体的描述。因为属性总是被放到起始标签里，所以属性节点总是被包含在元素节点中，例如<img src="come-again.gif" />中的 src 节点。
- 文本节点（text node），例如 h1 元素中包含文本节点"Trees, trees, everywhere"。

在节点树中，顶端节点被称为根（root），节点树中的节点彼此拥有层级关系。常用父（parent）、子（child）和同胞（sibling）等术语来描述这些关系，父节点拥有子节点，同级的子节点被称为同胞（兄弟或姐妹）。在上节的 HTML 中存在以下层级关系（见图 10-2）。

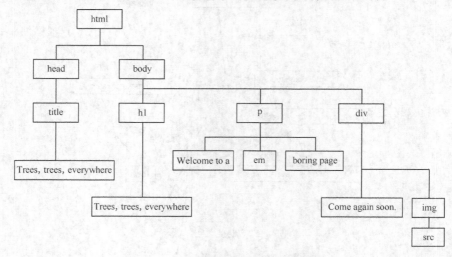

图 10-2　HTML 案例节点关系层级图

- <html>节点没有父节点，它是根节点。
- <head>和<body>的父节点是<html>节点。
- 文本节点"Come again soon"的父节点是<div>节点。
- <html>节点拥有两个子节点：<head>和<body>。
- <head>节点拥有一个子节点：<title>。
- <title>节点拥有一个子节点：文本节点"Trees, trees, everywhere"。
- <h1>和<p>节点是同胞节点，同时也是<body>的子节点。
- <head>是<html>的首个子节点。
- <body>是<html>的最后一个子节点。
- <h1>是<body>的首个子节点。
- <div>是<body>的最后一个子节点。

10.1.4　DOM 节点的访问

了解了 DOM 树的节点及它们层级关系，接下来看一看 JavaScript 是如何读取 HTML 的。在开始本节的学习之前，先准备如下的 HTML 文件。

```
<body>
        <p id="userinfo">用户信息</p>
        <form name="perinfo">
```

DOM 节点的
访问

```
       用户名: <input type="text" name="username" value="lisa" id="uname"/>
       密　码: <input type="text" name="pwd" value="123"/>
    </form>

    <p>商品信息</p>
    <form name="goodsinfo">
       商品名: <input type="text" name="goodsname" value="clothes"/>
       价　格: <input type="text" name="price" value="123"/>
    </form>
    <br>
    <input type="button" value="显示信息" onclick="show()"/>
</body>
```

页面显示如图 10-3 所示。

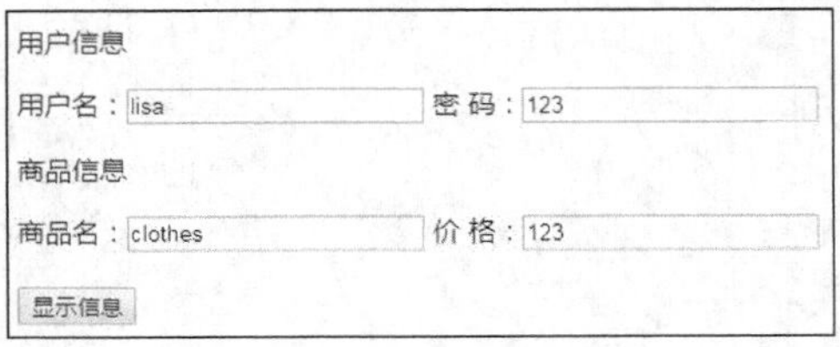

在 DOM 中, document 对象代表整个 HTML 文档, 可以用来访问所有页面中的元素。JavaScript 提供的 DOM 方法几乎都是与 document 对象相关联的函数。接下来我们将结合本节开始的时候准备好的案例, 介绍 JavaScript 提供的几种基本的 DOM 方法。

图 10-3　用户商品信息页面

（1）getElementById()：返回带有指定 ID 的元素, 其语法格式:

```
document.getElementById(节点id)
```

在上面的案例中, 用户名所在的 input 标签对应元素 id 是 "uname", 所以当需要获取用户名这个元素的时候, 可以使用如下代码。

```
document.getElementById("uname")
```

（2）getElementsByTagName()：返回一个对象数组, 它们分别对应文档里一个特定的元素节点, 其语法格式:

```
document.getElementsByTagName(标签名称)
```

如果想要获取所有 input 元素, 可以使用如下代码。

```
document.getElementsByTagName("input")
```

如果想要获取每个对象的信息, 则可以使用循环遍历的方式, 下面的 info[i] 即表示被遍历到的对象。

```
var info = document.getElementsByTagName("input");
for(var i=0;i<info.length;i++){
      //info[i]
}
```

（3）getAttribute ()：返回对象的属性值。在前面的例子中获取到的都是对象, 如果想要获取它们的某些属性值, 则需要使用该方法, 其语法格式:

```
元素.getAttribute(属性名)
```

例如获取用户名输入框对应的 value 值, 可以使用以下代码。

```
document.getElementById("uname").getAttribute("value")
```

（4）setAttribute ()：修改对象的属性值, 其语法格式:

```
元素.setAttribute(属性名,设置值)
```

下面的例子设置 id 为 uname 的元素的 value 属性值为 tom。

```
document.getElementById("uname").setAttribute("value","tom")
```

下面的案例通过 DOM 获取了用户名和商品名信息，相信通过下面的综合案例，读者对 DOM 会有一个更清晰的了解。

```
<script type="text/javascript">
        function show(){
        document.getElementById("uname").setAttribute("value","tom");
                var info = document.getElementsByTagName("input");
                var username, goodsname;
                for(var i=0;i<info.length;i++){
                        if("username"==info[i].getAttribute("name")){
                                username = info[i].getAttribute("value");
                        }
                        if("goodsname"==info[i].getAttribute("name")){
                                goodsname = info[i].getAttribute("value");
                        }
                }
                alert("用户名: "+username+";商品名:"+goodsname);
        }
</script>
```

10.1.5 DOM 的重要属性

属性是能够获取或设置的值，例如节点的名称或内容。DOM 中的属性为用户通过 JavaScript 完成 HTML 标签的处理提供了可能。DOM 中比较重要的属性有以下几种。

DOM 的重要属性

（1）childNodes：可以将节点树中任何一个元素的所有子元素检索出来，这个属性返回一个数组，包含了给定元素节点的全体子元素。

（2）nodeName：返回元素节点的名称。注意，返回的结果全部是大写。

（3）nodeType：用来区分节点的类型。元素节点的 nodeType 属性值是 1，属性节点的 nodeType 属性值是 2，文本节点的 nodeType 属性值是 3。

（4）nodeValue：可以用来存取文本节点的值。对于元素节点或属性节点，这个属性返回空。

（5）firstChild 和 lastChild：第一个和最后一个子节点。

node.firstChild 等价于 node.childNodes[0]。

node.lastChild 等价于 node.childNodes[node.childNodes.length-1]。

（6）parentNode：元素的父节点。

（7）nextSibling：下一个同胞节点。

以下案例中 p 元素的子元素为文本元素 "Hello World!"，可以通过获取 p 元素的子元素来获取文本元素的名称和值。

```
<html>
        <body>
                <p id="intro">Hello World!</p>
        </body>
```

```
<script>
        var x=document.getElementById("intro");
        document.write("nodeName:"+x.firstChild.nodeName+"<br/>");
        document.write("nodeValue:"+x.firstChild.nodeValue);
</script>
</html>
```

输出如下。

```
Hello World!
nodeName:#text
nodeValue:Hello World!
```

【案例 10-1】 魔法帽变兔子。

使用 JavaScript 可以实现比较复杂的操作，图 10-4 是一个魔法帽，单击魔法帽可变出一只兔子，如图 10-5 所示。

魔法帽变兔子实例

图 10-4　魔法帽　　　　　　　　图 10-5　魔法帽变兔子

```
<!DOCTYPE html PUBLIC "-//W3C//DTD XHTML 1.0 Transitional//EN"
"http://www.w3.org/TR/xhtml1/DTD/xhtml1-transitional.dtd">
<html xmlns="http://www.w3.org/1999/xhtml">
<head>
<meta http-equiv="Content-Type" content="text/html; charset=utf-8" />
<script type="text/javascript">
        var show="hat";
        function change(){
                if(show=="hat"){
        document.getElementById("image").setAttribute("src","image/rabbit.png");
                        show="rabbit";
                }else{
        document.getElementById("image").setAttribute("src","image/hat.png");
                        show="hat"
                }
        }
</script>
</head>
<body>
<h1 align="center">**单击图片，开始见证魔法吧! **</h1>
<p align="center"><img id="image" src="image/hat.png" onclick="change()" ></p>
</body>
</html>
```

这个案例的思路是在单击图片时，触发提前写好的变化函数，通过修改<img>标签下 src 属性的值，成功地在魔法帽中变出一只兔子。

10.1.6　DOM 节点操作

除了基本的方法外，DOM 还提供了一些实用的方法，以便对 HTML 的节点进行修改。

（1）createElement(tagname)：创建新的元素节点，此方法与 document 对象相关联。新建的元素节点并未与节点树相连。

（2）appendChild(node)：把新建的节点插入到节点树的某个节点下，成为这个节点的子节点。

（3）createTextNode(text)：创建文本节点。

做一个练习：使用 JavaScript 向 DOM 树添加新节点，首先创建一个新元素节点，然后向一个已存在的元素追加该元素。

```
<div id="div1">
        <input type="button" value="加载新内容" onclick="load()"/>
        <p id="p1">这是一个段落</p>
        <p id="p2">这是另一个段落</p>
</div>
<script>
        function load(){
                //创建新的 p 元素
                var para=document.createElement("p");
                //创建了一个文本节点，并向 p 元素添加该节点
                var node=document.createTextNode("这是新段落。");
                para.appendChild(node);
                //向 div1 节点追加 p 元素
                var element=document.getElementById("div1");
                element.appendChild(para);
        }
</script>
```

页面初始状态如图 10-6（a）所示，单击"加载新内容"按钮，页面如图 10-6（b）所示。

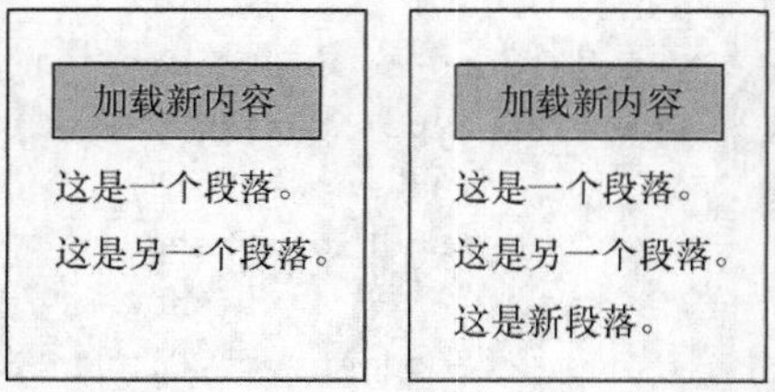

（4）insertBefore(newNode, targetNode)：把一个新元素插入到一个现有元素的前面。

（5）replaceChild(newChild, oldChild)：替换一个子节点。

（6）removeChild(node)：删除一个子节点。

下面做一个删除已有节点的练习，想要删除 HTML 元素，必须首先获得该元素的父元素。

図 10-6　页面加载新内容

```
<div id="div1">
        <input type="button" value="删除节点" onclick="load()"/>
        <p id="p1">这是一个段落。</p>
        <p id="p2">这是另一个段落。</p>
</div>
<script>
        function load(){
                //找到 id="div1" 的节点
```

```
        var parent=document.getElementById("div1");
        //找到 id="p1" 的 <p> 节点
        var child=document.getElementById("p1");
        //从父节点中删除子节点
        parent.removeChild(child);
    }
</script>
```

页面初始状态如图 10-7（a）所示，单击"删除节点"按钮，页面如图 10-7（b）所示。

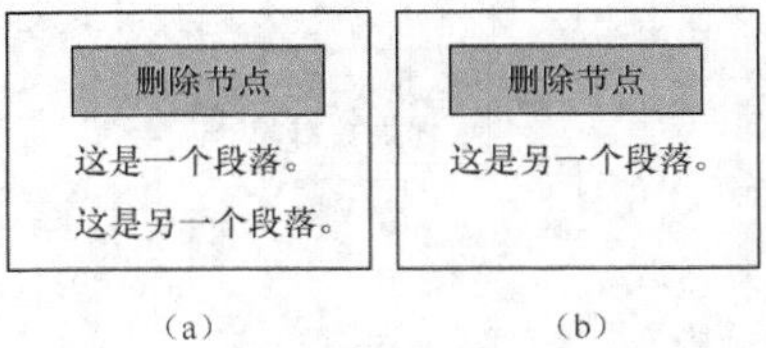

替换网页中原有节点的实例

【**案例 10-2**】 替换网页中原有的节点。

上面的魔法帽变兔子的例子，可以换一种方式来完成，虽然这种方式比较烦琐，但是对于初学者来说，这是一次很好的练习。思路如下。

（1）创建新的 img 元素。

（2）访问当前 img 元素的父元素，也就是它的容器。

（3）在已有 img 元素之前插入新的 img 元素作为该容器的子级元素。

（4）删除原来的 img 元素。

（5）结合起来以便在用户单击按钮时调用刚刚创建的函数。

```
<!DOCTYPE html PUBLIC "-//W3C//DTD XHTML 1.0 Transitional//EN"
"http://www.w3.org/TR/xhtml1/DTD/xhtml1-transitional.dtd">
<html xmlns="http://www.w3.org/1999/xhtml">
<head>
<meta http-equiv="Content-Type" content="text/html; charset=utf-8" />
<script type="text/javascript">
        function change(){
                var oldImage=document.getElementById("hat");
                var newImage=document.createElement("img");
                newImage.setAttribute("src","image/rabbit.png");
                var parent = oldImage.parentNode;
                parent.insertBefore(newImage,oldImage);
                parent.removeChild(oldImage);
        }
</script>
</head>
<body>
<h1 align="center">**单击图片，开始见证魔法吧！**</h1>
<p align="center"><img id="hat" src="image/hat.png" onclick="change()" ></p>
</body>
</html>
```

10.2 BOM 对象

BOM 对象

BOM（Browser Object Model）指浏览器对象模型。它以 window 对象为依托，表示浏览器窗口及页面可见区域，它使 JavaScript 有能力与浏览器"对话"。浏览器对象一般可以分为图 10-8 所示的几部分。

图 10-7 删除节点页面

249

图 10-8　浏览器对象

浏览器对象的分层结构如图 10-9 所示。

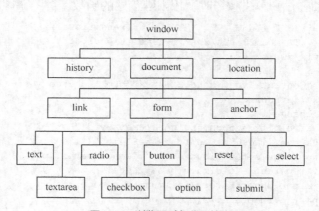

图 10-9　浏览器对象分层结构

10.2.1　window 对象

所有浏览器都支持 window 对象。它表示浏览器窗口，和前面介绍的字符串、日期等对象一样，包含了许多属性和方法。window 对象常用的属性如下。

- document：表示给定浏览器窗口中的 HTML 文档。
- history：包含有关客户访问过的 URL 的信息。
- location：包含有关当前 URL 的信息。
- name：设置或检索窗口或框架的名称。
- status：设置或检索窗口底部的状态栏中的消息。
- screen：包含有关客户端的屏幕和显示性能的信息。

window 对象常用的方法如表 10-1 所示。

window 对象

表 10-1　window 对象常用的方法

名称	说明
alert ("提示信息.")	显示包含消息的对话框
confirm（"提示信息"）	显示一个确认对话框，包含一个确定按钮和一个取消按钮
prompt（"提示信息"）	弹出提示信息框
open ("url","name")	打开具有指定名称的新窗口，并加载给定 URL 所指定的文档；如果没有提供 URL，则打开一个空白文档
close ( )	关闭当前窗口
setTimeout（"函数",毫秒数）	设置定时器：经过指定毫秒值后执行某个函数
clearTimeout(定时器对象)	取消由 setTimeout()方法设置的 timeout

下面通过一个案例来介绍 window 对象的使用。

```
<head>
<meta http-equiv="Content-Type" content="text/html; charset=utf-8" />
<script type="text/javascript">
        function openwindow() {
                window.open("http://www.inspur.com");
        }
        function closewindow(){
                window.close ();
        }
</script>
</head>
<body>
        <form>
                <input type="button" value="打开窗口" onclick="openwindow()">
                <input type="button" value="关闭窗口" onclick="closewindow()">
        </form>
</body>
```

页面显示如图 10-10 所示，单击"打开窗口"按钮，浏览器会打开一个显示浪潮集团官方网站的新窗口，单击"关闭窗口"按钮，当前浏览器窗口会被关闭。

图 10-10　打开窗口和关闭窗口按钮

也可以使用函数 open（"打开窗口的 URL","窗口名","窗口特征"）设置打开窗口的属性，窗口常用属性如下。

height：窗口高度。

width：窗口宽度。

top：窗口距离屏幕上方的像素值。

left：窗口距离屏幕左侧的像素值。

toolbar：是否显示工具栏，yes 为显示。

menubar 和 scrollbars：分别表示菜单栏和滚动栏。

resizable：是否允许改变窗口大小，yes 或 1 为允许。

location：是否显示地址栏，yes 或 1 为允许。

status：是否显示状态栏内的信息，yes 或 1 为允许。

```
<script type="text/javascript">
        function openwindow( ) {
```

251

```
                window.open("http://www.inspur.com", "设置窗口属性",
                        "top=50, left=100, location=0, status=0,
                        menubar=0,resizable=0, width=650, height=150");
        }
        function closewindow(  ){
        window.close (  );
        }
</script>
```

设置新窗口的属性后，新窗口如图 10-11 所示，窗口大小、样式被设定，最大化按钮不可用，窗口大小不可拖曳改变，且未显示状态栏。

图 10-11　设置新打开的窗口

10.2.2　history 对象

window.history 对象包含浏览器的历史，对象在编写时可不使用 window 这个前缀。history 对象加载的是浏览器浏览历史中的页面，若浏览器访问历史记录为空，则 history 对象的任意方法都不会生效，常用的方法如表 10-2 所示。

history 对象和
location 对象

表 10-2　history 对象常用的方法

方法	说明
back()	加载 history 列表中的上一个 URL，相当于后退按钮
forward()	加载 history 列表中的下一个 URL，相当于前进按钮
go("url" or number)	加载 history 列表中的一个 URL，或要求浏览器移动指定的页面数

注意：go(1)代表前进 1 页，等价于 forward()方法；go(-1)代表后退 1 页，等价于 back()方法。下面通过案例介绍 history 对象的使用。

```
<head>
<meta http-equiv="Content-Type" content="text/html; charset=utf-8" />
        <script type="text/javascript">
                        function goBack(){
                                window.history.back();
                        }
                        function goForward(){
                                window.history.forward();
                        }
                </script>
</head>
<body>
```

```
                     <input type="button" value="后退" onclick="goBack()">
                     <input type="button" value="前进" onclick="goForward()">
</body>
```

注意：当浏览器 history 列表为空时，单击"后退"或"前进"按钮可能没有反应。

10.2.3　location 对象

window.location 对象用于获得当前页面的地址（URL），并把浏览器重定向到新的页面。window.location 对象在编写时可不使用 window 这个前缀。

- location.hostname：设置或检索位置或 URL 的主机名部分。
- location.host：设置或检索位置或 URL 的主机名和端口号。
- location.href：设置或检索完整的 URL 字符串。

location 对象常用的方法如表 10-3 所示。

表 10-3　Location 对象常用的方法

方法	说明
assign("url")	加载 URL 指定的新的 HTML 文档
reload()	重新加载当前页
replace("url")	通过加载 URL 指定的文档来替换当前文档

下面的案例打印了当前链接的 URL，单击"加载新页面"按钮，浏览器将跳转到新页面上。

```
<head>
<meta http-equiv="Content-Type" content="text/html; charset=utf-8" />
<script type="text/javascript">
        document.write("链接信息: "+location.href+"<br/>");
        function load(){
                window.location.assign("http://www.inspur.com.cn/ ");
        }
</script>
</head>
<body>
                <input type="button" value="加载新页面" onclick="load()">
</body>
```

10.2.4　screen 对象

window.screen 对象包含有关用户屏幕的信息，有两项重要属性。

- screen.availWidth：访问者屏幕的宽度。
- screen.availHeight：访问者屏幕的高度。

屏幕信息以像素计，减去界面特性，例如窗口任务栏。

返回屏幕的可用尺寸的代码如下。

```
<script>
        document.write("可用宽度: " + screen.availWidth+"<br/>");
        document.write("可用高度: " + screen.availHeight);
</script>
```

输出如下。

可用宽度：1600
可用高度：860

10.2.5　navigator 对象

window.navigator 对象包含有关访问者浏览器的信息。

返回浏览器信息的代码如下。

```html
<html>
    <head>
        <meta charset="utf-8">
    </head>
    <script>
        txt = "<p>浏览器代号: " + navigator.appCodeName + "</p>";
        txt+= "<p>浏览器名称: " + navigator.appName + "</p>";
        txt+= "<p>浏览器版本: " + navigator.appVersion + "</p>";
        txt+= "<p>启用 Cookies: " + navigator.cookieEnabled + "</p>";
        txt+= "<p>硬件平台: " + navigator.platform + "</p>";
        txt+= "<p>用户代理: " + navigator.userAgent + "</p>";
        document.getElementById("example").innerHTML=txt;
    </script>
    <body>
        <div id="example"></div>
    </body>
</html>
```

输出如下。

浏览器代号：Mozilla
浏览器名称：Netscape
浏览器版本：5.0 (Windows NT 6.1; WOW64) AppleWebKit/537.36 (KHTML, like Gecko) Chrome/63.0.3239.132 Safari/537.36
启用 Cookies：true
硬件平台：Win32
用户代理：Mozilla/5.0 (Windows NT 6.1; WOW64) AppleWebKit/537.36 (KHTML, like Gecko) Chrome/63.0.3239.132 Safari/537.36

注意：由于 navigator 数据可被浏览器的使用者更改，且浏览器无法报告晚于浏览器发布的新操作系统，因此来自 navigator 对象的信息可能具有误导性，不应该被用于检测浏览器版本。

【案例 10-3】　模拟在线考试系统。

```html
<!DOCTYPE html PUBLIC "-//W3C//DTD XHTML 1.0 Transitional//EN"
"http://www.w3.org/TR/xhtml1/DTD/xhtml1-transitional.dtd">
<html xmlns="http://www.w3.org/1999/xhtml">
  <head>
    <meta http-equiv="Content-Type" content="text/html; charset=utf-8" />
    <title>text online</title>
    <script type="text/javascript">

        function two_char(n) {
    return n >= 10 ? n : "0" + n;
    }
```

```
        function time_fun() {
            var sec=0;
            setInterval(function () {
                sec++;
                var date = new Date(0, 0)
                date.setSeconds(sec);
                var h = date.getHours(), m = date.getMinutes(), s = date.getSeconds();
                document.getElementById("mytime").innerText = two_char(h) + ":" + two_char(m) +
    ":" + two_char(s);
            }, 1000);
        }


                function main(){
                 var questionArray = new Array("Q1","Q2","Q3","Q4","Q5");
                 var resultArray = new Array();
                 var rightArray = new Array();

                 //aryAns[]是从后端返回的数组,当单击交卷的时候,向后端请求正确答案的数组,赋值给
                 //aryAns[]即可
                 var aryAns = new Array(3,2,2,3,3);    //建立储存正确答案的数组
                 for (var i = 0; i < questionArray.length; i++) {
                        if (Name(questionArray[i])!=10) {
                         resultArray[i] = Name(questionArray[i]);
                        }else{
                         alert("第"+(i+1)+"题,您未作答!!");
                         return false;
                        }
                 }
                 var right_number= 0;//计算答对的题数
                 for (var i = 0; i < questionArray.length; i++) {
                        if (aryAns[i]==resultArray[i]) {
                                right_number++;
                                rightArray[i] = 1;
                        }else{
                                rightArray[i] = 0;
                        }
                 }
                 var right_question = " ";
                 var error_question = " ";
                 for (var i = 0; i < rightArray.length; i++) {
                        if (rightArray[i] ==1 ) {
                                right_question += i+1+",";
                        }else{
                                error_question += i+1+",";
                        }
                 }
                 var time=document.getElementById("mytime").innerHTML;
                 document.getElementById("right_number").innerText = right_number;
                 document.getElementById("time").innerText = time;
                 if (right_question!=" ") {
    document.getElementById("right_question").innerText = right_question;

                 }
                 if (error_question!=" ") {
```

```
                    document.getElementById("error_question").innerText = error_question;

                }
                };

                function Name(name)
                {
                  var temp = document.getElementsByName(name);
                  var intHot = 9;
                  for(var i=0;i<temp.length;i++)
                  {
                        if(temp[i].checked)
                         intHot = temp[i].value;
                  }
                  if (intHot==9) {
                        return 10;
                  }
                  return intHot;
                  };
        </script>
</head>
<body onload="time_fun()" style="padding:10px;">
        <center>
                <font size="6" color="green"><b>欢迎您使用在线答题系统</b></font>
        <h2>计时开始，请开始作答   <span id="mytime">00:00:00</span></h2>
        </center><br>
        <hr>
        <!--   下面表单将以 post 的方法，将数据传递给 Text -->
                <!-- 第一道题 -->
                <p>1.吃冰淇淋不解渴主要是因为它：</p>
                <p>
                        <input type="radio" name="Q1" value="1">含蛋白质
                        <input type="radio" name="Q1" value="2">含脂肪
                        <input type="radio" name="Q1" value="3">含糖
                </p>
                <p>2.下列哪项是人体的造血器官：</p>
                <p>
                        <input type="radio" name="Q2" value="1">心脏
                        <input type="radio" name="Q2" value="2">骨髓
                        <input type="radio" name="Q2" value="3">肾脏
                </p>
                <p>3.下列哪种球类没有"越位"的规则：</p>
                <p>
                        <input type="radio" name="Q3" value="1">足球
                        <input type="radio" name="Q3" value="2">篮球
                        <input type="radio" name="Q3" value="3">冰球
                </p>
                <p>4.我国铁路部门规定身高多少的儿童要买全票：</p>
                <p>
                        <input type="radio" name="Q4" value="1">1.3 米
                        <input type="radio" name="Q4" value="2">1.4 米
                        <input type="radio" name="Q4" value="3">1.5 米
```

```
                </p>
                <p>5. "敲门砖" 一词源于</p>
                <p>
                        <input type="radio" name="Q5" value="1">考试
                        <input type="radio" name="Q5" value="2">拜师
                        <input type="radio" name="Q5" value="3">做官
                </p>
    <button onclick="javascript:main();">交卷</button>
                <h3>
                五道题中您一共答对了<font color="red"><span id="right_number"> </font>题,
                花了<font color="red"><span id="time"></span></font>秒<br>
    正确的题目有:<span id="right_question" style="color:red"></span><br>
    错误的题目有:<span id="error_question" style="color:red"></span>
                </h3>
    </body>
</html>
```

10.3　本章小结

本章主要介绍了 JavaScript 中的 DOM 对象和 BOM 对象,需要读者了解 DOM 的含义及其与 HTML 的关系,掌握 DOM 树节点层次关系,重点掌握 DOM 节点的重要属性、读取与修改的方法,能够使用 JavaScript 熟练地对 HTML 进行读取与修改。此外,BOM 对象也是非常重要的,它使 JavaScript 能够访问浏览器相关的信息,window 对象能够打开、关闭浏览器窗口,history 对象帮助我们获取浏览器的访问历史,location 对象用于获得当前页面的地址,screen 对象包含有关用户屏幕的信息,navigator 对象包含有关访问者浏览器的信息,这些对象在以后的开发中都是非常实用的。本章知识点比较多,希望读者能够多加练习,熟练掌握。

习　　题

1. 以下说法不正确的是（　　）。
   A. DOM 的全称为 Document Object Model
   B. BOM 为文档对象模型
   C. DOM 的作用为可以对页面的内容进行增加、删除、替换
   D. BOM 为浏览器对象模型

2. 下列关于获取页面元素说法正确的是（　　）。
   A. document.getElementById('a')是通过 id 值 a 获取页面中的一个元素
   B. document.getElementsByName("na")是通过 name 属性值 na 获取页面中的一个元素
   C. document.getElementsByTagName("div")是通过标签名获取所有 div
   D. 以上说法都不正确

3. 写出至少 3 个 BOM 中常用的对象:_____、_____、_____。

4. 通过_____对象可获取当前页面地址的信息。

5. DOM 中获取第一个子节点的属性为_____，获取所有子节点的属性或者方法为_____。

上 机 指 导

1. 假设有如下 HTML 页面。

```
<!DOCTYPE html PUBLIC "-//W3C//DTD XHTML 1.0 Transitional//EN"
"http://www.w3.org/TR/xhtml1/DTD/xhtml1-transitional.dtd">
<html xmlns="http://www.w3.org/1999/xhtml">
<head>
<meta http-equiv="Content-Type" content="text/html; charset=utf-8" />
<title>无标题文档</title>
</head>

<body>
<p>欢迎您!</p>
</body>
</html>
```

（1）使用 DOM 添加代码<p>Hello World!</p>到上面的页面中。

（2）把代码中的<p>Hello World!</p>替换成<p>Hello China!</p>。

（3）在上面的基础上添加内容<p>Hello Inspur!</p>。

2. 编写一个 HTML 页面，要求该页面包含两个按钮："绘制乘法表"和"删除一行"。页面效果如图 10-12 所示。

（1）单击"绘制乘法表"按钮询问用户需要生成的行数，根据用户输入决定打印内容。

（2）单击"删除一行"按钮，能够删除乘法表最后一行的内容。

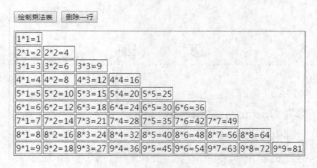

图 10-12　页面效果

11 第 11 章 静态网页开发综合实例

学习目标

- 了解多商铺商城系统的购物流程
- 掌握商城系统常用功能页面的布局方法
- 掌握表单常用验证方法
- 掌握使用 CSS 实现页面特效的技术
- 掌握使用 JavaScript 控制页面样式的能力

11.1 项目的设计思路

电子商务与网络购物如今已经为众人所熟知，支撑网络购物的电商系统大体分为以下几类：单卖家的网店系统、多卖家的商城系统，以及演化出来的单厂家多卖家的分销系统，不同的分类方式以及关注点的不同，还衍生出了其他不同的类别。

项目的设计
思路

只有把理论知识同具体实际相结合，才能正确回答实践提出的问题，扎实提升读者的理论水平与实战能力。本章将设计和制作一个类似淘宝的多卖家、多店铺商城系统——WWMall 商城，从首页到注册登录页面，从商品详情页面到支付付款页面，从店铺管理到商城后台，循序渐进、由浅入深地带领读者一步步完成整个网站的界面布局和购物功能设计。

11.1.1 项目概述

从整体设计来看，WWMall 商城系统具有通用多店铺商城系统的购物流程功能，如幻灯片广告、商品展示、商品详情、商品管理、店铺管理、购物车等。网站的功能具体规划如下。

（1）商城主页：用户访问网站的入口页面。介绍商品分类、广告商品、热卖特价商品、热门标签、商品人气排行等，并且提供了商品搜索和店铺搜索的功能。

（2）商品列表：该列表页面展示本平台上的商品信息，用户可以通过列表或者橱窗的方式查看商品，收藏、购买或者对比商品，也可以通过页面上提供的商品分类筛选查看某类商品。

（3）商品详情：用户可以在此页面上查看商品大图、商品详细信息、售价及运费，以及卖家提供的关于此商品的全部信息。

（4）购物车：用户打算购买某商品或者对某件商品有购买意向准备稍后购买时，可以通过商品详情页面将该商品放入购物车。购物车记录用户将商品加入的日期时间、商品名称、店铺名称、商品价格等。

（5）个人中心与付款页面：用户单击购物车中的"现在结账"按钮，或者商品详情页面中的"立刻购买"按钮，就可以进入订单结算环节。订单提交成功后，单击"付款"按钮进入付款页面，根据店铺支持的付款方式不同，用户可以采用的付款方式也有所区别。

（6）注册登录：未注册的用户可以浏览页面商品，查看商品详情，但是如果想要进行购买或者开店的话，需要首先注册成为平台上的用户。已注册的用户，单击"登录"按钮进行登录。

（7）店铺管理：已注册用户可以在平台上申请开店，申请由后台管理员审批通过后，用户可以在个人的用户中心页面查看自己的店铺，包括设置店铺的基本信息、管理店铺商品分类、上架下架商品、处理订单与发货等。

（8）商品管理：卖家可以在个人中心的商品管理页面上架与下架自己店铺的商品，平台管理方在系统后台可以查看与管理任意商家的商品，包括锁定与解除锁定、删除与修改等。

（9）系统后台：平台管理方可以登录整个平台系统的后台，进行全局的管理，主要功能包括系统设置、商铺管理、用户管理、商品管理、交易管理、网站管理、扩展管理等。

11.1.2　界面预览

下面展示几个主要的页面效果。

（1）主页页面效果如图 11-1 所示。访客可以浏览全部商品分类、查看商品列表页面、团购活动页面、商家店铺页面和资讯信息页面。另外，访客可以查看热卖特价商品，通过页面上部的搜索框搜索商品或者店铺名称，还可以通过单击注册或者登录按钮，成为本站的用户。

图 11-1　主页页面

（2）商品列表页面效果如图 11-2 所示。该列表页面展示本平台上的商品信息，用户可以通过列表或者橱窗的方式查看商品，收藏、购买或者对比商品，也可以通过页面上部提供的商品分类筛选查看某类商品。商品信息包括商品图片、店铺、店铺级别、价格、运费、地区等。

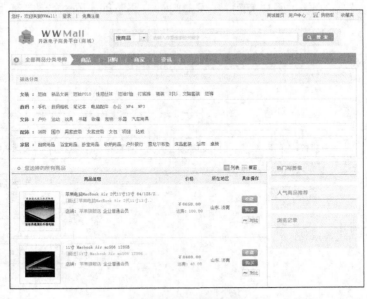

图 11-2　商品列表页面

（3）商品详情页面效果如图 11-3 所示。用户可以在此页面上查看卖家提供的多个商品大图、商品详细信息、售价及运费，以及卖家提供的关于此商品的全部信息。除此之外，用户还可以查看该商品的库存、关注度、商品收藏人气、发货地等信息。页面右侧设置有店铺信息，包括卖家名称、卖家信用、店铺创建时间等。页面的中下部设置有详细介绍或者使用方法、其他说明（例如批发说明）、商品评价、成交记录等。

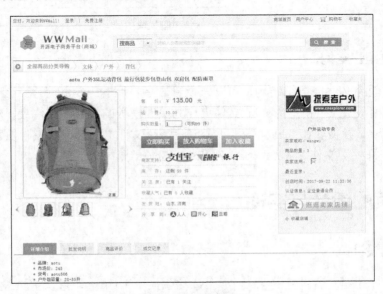

图 11-3　商品详情页面

11.1.3 功能结构

WWMall 商城从功能上划分，涉及以下功能模块：主页、商品、购物车、个人中心、支付、登录注册、系统设置、商铺管理、用户管理、商品管理、交易管理、网站管理等，如图 11-4 所示。

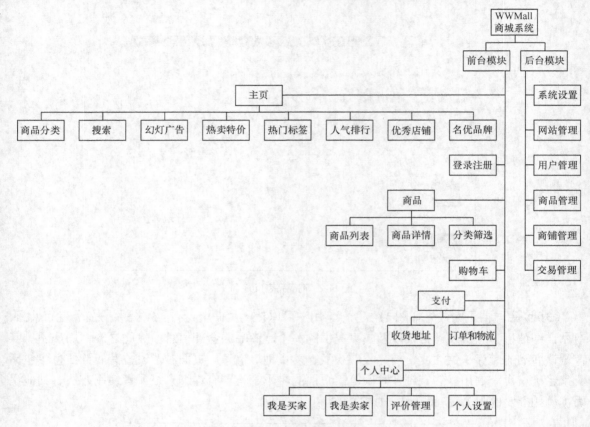

图 11-4 商城功能模块

11.1.4 文件夹组织结构

设计规范合理的文件夹组织结构，可以方便管理者日后的组织和管理。该系统设计后期可更换皮肤（页面模板），因此新建 skin 文件夹作为页面模板的根目录文件夹，然后新建 default 文件夹作为系统默认模板。在 default 文件夹内新建 css 文件夹、images 文件夹和 js 文件夹，分别用来保存 CSS 样式类文件、图片资源文件和 JavaScript 脚本文件。

11.2 主页的设计与实现

11.2.1 主页的设计

主页是用户打开网站后见到的第一个页面，让用户产生第一印象，主页设计的好坏在一定程度上影响了用户之后能否在该平台上完成消费。具有优秀视

主页的设计

觉效果和出色用户体验的主页，能够让用户印象深刻。WWMall 商城的主页涉及搜索、幻灯片广告、热卖特价、人气排行、热门标签等推荐功能。效果如图 11-5 所示。

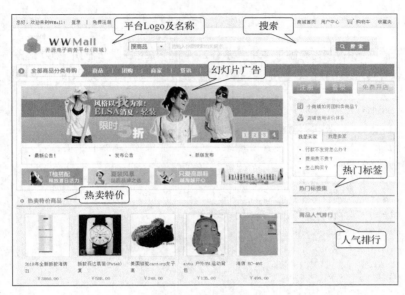

图 11-5　主页功能区域

11.2.2　顶部和底部区域功能的设计与实现

根据由简到繁的原则，首先设计网站主页顶部和底部的功能区。顶部区域主要有 Logo 图片、搜索框和导航条（由欢迎语、首页链接、用户中心、购物车和收藏夹等链接组成），方便用户在各个页面间跳转，如图 11-6 所示。

图 11-6　主页顶部功能区

顶部区域的具体实现步骤如下。

（1）新建一个 HTML 文件，命名为 index.html。引入默认皮肤文件夹下的 index.css 文件、import.css 文件、changeStyle.js 文件、slide.js 文件，构建页面的整体布局。关键代码实现如下。

```html
<!DOCTYPE html>
<head>
  <meta http-equiv="Content-Type" content="text/html; charset=utf-8" />
  <title>首页 - WWMall</title>
  <meta name="keywords" content="WWMall" />
  <meta name="description" content="WWMall 是一个新型的电子商务平台。" />
  <link href="skin/default/css/index.css" rel="stylesheet" type="text/css" />
  <link href="skin/default/css/import.css" type="text/css" rel="stylesheet" />
  <link rel="icon" href="favicon.ico" type="image/x-icon" />
```

```
    <script type="text/javascript" src="skin/default/js/changeStyle.js"></script>
    <script src="skin/default/js/slide.js" type="text/javascript"></script>
</head>
<body>
</body>
</html>
```

（2）实现顶部区域的功能。创建<div>标签，设置 class 属性，确定搜索框的定位，然后使用<form>标签，分别实现搜商品或者搜店铺的下拉列表、搜索输入文本框和搜索按钮。

```
<div id="header" class="clearfix">
    <!--顶部导航条-->
    <div class="site_nav clearfix">
        <p class="login_info"><span>您 好 ， 欢 迎 来 到 WWMall!</span><a href="#"> 登 录
</a> | <a href="#">免费注册</a></p>
        <p class="quick_menu">
        <a href="#">商城首页</a><a href="#">用户中心</a>
        <a class="shop_cart" href="#">购物车</a>
        <a href="#">收藏夹</a>
        </p>
    </div>
    <div class="topMain clearfix">
        <!--logo 图片显示-->
        <h1 id="logo">
          <a href="#"><img src="skin/default/images/img_logo.gif" title="" alt=
"WWMall" /></a>
        </h1>
    <!--搜索框-->
    <form action="#" method="POST" id="search_form" >
    <div class="search_panel clearfix">
        <p class="search_sel" onclick="setShow('sel_content');setOnShowPara('sel_content');">
          <input class="sel_value" id="sel_value" value="搜商品" name="search_type"
type="text" /></p>
        <p class="search_txt"><input name="k" type="text" onblur="inputTxt(this,'set');"
onfocus="inputTxt(this,'clean');" value="请输入你要搜索的关键字" /></p>
        <!--搜索按钮 -->
        <p class="search_btn"><input type="submit" value="" /></p>
        <!--下拉列表选择搜索商品/店铺-->
        <div id="sel_content" class="sel_list" style="display:none">
          <ul><li onclick="document.getElementById('sel_value').value = this.innerHTML"
onmouseover="this.className = 'li_hover'" onmouseout="this.className = ''">搜商品</li>
            <li onclick="document.getElementById('sel_value').value = this.innerHTML"
onmouseover="this.className = 'li_hover'" onmouseout="this.className = ''">搜商家</li>
        </ul>
      </div>
    </div>
    </form>
  </div>
</div>
```

底部区域主要由常见问题、安全交易、购买流程、如何付款等后台可设置的链接以及固定的 Powered by 标识和网站备案号组成，如图 11-7 所示。

图 11-7　主页底部功能区

底部功能区域的实现步骤为：通过<p>标签和<a>标签实现底部的常用链接；然后为<a>标签添加 href 属性，链接到相关页面；最后使用<p>段落标签，显示关于 WWMall 商城和备案信息等内容。关键代码如下。

```
<div id="footer" class="clearfix">
  <p class="link_bar">
    <a href="#">常见问题</a>|<a href="#">安全交易</a>|<a href="#">购买流程</a>|<a href="#">
如何付款</a>|<a href="#">联系我们</a>|<a href="#">合作提案</a>|<a href="#">网站地图</a></p>
  <p>Powered by <a href="http://www.wwmall.net">WWMall</a></p>
  Copyright © 2020-2028 鲁 ICP 备 0000000000 号
<!--放置页面统计代码-->
<script src="#" language="javascript"></script>
</div>
```

11.2.3　商品分类导航功能的实现

主页商品的分类导航功能，可以将商品分门别类地进行展示，便于用户检索和查找。当用户鼠标划过"全部商品分类导购"区域时，系统会弹出一个菜单，用于显示当前站点上的商品都有哪些分类，鼠标滑出时，分类显示内容消失。分类导航功能能够让商品信息更加清晰易查，井井有条。实现后的界面效果如图 11-8 所示。

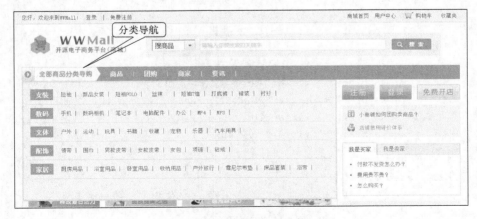

图 11-8　商品分类导航功能

具体的实现步骤如下。

（1）编写 HTML 的布局代码。添加<ul>标签，通过<li>标签显示商品分类信息。在<div>标签中添加 onmouseover 和 onmouseout 属性，增加鼠标滑入和鼠标滑出事件。关键代码如下。

```
<div id="contents" >
<!--频道栏-->
<div id="channel" class="clearfix">
    <ul class="clearfix">
        <li id="category">
            <h2><img src="skin/default/images/ttl_channel_all.gif" alt="查看所有商
品类目" onerror="this.src='skin/default/images/nopic.gif'"/></h2>
        </li>
        <li><span><a href="#">商品</a>|</span></li>
        <li><span><a href="#">团购</a>|</span></li>
        <li><span><a href="#">商家</a>|</span></li>
        <li><span><a href="#">资讯</a>|</span></li>
    </ul>
</div>
<!--商品分类导航弹出栏-->
<div id="category_box" class="allMerchan" style="display:none" onmouseover="show_obj
(this)" onmouseout="hidden_obj(this)">
    <ul>
        <li class="clearfix">
            <h3><a href="#" title="女装">女装</a></h3>
            <p>
                <a href="#" title="女装">短袖</a>|
                <a href="#" title="女装">新品女装</a>|
                <a href="#" title="女装">短袖POLO</a>|
                <a href="#" title="女装">丝袜</a>|
                <a href="#" title="女装">短袖T恤</a>|
                <a href="#" title="女装">打底裤</a>|
                <a href="#" title="女装">裙装</a>|
                <a href="#" title="女装">衬衫</a>|
            </p>
        </li>
        <li class="clearfix">
            <h3><a href="#" title="数码">数码</a></h3>
            <p>
                <a href="#" title="数码">手机</a>|
                <a href="#" title="数码">数码相机</a>|
                <a href="#" title="数码">笔记本</a>|
                <a href="#" title="数码">电脑配件</a>|
                <a href="#" title="数码">办公</a>|
                <a href="#" title="数码">MP4</a>|
                <a href="#" title="数码">MP3</a>|
            </p>
        </li>
        <li class="clearfix">
            <h3><a href="#" title="文体">文体</a></h3>
            <p>
                <a href="#" title="文体">户外</a>|
                <a href="#" title="文体">运动</a>|
                <a href="#" title="文体">玩具</a>|
                <a href="#" title="文体">书籍</a>|
```

```
                <a href="#" title="文体">收藏</a>|
                <a href="#" title="文体">宠物</a>|
                <a href="#" title="文体">乐器</a>|
                <a href="#" title="文体">汽车用具</a>|
        </p>
    </li>
    <li class="clearfix">
        <h3><a href="#" title="配饰">配饰</a></h3>
        <p>
                <a href="#" title="配饰">领带</a>|
                <a href="#" title="配饰">围巾</a>|
                <a href="#" title="配饰">男款皮带</a>|
                <a href="#" title="配饰">女款皮带</a>|
                <a href="#" title="配饰">女包</a>|
                <a href="#" title="配饰">项链</a>|
                <a href="#" title="配饰">钻戒</a>|
        </p>
    </li>
    <li class="clearfix">
        <h3><a href="#" title="家居">家居</a></h3>
        <p>
                <a href="#" title="家居">厨房用品</a>|
                <a href="#" title="家居">浴室用品</a>|
                <a href="#" title="家居">卧室用品</a>|
                <a href="#" title="家居">收纳用品</a>|
                <a href="#" title="家居">户外旅行</a>|
                <a href="#" title="家居">雪尼尔布垫</a>|
                <a href="#" title="家居">床品套装</a>|
                <a href="#" title="家居">浴帘</a>|
        </p>
    </li>
    </ul>
</div>
```

（2）编写鼠标滑入和滑出事件的 JavaScript 逻辑代码。当鼠标滑入<div>区域时，触发 onmouseover，页面显示分类导航区域；当鼠标滑出该区域时，触发 onmouseout，页面隐藏分类导航区域。关键代码如下。

```
function hidden(){
    if($('category')){
        //鼠标滑入
        $('category').onmouseover = function (){
            $('category_box').style.display = "block";
        }
        //鼠标滑出
        $('category').onmouseout = function (){
            $('category_box').style.display = "none";
        }
    }
}
```

11.2.4 幻灯片广告功能的实现

根据固定的时间间隔，幻灯片广告可以定时切换图片显示，并且幻灯片广告图片一般位于页面的显著位置，极易引起用户的关注。幻灯片广告内容一般都是系统推荐的热销或者主推商品，容易制造爆款。页面显示的效果如图 11-9 所示。

图 11-9 幻灯片广告

具体的实现步骤如下。

编写 HTML 的布局代码。使用<ul>标签和<li>标签引入幻灯片图片，同时新建 1、2、3、4 幻灯片播放顺序节点。关键代码如下。

```html
<div class="slide_container" id="idTransformView" style="overflow: hidden; position: relative;">
    <ul class="slider" id="idSlider" style="position: absolute; left: 0px; top: -148 px;">
        <li><a href="http://www.wwmall.net/" target="_blank"><img src="./uploadfiles/index/08061519.jpg" width="664" height="148" alt="" onerror="this.src='skin/default/images/nopic.gif'"></a></li>

        <li><a href="http://www.wwmall.net/" target="_blank"><img src="./uploadfiles/index/08062766.jpg" width="664" height="148" alt="" onerror="this.src='skin/default/images/nopic.gif'"></a></li>

        <li><a href="http://www.wwmall.net/" target="_blank"><img src="./uploadfiles/index/08064081.jpg" width="664" height="148" alt="" onerror="this.src='skin/default/images/nopic.gif'"></a></li>

        <li><a href="http://www.wwmall.net/" target="_blank"><img src="./uploadfiles/index/08072485.jpg" width="664" height="148" alt="" onerror="this.src='skin/default/images/nopic.gif'"></a></li>
    </ul>
    <ul class="slide_num" id="idNum">
        <li class="">1</li>
        <li class="on">2</li>
        <li class="">3</li>
        <li class="">4</li>
    </ul>
    <script type="text/javascript">slide(148);</script>
</div>
```

11.2.5 商品推荐功能的实现

该区域显示卖家设置的热卖或者特价商品，如图 11-10 所示，其在推广中的作用仅次于幻灯片广告。买家能够在此找到更大的优惠，卖家能够实现更高的销量。

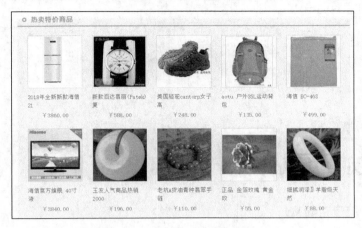

图 11-10　热卖特价商品

具体实现步骤如下。

通过<div>标签确定热卖特价商品区域在首页上的布局，使用<ul>标签和<li>标签添加商品，设置<a>标签的 href 属性指向该商品的详情页面，<img>标签用来显示商品的展示图，同时添加 onerror 属性使无法找到原图片时显示默认图片。关键代码如下。

```
<div class="hotMerchan bg">
    <h2 class="ttlm_hot">人气排行</h2>
    <div class="normal">
        <ul class="list_item clearfix">
            <li>
                <p class="pic"><a href="#"><img src="uploadfiles/goods/112902244298.jpg"
alt="2018 年全新新款海信 213TDA/A 冰箱" width="112" height="112" onerror="this.src='skin/
default/images/nopic.gif'"></a></p>
                <p class="desc"><a href="#">2018 年全新新款海信 21</a></p>
                <p class="price">￥3860.00</p>
            </li>
            <li>
                <p class="pic"><a href="#"><img src="uploadfiles/goods/112903395765
.jpg" alt="新款百达翡丽 (Patek)复古系列多功能自动机械背透手表" width="112" height="112"
onerror="this.src='skin/default/images/nopic.gif'"></a></p>
                <p class="desc"><a href="#">新款百达翡丽(Patek)复</a></p>
                <p class="price">￥588.00</p>
            </li>
            <li>
                <p class="pic"><a href="#"><img src="uploadfiles/goods/112903435815.jpg"
alt="美国骆驼 cantorp 女子高档户外登山鞋 LT-2670" width="112" height="112" onerror="this.src=
'skin/default/images/nopic.gif'"></a></p>
                <p class="desc"><a href="#">美国骆驼 cantorp 女子高</a></p>
                <p class="price">￥248.00</p>
            </li>
            <li>
```

269

```
                    <p class="pic"><a href="#"><img src="uploadfiles/goods/112903473267.jpg"
alt="aotu 户外 35L 运动背包 旅行包徒步包登山包 双肩包 配防雨罩" width="112" height="112"onerror=
"this.src='skin/default/images/nopic.gif'"></a></p>
                    <p class="desc"><a href="#">aotu 户外 35L 运动背包</a></p>
                    <p class="price">￥135.00</p>
                </li>
            </ul>
        </div>
    </div>
</div>
```

11.3 商品列表页面的设计与实现

11.3.1 商品列表页面的设计

商品列表页面的设计

该列表页面展示本平台上的商品信息,用户可以通过列表或者橱窗的方式查看商品,收藏、购买或者对比商品,也可以通过页面上提供的商品分类筛选查看某类商品,或者是符合某分类关键词的特定商品。

页面列表显示可以让用户以列表的方式查看商品,在同一页面中查看更多商品的条目,包括商品图片、商品名称、店铺名称、卖家级别、售价运费、所在区域,以及买家可进行的购买、收藏和对比操作,效果如图 11-11 所示。

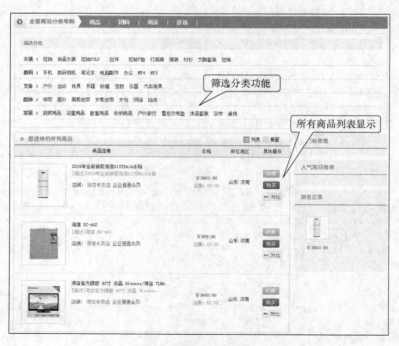

图 11-11 商品列表显示

页面橱窗显示可以让用户查看更大的商品缩略图,但代价是每一页面上显示的商品数目有限。用户可以在这两种显示效果之间随意切换,橱窗显示效果如图 11-12 所示。

图 11-12　商品橱窗显示

11.3.2　分类筛选功能的实现

商品分类筛选功能是电商网站的一个通用功能，借助此功能可以对商品列表中的商品进行进一步的筛选和过滤，例如，按照笔记本电脑的颜色分类可以分为黑色、白色、金色、粉色等，方便用户挑选商品，提升用户体验。该功能具体实现步骤为：使用<span>标签显示分类大项，使用<li>标签显示细分的分类小项，关键代码如下。

```
<div class="SubCategoryBox mg12b">
<h3>筛选分类</h3>
<ul>
    <li class="clearfix"><span><a href="#" title="女装">女装</a>: </span>
        <a href="#" title="女装">短袖</a>
        <a href="#" title="女装">新品女装</a>
        <a href="#" title="女装">短袖 POLO</a>
        <a href="#" title="女装">丝袜</a>
        <a href="#" title="女装">短袖 T 恤</a>
        <a href="#" title="女装">打底裤</a>
        <a href="#" title="女装">裙装</a>
        <a href="#" title="女装">衬衫</a>
        <a href="#" title="女装">文胸套装</a>
        <a href="#" title="女装">短裤</a>
    </li>
    <li class="clearfix"><span><a href="#" title="数码">数码</a>: </span>
    <a href="#" title="数码">手机</a>
    <a href="#" title="数码">数码相机</a>
    <a href="#" title="数码">笔记本</a>
    <a href="#" title="数码">电脑配件</a>
    <a href="#" title="数码">办公</a>
```

```
    <a href="#" title="数码">MP4</a>
    <a href="#" title="数码">MP3</a>
    </li>
    <li class="clearfix"><span><a href="#" title="文体">文体</a>: </span>
    <a href="#" title="文体">户外</a>   <a href="#" title="文体">运动</a>
    <a href="#" title="文体">玩具</a>   <a href="#" title="文体">书籍</a>
    <a href="#" title="文体">收藏</a>   <a href="#" title="文体">宠物</a>
    <a href="#" title="文体">乐器</a>   <a href="#" title="文体">汽车用具</a>
    </li>
</ul>
</div>
```

11.3.3　商品列表区的实现

　　商品列表显示和商品橱窗显示的具体实现方式略有不同，通过 JavaScript 函数来进行切换。列表显示的具体实现步骤为：添加<ul>标签，设置 class 属性值为 list_view，然后通过<li>标签显示列表项目的具体内容，每一个列表项用<div>标签划定显示区域，添加<img>标签并设置 onmouseover 和 onmouseout 属性，当鼠标滑入图片区域时显示大图，如图 11-13 所示。

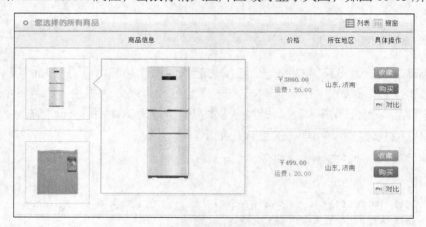

图 11-13　列表显示图片放大

商品列表显示的关键代码如下，为了节省篇幅，仅选择其中两个商品的代码进行展示。

```
<div id="listItems" class="" style="display: block; position: relative;">
<ul class="list_title clearfix">
    <li class="summary">商品信息</li>
    <li class="price">价格</li>
    <li class="address">所在地区</li>
    <li class="operating">具体操作</li>
</ul>
<ul class="list_view">
    <li id="showli_1" class="clearfix">
        <div class="photo"><a target="_blank" href="#"><img onmouseout="hidebox(1)"
onmouseover="showbox(1)" src="uploadfiles/goods/thumb_112902244298.jpg" width="84"
height="84" alt="2018 年全新新款海信 213TDA/A 冰箱" onerror="this.src='skin/default/images/
```

```
nopic.gif'"></a></div>
        <div class="smmery">
        <h4><a href="#">2018 年全新新款海信 213TDA/A 冰箱</a></h4>
        <p class="des">[描述]2018 年全新新款海信 213TDA/A 冰箱</p>
        <p class="shopinfo">店铺:<a class="seller" href="#">海信专卖店</a> 企业普通会员</p>
        </div>
        <div class="price"> <em>￥3860.00</em>
        <p class="ship">运费: 50.00</p>
        </div>
        <div class="address">
        <p>山东.济南</p>
        </div>
        <div class="operating"> <a class="addfavorite" title=" 收 藏 " href="javascript:
addFavorite(1,2,6);"></a>  <a class="itembuy" title=" 购 买 " href="#"></a>  <a class=
"compare" title=" 对 比 " href="javascript:;" onclick="initFloatTips('1','2018 年 全
新..',1,'421')"></a> </div>
        <div style="display: none;" id="showbox_1" class="showbox">
        <div class="subbox"><img id="showimg_1" src="uploadfiles/goods/m_112902244298.jpg"
width="234" height="234" alt="" onerror="this.src='skin/default/images/nopic.gif'"></div>
        </div>
    </li>
    <li id="showli_2" class="clearfix">
        <div class="photo"><a target="_blank" href="#"><img onmouseout="hidebox(2)"
onmouseover="showbox(2)" src="uploadfiles/goods/thumb_112902264274.jpg" width="84"
height="84" alt="海信 BC-46S" onerror="this.src='skin/default/images/nopic.gif'"></a></div>
        <div class="smmery">
        <h4><a href="#">海信 BC-46S</a></h4>
        <p class="des">[描述]海信 BC-46S</p>
        <p class="shopinfo">店铺:<a class="seller" href="#">海信专卖店</a> 企业普通会员</p>
        </div>
        <div class="price"> <em>￥499.00</em>
        <p class="ship">运费: 20.00</p>
        </div>
        <div class="address">
        <p>山东.济南</p>
        </div>
        <div class="operating"> <a class="addfavorite" title=" 收 藏 " href="javascript:
addFavorite(2,2,6);"></a>  <a class="itembuy" title=" 购 买 " href="#"></a>  <a class=
"compare" title="对比" href="javascript:;" onclick="initFloatTips('2','海信 BC-46..',
1,'423')"></a> </div>
        <div style="display: none;" id="showbox_2" class="showbox">
        <div class="subbox"><img id="showimg_2" src="uploadfiles/goods/m_112902264274.jpg"
width="234" height="234" alt="" onerror="this.src='skin/default/images/nopic.gif'"></div>
        </div>
    </li>
</ul>
</div>
```

橱窗显示与列表显示通过调用 changeStyle2 函数进行切换。

```
<div class="top clearfix">
<h3 class="ttlm_selitems">您选择的所有商品</h3>
<div class="toolbar"> <a id="list" class="" hidefocus="true" href="javascript:void(0);"
onclick="changeStyle2('list',this)"> 列 表 </a> <a id="window" class="selected" hidefocus=
"true" href="javascript:void(0);" onclick="changeStyle2('window',this)">橱窗</a> </div>
</div>
```

当用户单击商品列表区域右上角的列表显示和橱窗显示时，以下 JavaScript 函数被调用，页面显示切换效果，来看 changeStyle2 函数的具体实现。

```
function changeStyle2(classname,obj){
        // classname 可以传入 window 或者 list
        var tagList = obj.parentNode;
        var tagOptions = tagList.getElementsByTagName('a');
        for(i=0;i<tagOptions.length;i++){
            tagOptions[i].className = "";
        }
        obj.className = 'selected';
        var list = document.getElementById('listItems');
        //列表显示
        if(classname=='list'){
            list.className = '';
                document.getElementById("listItems").style.display="block";
                document.getElementById("windowItems").style.display="none";
                document.cookie="goodsListClass=listItems";
         }else{
                //橱窗显示
                document.getElementById("listItems").style.display="none";
                document.getElementById("windowItems").style.display="block";
                document.cookie="goodsListClass=windowItems";
        }
}
```

11.4　商品详情页面的设计与实现

商品详情页面是商品页面的子页面。当用户单击某一商品名称链接或者商品图片时，将打开商品详情页面。

11.4.1　商品详情页面的设计

商品详情页面对介绍商品的重要性不言而喻，用户在商品详情页面了解商品的完整信息，因此该页面的设计直接决定了用户能否顺利下单，以及后期能否顺利达成交易。为此，WWMall 商城在商品详情页面上设计了一系列的功能，包括商品放大图片、商品评价、成交记录等，如图 11-14 所示。

商品详情页面的设计

图 11-14　商品详情页面

11.4.2　商品概要功能的实现

商品概要包括商品的大图、商品售价、运费、可购买数量、商家支持的支付方式、库存、关注度、收藏人气、发货地和分享链接。

具体的实现步骤如下。

使用<h3>标签设置商品的标题，使用<div>标签并设置 class 属性值为 box 划定图片显示区域，使用<div>标签并设置 class 属性值为 itemProperty 用于显示商品的各项属性，属性内容使用<ul>标签和<li>标签来显示。关键代码如下。

```
<div id="intro">
<h3>aotu 户外 35L 运动背包 旅行包徒步包登山包 双肩包 配防雨罩</h3>
<div class="box">
    <div id="magnifier" style="cursor: crosshair;"> <img id="img" alt="" src="uploadfiles/
goods/m_112903473267.jpg">
    <div id="Browser" style="width: 100px; height: 100px; opacity: 0.5; top: 0px; left:
198px; display: none;"></div>
    </div>
    <div id="mag" style="width: 300px; height: 300px; position: absolute; left: 597px;
top: 210px; display: none;"><img id="magnifierImg" src="http://192.168.17.137/imall/
uploadfiles/goods/m_112903473267.jpg" style="position: absolute; width: 900px; height:
900px; top: 0px; left: -594px;"></div>
    <div class="pic_box clear"> <a class="left_button" href="javascript:void(0);"
onclick="img_pre('list1_1');"></a>
        <div id="thumbbox">
        <div class="long_box" id="list1_1">
    <a href="javascript:;" rev="uploadfiles/goods/m_112903473267.jpg" rel="uploadfiles/
goods/112903473267.jpg" onclick="javascript:return false;">
    <img src="uploadfiles/goods/thumb_112903473267.jpg" onclick="changeImage(this)"
onerror="this.src='skin/default/images/nopic.gif'"></a>
    <a href="javascript:;" rev="uploadfiles/goods/m_112903480091.jpg" rel="uploadfiles/
goods/112903480091.jpg" onclick="javascript:return false;">
```

275

```
        <img src="uploadfiles/goods/thumb_112903480091.jpg" onclick="changeImage(this)"
onerror="this.src='skin/default/images/nopic.gif'"></a>
        <a href="javascript:;" rev="uploadfiles/goods/m_112903480041.jpg" rel="uploadfiles/
goods/112903480041.jpg" onclick="javascript:return false;">
        <img src="uploadfiles/goods/thumb_112903480041.jpg" onclick="changeImage(this)"
onerror="this.src='skin/default/images/nopic.gif'"></a>
        <a href="javascript:;" rev="uploadfiles/goods/m_112903480063.jpg" rel="uploadfiles/
goods/112903480063.jpg" onclick="javascript:return false;">
        <img src="uploadfiles/goods/thumb_112903480063.jpg" onclick="changeImage(this)"
onerror="this.src='skin/default/images/nopic.gif'"></a>
            </div>
            </div>
        <a class="right_button" href="javascript:void(0);" onclick="img_next('list1_1');">
</a>
    </div>
</div>
<div class="itemProperty">
    <ul>
        <li> <span>售价: </span> ￥<em class="price">135.00</em>元</li>
        <li> <span>运费: </span><span>10.00</span></li>
        <li> <span>购买数量: </span> <span> <input type="text" size="4" value="1"
maxvalue="1" minvalue="1" id="num"> <input type="hidden" value="99" id="goods_number">
<input type="hidden" value="6" id="shop_id"> <input type="hidden" value="6" id="shop_
user"> <input type="hidden" value="0" id="favpv_num"> <label></label> </span> ( 可 购
99 件) </li>
        <li class="b_none clearfix">
    <a class="btn_buy" href="javascript:gotoOrder(24);" title="立即购买"></a>
    <a class="btn_add" href="javascript:addCart(24);" title="加入购物车"></a>
    <a class="btn_fav" href="javascript:addFavorite(24);" title="加入收藏夹"></a>
        </li>
        <li><span>商家支持: </span>
<a><img src="plugins/alipay/min_logo.gif" height="25"></a>
<a><img src="plugins/post/min_logo.gif" height="25"></a>
<a><img src="plugins/bank/min_logo.gif" height="25"></a>
        </li>
        <li><span>库存: </span> 还剩<em>99</em>件 </li>
        <li><span>关注度: </span>已有<em>2</em>关注 </li>
        <li><span>收藏人气: </span>已有<em><span id="favpv">0</span></em>人收藏 </li>
        <li><span>发货地: </span> 山东.济南 </li>
        <li class="b_none"> <span class="colorOr">分享到: </span> <a class="link_renren"
href="#">人人</a> <a class="link_kaixin" href=#>开心</a> <a class="link_douban" href=
"#">豆瓣</a> </li>
    </ul>
</div>
</div>
```

11.4.3　商品评价功能的实现

用户通过浏览商品评价信息能够查看其他买家购买此商品后的使用效果和反馈，增加对商品的了解，如图 11-15 所示。如今的购买者越来越重视商品的评价信息，这也是众多卖家时刻关注店铺和商品评价的一个原因，给个好评已经成为对商品质量和卖家服务的一个肯定，如

图 11-16 所示。

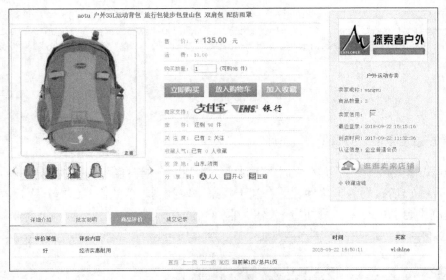

图 11-15　商品详情页面中的商品评价

图 11-16　用户中心收到的商品评价

商品评价的具体实现步骤为：使用<div>标签确定布局，使用<table>标签画出表格区域并设定 width 属性为 100%，然后在<tbody>标签内部使用<tr><th><td>标签设置表格的头部和行列内容。关键代码如下。

```
<div id="tab1_content3" class="pannel" style="display: block;">
<table class="tab_com" width="100%">
<tbody>
<tr>
<th width="15%">评价等级</th>
<th width="55%" style="text-align:left">评价内容</th>
<th width="15%">时间</th><th width="15%">买家</th>
</tr>
<tr>
<td align="center">好</td><td style="text-align:left">经济实惠耐用</td>
<td><span class="c_gray">2018-09-22 16:50:11</span></td><td>wlchine</td>
```

```
</tr>
<tr>
<td id="page" colspan="4"><a href="javascript:get_goods_credit(24,1);">首页 </a> <a href=
"javascript:get_goods_credit(24,1);">上一页</a> <a href="javascript:get_goods_credit(24,1);">
下一页</a> <a href="javascript:get_goods_credit(24,1);">尾页</a> 当前第1页/总共1页</td>
</tr>
</tbody>
</table>
</div>
```

11.4.4　卖家推荐功能的实现

卖家推荐功能为买家推荐最佳的相似商品。实现的方式与商品列表的橱窗功能类似，它不仅能够增加商品详情页面的丰富性，更有利于买家快速找到心仪的商品，提升用户的使用体验，这也可以提高平台的成交率。页面显示效果如图 11-17 所示。

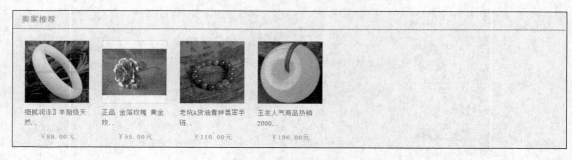

图 11-17　卖家推荐功能

具体实现步骤如下。

编写卖家推荐区域的 HTML 布局代码。使用<h3>标签确定区域标题，使用<li>标签显示推荐的商品列表。为节省篇幅，在以下代码中仅展示其中两个商品，分别使用两个<p>标签和一个<h4>标签显示图片、价格和商品标题。关键代码如下。

```
<div id="sellrecom" class="bg_gary">
    <h3 class="ttlm_sellrecom">卖家推荐</h3>
    <ul class="list_125 clearfix">
        <li>
        <p class="photo"><a href="#"><img src="uploadfiles/goods/112903323860.jpg"
width="112" height="112" onerror="this.src='skin/default/images/nopic.gif'"></a></p>
        <h4 class="summary"><a href="#">细腻润泽］羊脂级天然..</a></h4>
        <p class="price">￥88.00 元</p>
        </li>
        <li>
        <p class="photo"><a href="#"><img src="uploadfiles/goods/112903312523.jpg"
width="112" height="112" onerror="this.src='skin/default/images/nopic.gif'"></a></p>
        <h4 class="summary"><a href="#">正品 金箔玫瑰 黄金玫..</a></h4>
        <p class="price">￥55.00 元</p>
        </li>
    </ul>
</div>
```

278

11.5　购物车页面的设计与实现

11.5.1　购物车页面的设计

　　电商网站都具有购物车的功能，这是根据用户的消费习惯和购买行为进行分析后设计实现的一种实用功能。用户在挑选的过程中将心仪的商品放入购物车，购物车中的商品可以随时增减，待挑选过程结束后再进行统一的结算支付。购物车的界面要求能够显示购物车中的商品列表，包括商品图片、商品信息、购物数量、可执行的操作等。其中商品信息又要包括商品标题、商家店铺名称、商品价格、添加日期，可执行的操作又要包括收藏、购买、删除。另外，如果购物车中的商品列表较多，还需要设计分页显示功能。购物车页面的显示效果如图 11-18 所示。

购物车页面的设计

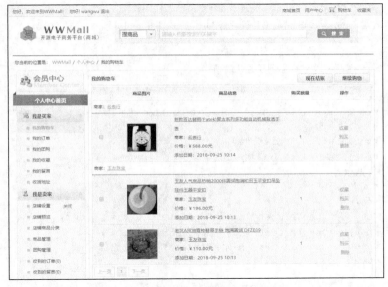

图 11-18　购物车页面显示效果

11.5.2　购物车页面的实现

　　购物车页面是个人中心页面的一个子页面，单击个人中心页面左侧功能列表中的"我的购物车"，或者单击全站任一页面顶端的导航条中的购物车超链接，都可以进入购物车页面。

　　具体实现步骤如下。

　　（1）确定个人中心页面中购物车布局。使用<div>标签划出上部"我的购物车"标题栏，设置 class 属性值为 cont_title，其中使用<span>标签添加"现在结账"和"继续购物"按钮，并设置<a>标签 onclick 属性值为 return go_to_buy()函数，该函数是自定义的一个 JavaScript 函数，功能为用户单击"现在结账"按钮时提交购物车页面的表单。使用<table>标签添加商品列表显示，并使用<th>标签设置相应的表头信息，在表格的最下一行使用<tr>和<td>标签配合显示上一页和下一页功能，并使用<a>标签为上一页和下一页添加链接。

```
    <div class="main_right">
        <div class="right_top"></div>
        <div class="cont">
            <div class="cont_title">
                <span class="tr_op">
                <a href="javascript:;" onclick="return go_to_buy()">现在结账</a><a href="#"
target="_blank">继续购物</a>
                </span>我的购物车
            </div>
            <hr>
            <table class="commodityCart" width="100%" border="0" cellspacing="0">
            <tbody>
                <tr>
                    <th width="40"></th>
                    <th width="150">商品图片</th>
                    <th>商品信息</th>
                    <th width="80">购买数量</th>
                    <th width="130">操作</th>
                </tr>

                <!--购物车中的商品列表区域代码-->

                <tr>
                <td colspan="5" style="border-bottom:0"><div class="page">    <a class="
upPage" href="#">上一页</a>
                <a class="now" href="#">1</a>
                <a class="nextPage" href="#">下一页</a>
                </div>
                </td>
                </tr>
                <input type="hidden" name="app" value="user_order">
                <input type="hidden" id="shop_user" value="6">
                <input type="hidden" name="iscart" value="1">
            </tbody>
            </table>
        </div>
        <div class="clear"></div>
        <div class="right_bottom"></div>
        <div class="back_top"><a href="#"></a></div>
    </div>
```

（2）编写购物车中商品列表的 HTML 代码。沿用购物车的页面布局，添加<tr>标签显示一行店铺名称和一行具体的商品信息。设置店铺名称<tr>标签的 class 属性值为 shopInfo，商品信息<tr>标签的 class 属性值为 commodity。在商品信息行中，分别使用<td>标签显示复选框、商品图片、商品概要、商品数量、可执行操作。关键代码如下。

```
<tr class="shopInfo">
<td colspan="5">商家: <a href="#" target="_blank">名表行</a></td>
</tr>
    <tr class="commodity">
    <td align="center"><input type="checkbox" id="good_check" name="goods[]" onclick=
"add_buy(20,7,1,this,this.checked)" value="5"></td>
    <td align="center"><a href="#" target="_blank"><img src="uploadfiles/goods/
```

```
112903395765.jpg" width="80" height="80" onerror="this.src='skin/default/images/nopic.gif'">
</a></td>
    <!--    <input type="hidden" name="gid[]" value="20" />-->
    <td class="name"><a href="#" target="_blank">新款百达翡丽(Patek)复古系列多功能自动机械
背透手表</a>
    <br> 商家：<a href="#" target="_blank">名表行</a>
    <br>  价格：￥<span>588.00</span>元<br>
添加日期：2018-09-25 10:14 <script src="#"></script>
    </td>
    <td align="center" id="goodssortid_5"><span onclick="edit_sort(this,5)"> 
2 </span></td>
    <td align="center">
    <input type="hidden" id="shop_id_20" value="7">
    <a href="javascript:addFavorite(20);">收藏</a>
    <br>
    <a id="num_5" href="#">购买</a>
    <br>
    <a href="#" onclick="return confirm('确定要在购物车删除这商品吗？');">删除</a>
    </td>
    </tr>
```

（3）编写现在结账和编辑商品数量、收藏、删除的 JavaScript 函数。勾选要结账的商品后单击"现在结账"按钮，可以打开订单提交页面。单击"商品数量"按钮可以编辑修改购物车中商品的数量。单击"收藏"按钮可以将商品添加到收藏夹，单击"删除"按钮提示确认并将商品移出购物车。关键代码如下。

```
//单击现在结账按钮后调用
function go_to_buy(){
    var obj = document.getElementById('form2');
    var gids = document.getElementsByName('gid[]');
    if(gids.length<=0){
        alert("{echo:lp{m_select_goods};/}");
    }else{
        obj.submit();
    }
    return false;
}
//单击商品数量进行编辑修改
function edit_sort(span,id) {
    obj = document.getElementById("goodssortid_"+id);
    sort_value = span.innerHTML;
    sort_value = sort_value.replace(/ /ig,"");
    obj.innerHTML = '<input style="width:35px" type="text" id="input_goodssortid_' + id +
'"value="' + sort_value + '" onblur="edit_sort_post(this,' + id + ')"  maxlength="2" />';
    document.getElementById("input_goodssortid_"+id).focus();
}
//单击收藏后调用
function addFavorite(id) {
    var shop_id = document.getElementById('shop_id_'+id).value;
    var user_id = document.getElementById('shop_user').value;
    if (shop_id == user_id){
        alert("自己的商品不能放入收藏");
    }else {
        ajax("goods_add_favorite.html","POST","id="+id,function(data){
```

```
            if(data == 1) {
                    alert("已成功添加到您的收藏夹! ");
            } else if(data == -1) {
                    alert("此商品已在您的收藏夹里! ");
            } else {
                    alert(添加失败，请确认您是否已登录! );
            }
        });
    }
}
//单击删除后调用系统 confirm() 方法
//confirm() 方法用于显示一个带有指定消息和"OK"及"取消"按钮的对话框。如果用户单击"确定"按钮，
//则 confirm() 返回 true。如果单击"取消"按钮，则 confirm() 返回 false。在用户单击"确定"按钮或
//"取消"按钮把对话框关闭之前，它将阻止用户对浏览器的所有输入。在调用 confirm() 时，将暂停对 JavaScript
//代码的执行，在用户做出响应之前，不会执行下一条语句。
```

11.6 个人中心页面的设计与实现

11.6.1 个人中心页面的设计

个人中心页面是 WWMall 商城用户的管理中心，主要提供和用户有关的四类管理和设置功能，分别是我是买家、我是卖家、评价管理和个人设置。页面主体左右布局，左侧是分组方式管理的功能列表，右侧显示分组菜单下的具体页面内容。个人中心首页显示最近使用的买家评价、我的订单、我的收藏和个人设置等常用模块。其中左侧"我是买家"功能组中包括：我的购物车、我的订单、我的团购、我的收藏、我的留言、收货地址。页面显示效果如图 11-19 所示。

个人中心页面的设计

图 11-19 用户个人中心页面

"我是卖家"功能组中包括：店铺设置、店铺预览、店铺商品分类、商品管理、团购管理、收到的订单、收到的留言、收到的询价、店铺公告、支付方式设置、收款单、发货单、退款单。当普通注册用户尚未开设店铺时显示"申请开店"链接。"我是卖家"显示效果如图 11-20 所示。

"评价管理"功能显示交易双方的评价，包括（作为卖家）来自买家的评价和（作为买家）来自卖家的评价，以及用户给他人的评价；"个人设置"功能包括个人信息、提醒设置、站内消息、修改密码和安全退出，如图 11-21 所示。

图 11-20　我是卖家功能组

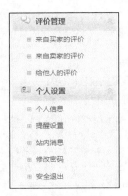

图 11-21　评价管理和个人设置

11.6.2　个人中心页面的实现

个人中心页面主体部分左右布局，左侧显示分组功能菜单，右侧显示页面内容。当用户单击左侧功能分组的标题时，分组可以实现折叠以节省页面显示空间。

具体实现步骤如下。

（1）首先使用<div>标签确定页面主体部分的布局，设置<div>标签对应的 class 属性值分别为 main_body、main_left 和 main_right。然后在 main_left 中继续使用<div>标签划定菜单区域，设置 class 属性值为 menu。接下来在 menu 区域内多次设置显示菜单标题和菜单项，分别设置对应的 class 属性值为 menu_title 和 menu_li。最后在 menu_li 区域中，使用<ul>和<li>标签显示具体菜单内容。关键代码如下。

```
<div class="main_body">
<!--main_left 左侧导航菜单开始-->
<div class="main_left">
    <div class="memc_title"></div>
    <div class="back_home"> <a href="#">个人中心首页</a> </div>
    <!--单击回到个人中心首页-->
    <div class="menu">
        <div class="menu_title"> <span class="put"><a href="javascript:;" hidefocus="true"
title="收起栏目/展开栏目"></a></span> <a class="menuicon" id="buyer" href="javascript:;">我是
买家</a> </div>
        <div class="menu_li">
            <ul>
                <li><a id="user_cart" onclick="menu_style_change('user_cart')" href=
"#">我的购物车</a></li>
```

```
                        <li><a id="user_my_order" onclick="menu_style_change('user_my_order')"
href="#">我的订单</a></li>
                        <li><a id="user_group" onclick="menu_style_change('user_group')" href=
"#">我的团购</a></li>
                        <li><a id="user_favorite" onclick="menu_style_change('user_favorite')"
 href="#">我的收藏</a></li>
                        <li><a id="user_guestbook" onclick="menu_style_change('user_guestbook')"
 href="#">我的留言</a></li>
                        <li><a id="user_address" onclick="menu_style_change('user_address')"
href="#">收货地址</a></li>
                </ul>
        </div>
        <!--我是卖家代码省略-->
        <!--评价管理代码省略-->
        <div class="menu_title"> <span class="put"><a href="javascript:;" hidefocus=
"true" title="收起栏目/展开栏目"></a></span> <a class="menuicon" name="base_setting" id=
"option" href="javascript:;">个人设置</a> </div>
        <div class="menu_li">
            <ul>
                <li><a id="user_profile" onclick="menu_style_change('user_profile')"
href="#">个人信息</a></li>
                                <li><a id="user_remind" onclick="menu_style_change
('user_remind')" href="#">提醒设置</a></li>
                <li><a id="user_remind_info" onclick="menu_style_change('user_remind_
info')" href="#">站内消息</a></li>
                                                <li><a id="user_passwd" onclick=
"menu_style_change('user_passwd')" href="#">修改密码</a></li>
                <li><a href="#">安全退出</a></li>
            </ul>
        </div>
        <!-- plugins !-->
        <div id="user_menu_button">  </div>
        <!-- plugins !-->
    </div>
    <!--menu 结束-->
</div>
<div class="main_right">
    <!--页面右侧内容-->
</div>
</div>
```

（2）实现个人中心页面右侧功能。该区域从上至下分为三部分：上部概要信息显示和常用模块导航区、中部买家提醒区域、下部卖家提醒区域。上部区域使用<div>标签并设置 class 属性值为 index_top，划定常用模块的显示区域<div class="q_nav">。接下来两处提醒区域分别设置<div>标签 class 属性值为 index_tab，并在其中分别使用<div class="tab_box"> 显示各自的提醒内容，包括<b>标签加粗<span>标签和<a>标签。

页面显示效果及说明如图 11-22 所示。

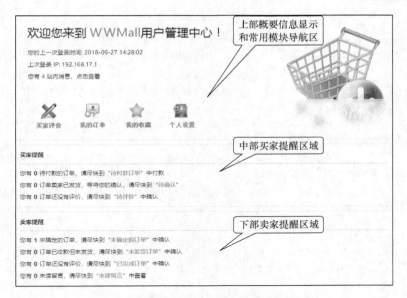

图 11-22　个人中心右侧区域

关键代码如下。

```html
<div class="main_right">
    <div class="cont">
        <div class="index_top">
            <div class="welcom_img"></div>
                您的上一次登录时间: 2018-09-27 14:28:02              <br>
                上次登录 IP: 192.168.17.1                  <br>
                您有 <font color="#FF0000">4</font> 站内消息, <a href="#" class="highlight
bold">单击查看</a>
                <br>
                <div class="q_nav">
                    <a id="qn_2" href="#" title="买家评价">买家评价</a>
                    <a id="qn_3" href="#" title="订单查询">订单查询</a>
                    <a id="qn_4" href="#" title="我的收藏">我的收藏</a>
                    <a id="qn_5" href="#" title="个人设置">个人设置</a>
                </div>
        </div>
    </div>
    <div class="index_tab">
        <div class="tab_box">
            <b>买家提醒</b>
            <hr>
                您有<span>0</span> 待付款的订单, 请尽快到 "<b><a href="#" class="highlight
bold">待付款订单</a></b>" 中付款<br>
                您有 <span>0</span>订单卖家已发货, 等待您的确认, 请尽快到"<b><a href="#" class=
"highlight bold">待确认</a></b>" <br>
                您有 <span>0</span>订单还没有评价, 请尽快到 "<b><a href="#" class="highlight
bold">待评价</a></b>" 中确认<br>
        </div>
    </div>
```

```
                <div class="index_tab">
                    <div class="tab_box">
                            <b>卖家提醒</b>
                            <hr
                                您有<span>1</span> 未确定的订单，请尽快到 "<b><a href="#" class="highlight
bold">未确定的订单</a></b>" 中确认<br>
                                您有<span>0</span> 订单已收款但未发货，请尽快到 "<b><a href="#" class="highlight
bold">未发货订单</a></b>" 中确认<br>
                                您有<span>0</span> 订单还没有评价，请尽快到 "<b><a href="#" class="highlight
bold">已完成订单</a></b>" 中确认<br>
                                您有<span>0</span> 未读留言，请尽快到 "<b><a href="#" class="highlight
bold">未读留言</a></b>" 中查看<br>
                        </div>
                </div>
                <div class="clear"></div>
                <div class="back_top"><a href="#"></a></div>
        </div>
```

（3）编写左侧功能分组的折叠与展开实现代码，以及关闭店铺代码。

```
function change_open_status(flg) {
    if(flg==1){
            var open=confirm('您确定要关闭商铺吗？关闭商铺时该商铺下的商品同时下架！');
            if (open){
                ajax("shop_open_flg.html","POST","value="+flg,function(return_text){
                    return_text = return_text.replace(/[\n\r]/g,"");
                    document.getElementById("shop_flg").innerHTML = return_text;
                });
            }
    }else {
            ajax("shop_open_flg.html","POST","value="+flg,function(return_text){
                return_text = return_text.replace(/[\n\r]/g,"");
                document.getElementById("shop_flg").innerHTML = return_text;
            });
    }
}
function menu_style_change(flg) {
    document.getElementById(flg).className="current";
}
```

11.7　登录和注册页面的设计与实现

11.7.1　登录和注册页面的设计

　　注册和登录页面是各类在线系统的通用功能页面。WWMall 商城在设计注册和登录页面时较简洁。在任一页面单击顶端导航条中的"免费注册"即可打开注册页面。注册页面左右布局，左侧使用表单收集用户提交的资料，右侧设计明亮时尚的购物图片增加美感，页面总体显示效果如图 11-23 所示。

　　与注册页面类似，登录页面同样采用左右布局以保持一致。用户在商城页面

登录和注册
页面的设计

导航条上单击登录，或者在未登录的状态下单击购物车以及用户中心，或者单击商品详情页面的"立即购买"按钮，系统都会跳转到用户登录页面。登录页面的左侧设置表单要求用户提交用户名和密码，右侧设置适当广告语及跳转注册的按钮，供访客注册使用。登录页面的总体显示效果如图 11-24 所示。

图 11-23　用户注册页面设计

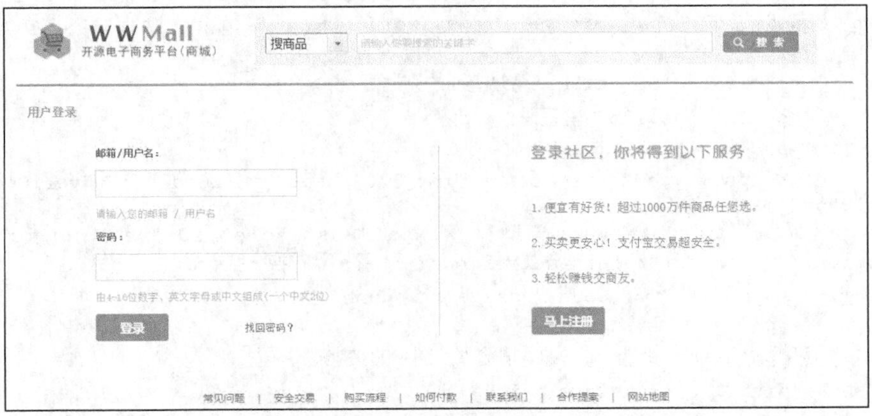

图 11-24　登录页面

11.7.2　注册页面的实现

注册页面左右布局，使用<div>标签确定页面的总体布局，页面的顶部及底部实现可以参考 11.2.2 节的内容。页面左右两栏，左栏由使用<form>标签组成的表单和 JavaScript 验证技术实现的非空验证组成。

具体实现步骤如下。

（1）编写注册页面的 HTML 代码。使用\<div\>标签实现分栏，左侧使用\<form\>标签以及之内的\<input\>标签要求用户填写信息，右侧显示图片。关键代码如下。

```
<div id="contents" class="clearfix">
<h3 class="ttlm_login">用户注册</h3>
    <form action="#" name="reg_form" method="post">
    <div id="login_leftColumn" class="w_395">
      <p class="mg12b">Email 账号: </p>
         <p class="mg12b">
          <input type="text" class="txt_230 ipt_normal" name="user_email" autocomplete=
"off" value=""><span id="user_email_message" class="hint"></span>
         </p>
         <p class="tip mg12b">请输入您的常用邮箱，方便日后找回密码。</p>
         <p class="mg12b">会员用户名: </p>
         <p class="mg12b">
          <input type="text" class="txt_230 ipt_normal" name="user_name" id="user_
name" onblur="checkname();" autocomplete="off" value=""><span id="user_name_message"
class="hint"></span>
         </p>
         <p class="tip mg12b">由 4~16 位数字、英文字母或中文组成 (一个中文 2 位)</p>
         <p class="mg12b">设置密码: </p>
         <p class="mg12b">
          <input class="txt_230 ipt_normal" type="password" name="user_password" id=
"user_password" autocomplete="off"><span id="user_password_message" class="hint"></span>
         </p>
         <p class="tip mg12b">数字或英文，6~16 位</p>
         <p class="mg12b">确认密码: </p>
         <p class="mg12b">
          <input class="txt_230 ipt_normal" type="password" name="user_repassword"
id="user_repassword"><span id="user_repassword_message" class="hint"></span>
         </p>
         <p class="tip mg12b">重复上面的密码。</p>
         <p class="mg12b">验证码: </p>
         <p class="vali mg12b">
          <input type="text" class="txt_230" name="veriCode" id="veriCode" style=
"width:100px" maxlength="4">
          <img border="0" src="#" align="absmiddle" id="verCodePic"><a href=
"javascript:;" onclick="return getVerCode();">看不清,换一张</a>
          <span id="veriCode_message"></span>
         </p>
         <p class="tip mg12b">请输入上图中的文字</p>
         <div class="login_submit">
           <input class="btn_02" type="button" value="马上注册" name="regcheckbtn"
onclick="checkcode();">
         </div>
      </div>
      </form>
    <div id="login_rightColumn" class="w_443"></div>
</div>
```

（2）编写验证提交信息的 JavaScript 代码。新建 checkname()方法，用于检查用户输入的用户名是否有效，编写 getVerCode()方法用于显示注册验证码，编写 checkcode()方法用于检查验证码。关键代码如下。

```
function checkname(){
    var user_name = document.getElementsByName('user_name')[0];
    if(user_name.value=='') {
        user_name_message.style.color = 'red';
        user_name_message.innerHTML = '* 请填写会员用户名! ';
        user_name_status = false;
    } else if(!user_name.value.match(user_name_reg)) {
        user_name_message.style.color = 'red';
        user_name.className = ' ';
        user_name.onmouseout= ' ';
        user_name_message.innerHTML = '* 会员用户名格式不正确! ';
        user_name_status = false;
    }else if(rlength(user_name.value)<4||rlength(user_name.value)>16){
        user_name_message.style.color = 'red';
        user_name.className = ' ';
        user_name.onmouseout= ' ';
        user_name_message.innerHTML = '* 会员用户名格式不正确! ';
        user_name_status = false;
    }else {
        user_name_message.style.color = 'red';
        user_name.className = ' ';
        user_name.onmouseout= ' ';
        user_name_message.innerHTML = '* 正在检测您的用户名是否可用! ';
    ajax("user_check_username.html","POST","v="+user_name.value,function(data){
            if(data==1) {
                user_name_message.style.color = 'green';
                user_name_message.innerHTML = '恭喜, 您的用户名可用! ';
                user_name_status = true;
            } else {
                user_name_message.style.color = 'red';
                user_name_message.innerHTML = '* 此用户名已被使用! ';
                user_name_status = false;
            }
        });
    }
};
function getVerCode() {
    document.getElementById("verCodePic").src="#"+Math.random();
    return false;
}
```

11.7.3　登录页面的实现

　　登录页面的实现方式与注册页面类似，较注册页面简单。页面左侧设计<form>表单，要求用户提交用户名、密码以及验证码即可。页面右侧设置用户注册的跳转链接。

　　具体实现步骤如下。

　　（1）使用<div>标签对整体页面确定布局。id 分别设置为 login_leftColumn 和 login_rightColumn，在左栏中使用<form>表单以及<input>标签要求用户输入用户名和密码，注意将密码的

<input>标签 type 属性值设置为 password，当用户单击登录按钮时调用 checkcode()方法。关键代码如下。

```html
<div id="contents" class="clearfix">
    <h3 class="ttlm_login">用户登录</h3>
     <form action="#" method="post" name="reg_form">
      <input type="hidden" name="url" value="reg.html">
      <input type="hidden" name="outuserid" value="0">
        <div id="login_leftColumn" class="w_480">
           <p class="mg12b">邮箱/用户名: </p>
           <p class="mg12b"><input name="user_email" class="txt_230" type="text" value=
"" maxlength="200"></p>
           <p class="tip mg12b">请输入您的邮箱 / 用户名</p>
           <p class="mg12b">密码: </p>
           <p class="mg12b"><input name="user_passwd" class="txt_230" type="password"
value="" maxlength="50"></p>
           <p class="tip mg12b">由 4～16 位数字、英文字母或中文组成(一个中文 2 位)</p>
            <div class="login_submit">
                <input class="btn_02" type="button" value="登录" name="登录" onclick=
"checkcode()">
                <span class="go_register"><a href="#">找回密码? </a></span>
            </div>
        </div>
    </form>
    <div id="login_rightColumn" class="w_475">
      <div class="right_inner">
           <p class="ttlms_tip"><img src="skin/default/images/login_tip.gif" alt=" 登
录社区，你将得到以下服务"></p>
           <p>1.便宜有好货! 超过 1000 万件商品任您选。</p>
           <p>2.买卖更安心! 支付宝交易超安全。</p>
           <p>3.轻松赚钱交商友。</p>
      </div>
    </div>
    <!-- /contents -->
 </div>
```

（2）页面右侧使用 JavaScript 的 window.location.href 实现页面跳转，将尚未注册的访客引导至注册页面。跳转及查验验证码的关键代码如下。

```javascript
//跳转注册
<div class="login_submit">
        <input class="btn_02" type="button" value="马上注册" name="登录" onclick=
"javascript:window.location.href='#'">
</div>
//查验验证码
function checkcode(){
    if($verifycode['2']==1){
    var cvalue=document.getElementById("veriCode").value;
    var veriCode = document.getElementsByName('veriCode')[0];
    var veriCode_message = document.getElementById('veriCode_message');
    if(cvalue==''){
        veriCode_message.style.color = 'red';
        veriCode.className = ' ';
```

```
        veriCode_message.innerHTML = '请填写验证码! ';
        return false;
    }
    ajax('checkcode.html','POST','checkcode='+cvalue,function(data){
        if(data==1){
            veriCode_message.innerHTML = '';
            if(checkForm()){
                document.reg_form.submit();
            }
        }else{
            veriCode_message.style.color = 'red';
            veriCode.className = ' ';
            veriCode_message.innerHTML = '验证码错误';
            return false;
        }
    });
    } else if(checkForm()){
            document.reg_form.submit();
    }
}
```

11.8　本章小结

　　WWMall 商城使用 HTML、CSS 和 JavaScript 技术，设计并完成了一个功能相对完整的电子商务网站，下面总结各个功能使用的关键技术点，希望对读者日后的学习实践有所帮助。

　　（1）主页：幻灯片广告使用了 HTML 结合 JavaScript 技术，动态控制幻灯片的显示时间。商品分类导航功能使用 onmouseover 和 onmouseout 属性，动态控制鼠标滑入和滑出的动画效果。

　　（2）商品列表页面：设计并实现了两种商品列表的展示方式，分别是列表显示和橱窗显示。对比功能能够让用户比较同类商品的相似属性，更好地做到货比三家，挑选到心仪的商品。

　　（3）商品详情页面：设计并实现了商品概览、商品详情、评价和卖家推荐功能，其中卖家推荐功能不仅能够提高页面的丰富程度，更可以在一定程度上提升用户体验，提高平台的成交率。

　　（4）购物车和个人中心页面：购物车实现了购物车中商品的查看、添加、删除、移入收藏夹、修改数量等功能；个人中心页面是用户登录系统之后的管理中心页面，可以在此查看订单、申请开设店铺、查看各种评论等。

　　（5）登录和注册页面：使用 JavaScript 的方式，验证用户注册和登录表单提交的内容，如用户名、邮箱、验证码等，其中验证码的获取与检查使用了 JavaScript 函数。

习　　题

　　1. HTML 代码实现过程中，设置\<a\>标签点击弹出新窗口或者新标签页，可以设置属性_____或者_____两种方式。

　　2. HTML 4.01 与 HTML5 之间在设置 HTML 文档的字符编码方面的差异是前者通常使用_____，后者使用_____。

3. HTML 文档中如果要去除载入图片失败时显示在左上角的碎片图标，要借用<img>标签的_____事件和 JavaScript。

4. HTML 文档中设置登录或者注册页面时，表单提交需要设置 method 使用_____方式。

上 机 指 导

1. 本章介绍的商城首页幻灯片广告，具体实现时还有各种不同的切换效果，请查找资料实现其他切换效果，例如百叶窗、放射、飞入等，如图 11-25 所示。

图 11-25 商城首页

2. 本章介绍的购物车页面，当前商品数量修改方式为双击编辑，请尝试添加修改商品数量的加减号按钮，以实现单击加减号修改商品数量，如图 11-26 所示。

图 11-26 购物车页面